"十二五"职业教育国家规划教材
经全国职业教育教材审定委员会审定

数字通信技术及应用

张久红　郭淳芳　主编

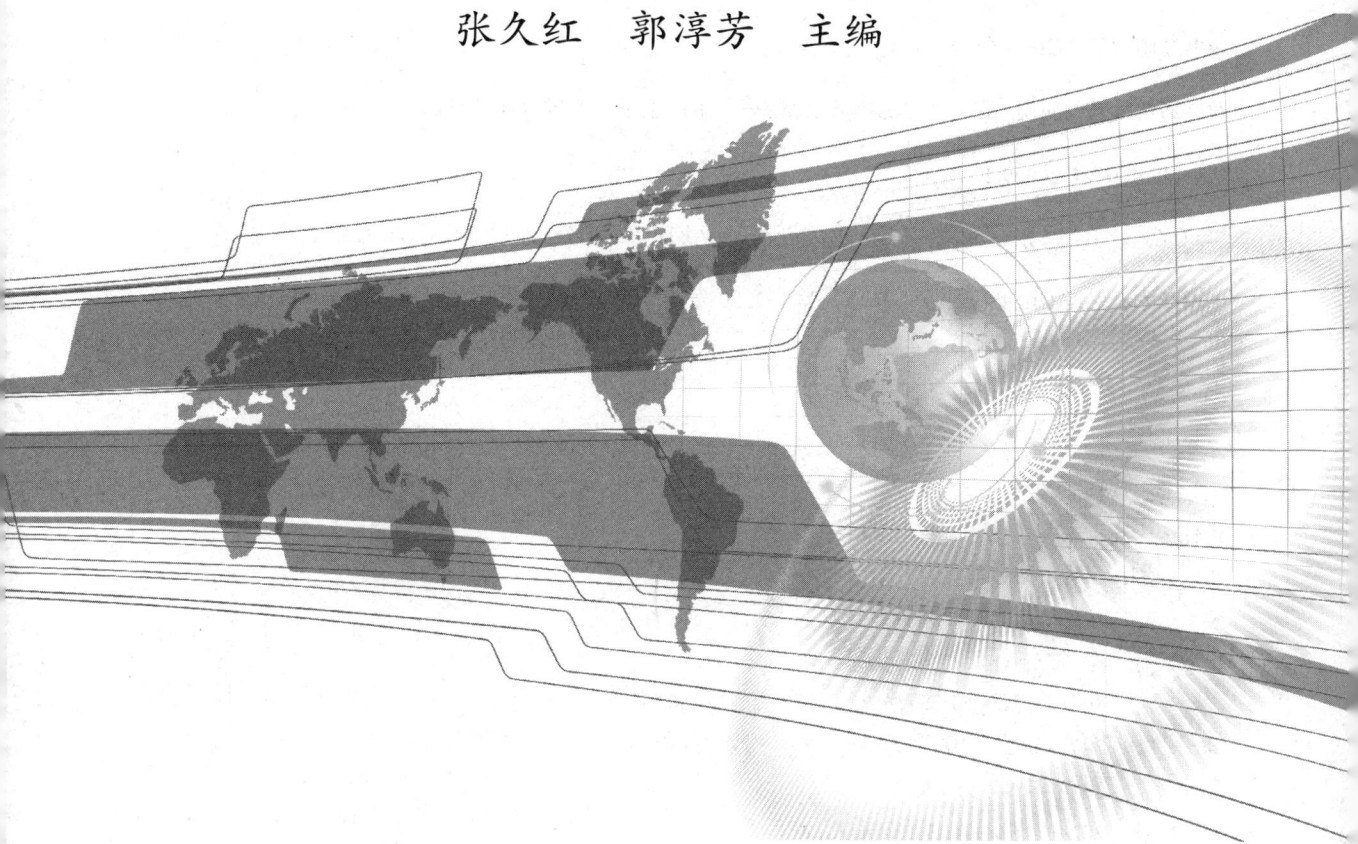

電子工業出版社·

Publishing House of Electronics Industry

北京·BEIJING

内 容 简 介

按照现代职业教育课程改革和教材建设规划的精神，本书围绕现代通信网络的主要交换、传输设备与维修，讲述了现代通信网络基础、网络的 IP 演变和主要通信设备维修特点，介绍了程控交换机设备、基于 IP 技术的三网融合通信设备以及 IP PBX、计算机数据网络交换设备、SDH/MSTP 和 PTN 传输设备以及 XPON 接入设备的基本原理和维修技术。

本书可作为中、高等职业学校信息与通信技术等相关专业教材，也可作为电子电器应用与维修专业学校的教材、教学参考书或自学用书。

图书在版编目（CIP）数据

数字通信技术及应用 / 张久红，郭淳芳主编. 一北京：电子工业出版社，2016.4

ISBN 978-7-121-26969-1

Ⅰ. ①数… Ⅱ. ①张… ②郭… Ⅲ. ①数字通信－中等专业学校－教材 Ⅳ. ①TN914.3

中国版本图书馆 CIP 数据核字（2015）第 193220 号

策划编辑：杨宏利
责任编辑：杨宏利   特约编辑：李淑寒
印   刷：三河市鑫金马印装有限公司
装   订：三河市鑫金马印装有限公司
出版发行：电子工业出版社
　　　　　北京市海淀区万寿路 173 信箱   邮编 100036
开   本：787×1 092   1/16   印张：15.5   字数：396.8 千字
版   次：2016 年 4 月第 1 版
印   次：2024 年 6 月第 23 次印刷
定   价：35.00 元

凡所购买电子工业出版社图书有缺损问题，请向购买书店调换。若书店售缺，请与本社发行部联系，联系及邮购电话：（010）88254888，88258888。

质量投诉请发邮件至 zlts@phei.com.cn，盗版侵权举报请发邮件至 dbqq@phei.com.cn。

本书咨询联系方式：电话（010）88254587，微信号 nmyhl678，微博昵称利 Hailee。

P 前言
PREFACE

在全球信息高速发展的时代，随着现代通信技术的发展，新的通信设备不断涌现，正是这些通信设备支撑了语音网、数据网和电视网的互相渗透，逐步走向融合，形成以智能多媒体信息业务为特征的新一代网络（NGN），作为一种最先进的生产工具，将影响世界经济的发展和科学技术的进步速度。因此，社会越来越需要信息技术人才，越来越需要一大批既具备现代通信技术理论，又具备实际技能的现代通信设备维修人才。

为适应现代通信技术 IP 化的飞速演变，培养有用的现代通信设备维修人才，根据编者近年来从事通信设备维护和通信职业技术教育的体验，编写了本书。

本书围绕现代交换和传输通信设备，从设备维修的角度，介绍了现代通信网络和网络的演进；对通信网中主要通信设备的基本原理以及维护管理进行了阐述，对设备的常见故障进行了分析处理介绍，并务实地列举了工程中的设备维修案例。本书的编写力求深入浅出，重视基础理论、强化实际技能，突出实用性。

本书共 5 章，第 1 章介绍了现代通信网与设备基础知识，第 2 章介绍了现代交换技术与程控交换机设备维修，第 3 章围绕三网融合介绍了软交换、IMS 以及 IP PBX 设备与维修，第 4 章介绍了计算机网络设备与维修，第 5 章对有源传输（SDH/MSTP）设备、PTN 设备和无源接入（XPON）设备进行了原理、工程应用以及维修方面的阐述。本书侧重于设备的维修技术、维修实例。

对于现代通信设备的维修，需要具备扎实的通信技术基础知识，并不断紧跟新的通信技术的发展，同时还要掌握各类通信设备的组成原理，才能够在实际的维修中启发维修思路，提高实际维修能力，及时有效地排除设备各类故障。为了方便教师教学，本书还配有教学指南、电子教案及习题答案（电子版），请有此需要的教师登录华信教育资源网（http://www.hxedu.com.cn）下载或与电子工业出版社联系，我们将免费提供。E-mail:yhl@phei.com.cn

本书由张久红、郭淳芳主编。本书的编写得到了杭州电子职业学校和浙江交通职业技术学院的支持，在此表示感谢。

由于编者水平有限，错误和不足之处在所难免，敬请批评指正。

编　者
2016 年 3 月

目 录
CONTENTS

第 1 章

通信网演变与设备维修

⬤ **学习目的及要求**

➤ 了解通信网的概念。

➤ 了解现代通信网络的 IP 化演变。

➤ 了解现代通信网络的设备与维修基本概念。

⬤ **内容提要**

➤ 介绍了通信网的基础知识。

➤ 介绍了通信网的基本协议：7 号信令、OSI 模型、TCP/IP 和 PPPOE。

➤ 介绍了现代通信网的 IP 化演变与架构特点。

➤ 介绍了现代通信网络的设备与维修特点。

1.1 通信网络概述

1.1.1 通信网的构成

通信网技术是规划、设计、建设和维护网络方面的技术。要想把通信网建设好、维护好，必须了解各种类型的通信网的结构、接口、协议和技术指标，了解各类通信网之间的关系，网络技术已经成为一门专门的学科，其内容十分丰富，已成为通信工程领域重要的基础知识。

1．通信网的基本组成

实际的通信网是由软件和硬件按特定方式构成的一个通信系统，每一次通信都需要软硬件设施的协调配合来完成。

① 从硬件构成来看：通信网由终端设备、交换设备和传输系统构成，它们完成通信网的基本功能——接入、交换和传输。

② 软件设施则包括信令、协议、控制、管理、计费等，它们主要完成通信网的控制、管理、运营和维护，实现通信网的智能化。

2．构成通信网的硬件设备

通信网由交换设备、传输设备和用户终端设备组成。通信网基本架构图如图 1.1 所示。

用户终端设备	传输系统	交换设备	传输系统	用户终端设备

图 1.1　通信网基本架构图

（1）交换设备

交换设备是构成通信网的核心，是完成各个链路的汇集、接续和分配，实现各个用户终端之间路由选择的连接。

常见的交换设备有电话交换机、分组交换机、路由器和转发器等。

（2）传输系统设备

传输系统设备（传输链路）是信息的传输通道，主要是连接网络节点的媒介，它一般包括信道与变换器、反变换器的一部分。

信道有狭义信道和广义信道之分，狭义信道是单纯的传输媒介（比如一条电缆）；广义信道除了传输媒介以外，还包括相应的变换设备。由此可见，我们这里所说的传输链路指的是广义信道。传输链路方式是指传输链路中的信号变换及传递方式。传输链路可以分为有线信道和无线信道，它们各有优缺点，各有不同的实现方式和适用范围，可以满足不同的场合和需要，正是二者的结合，才能把所有的通信设备联系起来，形成四通八达、灵活可靠的通信网，满足人们各种通信要求。

（3）用户终端设备

终端设备是用户与通信网之间的接口设备，它包括信源、信宿与变换器、反变换器的一部分。

终端设备的主要功能：

将待传送的信息和传输链路上传送的信息进行相互转换，将信号与传输链路相匹配，由信号处理设备完成信令的产生和识别，即用来产生和识别网内所需的信令，以完成一系列控制作用。

1.1.2　通信网分类、拓扑结构与分层结构

1. 通信网的基本分类

通信网从不同的角度可以分为不同的种类，通常按业务种类可分为电话网、电报网、传真网、广播电视网以及数据网等。随着现代通信发展通常又将网络分为语音网、数据网和视频网三大类。

语音网包含固定电话通信网（PSTN）、移动电话通信网（PLMN），数据网主要包含中国公用计算机互联网（China Net）、中国公用数字数据网（China DDN）等，视频网主要包含有线电视网（CATV）以及 IP 电视网络。所谓三网融合也就是语音网、数据网和视频网三大通信网的整合优化。三网融合现代通信网示意图如图 1.2 所示。

图 1.2　三网融合现代通信网示意图

2．通信网的基本网络拓扑结构

通信网的基本拓扑结构主要有网型、星形、复合型、总线型、环形、树形，如图 1.3 所示。

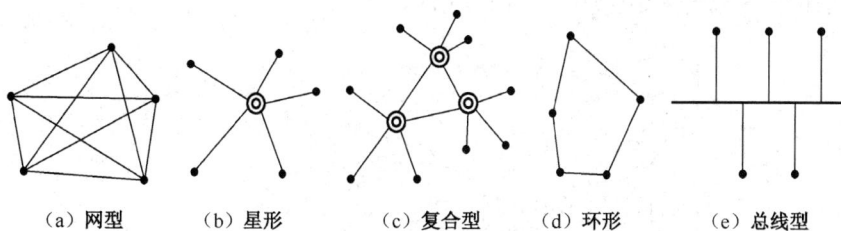

(a) 网型　　　　(b) 星形　　　　(c) 复合型　　　　(d) 环形　　　　(e) 总线型

图 1.3　通信网的基本结构

3．通信网的分层结构

（1）通信网引入分层结构的背景

① 用户需求日益多样化。

② 随着 IP 通信技术发展、现代通信网正处于变革与发展之中。

③ 网络类型及所提供的业务种类不断增加和更新，形成了复杂的通信网络体系。

（2）引入分层结构的功效

① 更清晰地描述现代通信网络结构。

② 网络的分层使网络规范与具体实施方法无关。

③ 简化了网络的规划和设计。

④ 使各层的功能相对独立。

（3）垂直分层结构

把 OSI（开放式互连信息系统）七层模型进行简化，从垂直结构上，从功能上将通信网分为应用层、业务网和传送网，如图 1.4 所示。

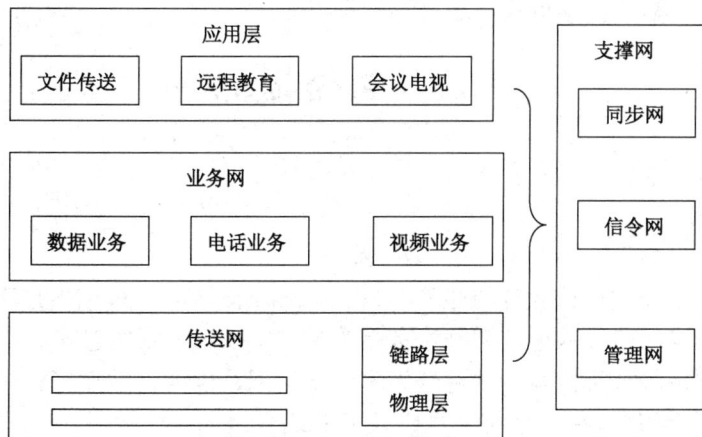

图 1.4　七层模型简化框图

（4）水平分层结构

基于全程网络实际的物理连接来划分，我国通信网可分为两级长途网和一级本地网三级结构。

① 一级长途交换中心（DC1）。

② 二级长途交换中心（DC2）。

③ 本地网（LN）。

我国通信网的三级结构组成图如图 1.5 所示。

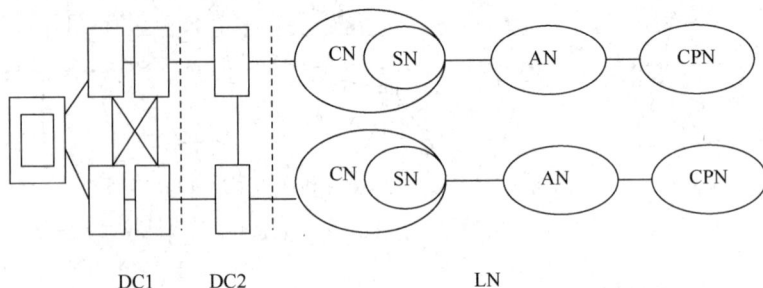

图 1.5　我国通信网的三级结构组成图

LN 由交换传输网（Core Network，CN，又称核心网）和接入网（Access Network，AN）、用户驻地网（Customer Premises Network，CPN）组成。

① 核心网。

核心网也叫骨干网，是本地网的业务提供者，也是连接长途网的枢纽，由各个交换节点（业务节点，也称 SN）通过 TL（传输链路）连接而成。当前核心网的业务节点都能提供语音、数据等多业务；传输链路以有源光网络为主，通常为 MSTP（基于 SDH 的多业务传输平台）组建的环形结构。

② 接入网。

接入网是本地网的 SN 与用户驻地网之间的连接网络，是通信网中工程量最大、维护最繁忙的部分，可以是有线和无线等接入方式，为用户提供 SN 的全业务。

③ 用户驻地网。

用户驻地网是网络的末端，是用户应用部分。

1.2　电话通信网

1.2.1　固定电话网

1. 固定电话网分类

固定电话网是开放电话业务的通信网络，即公众交换电话网（PSTN），它是历史最悠久的通信网，近年来新建设的通信网基本都是在 PSTN 基础上发展起来的。

按电话使用范围分类，电话网可分为本地电话网，国内、国际长途电话网。

① 本地电话网是指在一个统一号码长度的编号区内，由端局、汇接局、局间中继线、长途中继线，以及用户线、电话机组成的电话网。

② 国内长途电话网是指全国各城市间用户进行长途通话的电话网，网中各城市都设一个或多个长途电话局，各长途局间由各级长途线路连接起来。

③ 国际长途电话网是指将世界各国的电话网相互连接起来进行国际通话的电话网。为此，每个国家都须设一个或几个国际电话局进行国际去话和来话的连接。一个国际长途通话

实际上是由发话国的国内网部分、发话国的国际局、国际电路、受话国的国际局以及受话国的国内网等几部分组成的。

2. 固定电话网的非话业务

在电话网中增加少量设备也可以传送传真、中速数据、窄带 ISDN 等非话业务。近年来在固定电话网开拓了 XDSL 等数据宽带业务。

3. 电话网的智能网

智能网是在现有电话网的基础上发展起来的，是一个能方便、灵活地向用户提供和处理各种智能化通信新业务的网络体系。

随着电话业务的发展和用户对智能化电话服务要求的增多，产生了"智能网"的概念。智能网的基本想法是让交换机主要管理交换接续这一最基本、最主要的任务，而交换接续以外的各种智能化新功能集中由智能网来管理。

1.2.2 移动电话网

1. 移动电话网概述

通信的双方，只要有一方是在移动中进行信息交换的，就属于移动通信的范围；如果双方都是在移动中，就更属于移动通信了，多数移动通信是在固定点和移动体之间进行的。因此，为了能和 PSTN 的电话用户通信，就有一个进入 PSTN 的要求。但是，移动通信进入固定电话网的方式不是从用户端机直接进入的，而是要在移动通信的内部先组成网，这就是移动电话网，然后再通过专门的线路进入 PSTN，这种移动电话网叫做公用移动电话网（PLMN）。

固定电话网与移动电话网组网框图如图 1.6 所示。

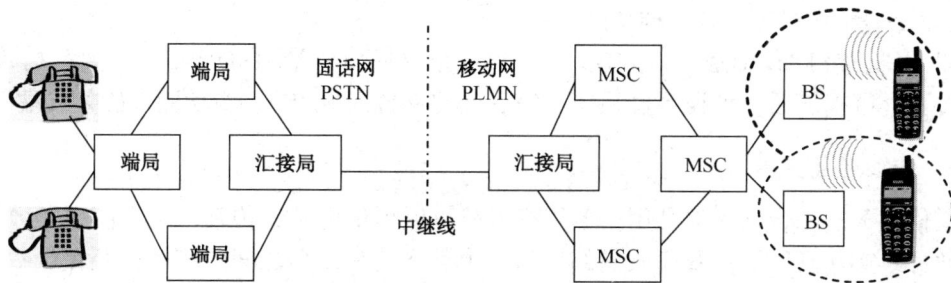

图 1.6　固定电话网与移动电话网组网框图

2. 移动电话网的种类

自 1987 年开通移动电话业务以来，移动电话迅猛发展。我国的五种移动电话网：A、B 是模拟网，C、D、G 网是数字网。近年来移动通信发展飞速，又出现了第三代移动通信系统，称为 3G。

C 网：CDMA 制式移动电话网。C 网是指 CDMA（码分多址）制式的移动电话网，CDMA 制式是接通率高、噪声小、发射功率小的新型数字网，能实现移动电话的各种智能业务。

G 网：全球通（GSM）数字移动电话网。20 世纪 90 年代中期，我国开始建设"全球通"数字移动电话网，这就是 G 网。

D 网：工作在 DCS1800 系统的移动电话网。现在 DCS1800 系统和 GSM900 系统同时覆盖一个地区，称为全球通双频系统，使全球通移动通信系统的容量成倍增长。

3G/4G 网：3G 服务能够同时传送声音及数据信息，最高速率为 2Mb/s。随着数据通信与多媒体业务需求的发展，适应移动数据、移动计算及移动多媒体运作需要的 4G 网开始兴起，4G 网技术将会给我们带来更加美好的未来。

1.2.3 综合业务数字网（ISDN）

1. ISDN 的种类

ISDN 是能提供用户端到用户端数字连接，并能同时承担电话和多种非话业务的电信网。ISDN 分窄带 N-ISDN 和宽带 B-ISDN 两类。通常运用 N-ISDN，简称 ISDN。

2. ISDN 的基本特性和标准接口

（1）基本特性

在各用户终端之间实现以 64kb/s 速率为基础的端到端的透明传输，这是 ISDN 的基本特性。

（2）标准速率接口

ISDN 采用两种标准的用户/网络接口，即基本速率接口（BRI）和基群速率接口（PRI）。

① 基本速率接口即 2B+D，其中 B 为 64kb/s 速率的数字信道，D 为 16kb/s 速率的数字信道。接口速率为 14464kb/s。

② 基群速率接口也称一次群速率接口，即 30B+D。B 和 D 均为 64kb/s 的数字信道。接口速率为 2.048Mb/s。

B 信道主要用于传送用户信息流；D 信道主要用于传送电路交换的信令信息，也用于传送分组交换的数据信息。

（3）ISDN 终端应具有 3 种功能

即人–机接口、D 信道协议处理、用户终端协议处理功能。ISDN 终端主要是指数字电话、数字传真、可视电话、电视会议系统、消息处理系统（MHS）、多功能多媒体终端。

3. 一线通业务

通信业务的综合化使得利用一条用户线就可以提供电话、传真、可视图文及数据通信等多种业务，实现高可靠性及高质量的通信。由于终端和终端之间的信道已经完全数字化了，噪声、串音及信号衰落失真受距离与链路数增加的影响都非常小，因此通信质量很高，使用方便。在一条 2B+D 的用户线上可以连接 8 台终端，3 台可同时工作。

1.2.4 数据通信网

数据通信网是一种全方位的多技术合一的数据交互技术。主要特点是可以实现硬件、软件资源共享。为了实现数据通信，必须进行数据传送，被传递数据信息的典型应用有文件传送、电子信箱、可视图文、文件检索、远程医疗诊断等。

数据通信网的交换技术历经了电路方式、分组方式、帧方式、信元方式等阶段。

我国数据通信网主要有中国公用数字数据网（China DDN）、中国公用分组交换数据通信网（China PAC）、中国公用帧中继网（China FRN）和中国公用计算机互联网（China Net）。

1．中国公用数字数据网（China DDN）

该网于 1994 年开通，1996 年年底覆盖到 3000 个县级以上的城市和乡镇。我国的四大互联网的骨干大部分都采用 China DDN。

China DDN 是利用数字信道传输数据信号的数据传输网。它的主要作用是向用户提供永久性和半永久性连接的数字数据传输信道，既可用于计算机之间的通信，也可用于传送数字化传真、数字话音、数字图像信号或其他数字化信号。

2．中国公用分组交换数据通信网（China PAC）

该网于 1993 年 9 月开通，1996 年年底已覆盖全国县级以上城市和一部分发达地区的乡镇，与世界 23 个国家和地区的 44 个数据网互连。

China PAC 的开通，大大方便了金融、政府、跨国企业等客户计算机连网，实现了国内数据通信与国际的接轨，提高了国内企业的综合竞争力，满足了改革开放对数据通信的需求。

3．中国公用帧中继网（China FRN）

China FRN 是中国电信经营管理的中国公用帧中继网。目前网络已覆盖到全国所有省会城市，绝大部分地市和部分县市，可以方便地提供市内、国内和国际帧中继专线的各种服务。China FRN 是我国的中高速信息国道，该网已在我国的 8 大区的省会城市设立了节点，向社会提供高速数据和多媒体通信。

4．中国公用计算机互联网（China Net）

该网于 1995 年与 Internet 互连，物理节点覆盖 30 个省（市、自治区）的多个城市，业务范围覆盖所有电话通达的地区。2000 年下半年，中国电信利用 n*10Gb/s DWDM 和千兆位路由器技术，对 China Net 进行了大规模扩容。随着信息技术的发展，China Net 网络节点间的路由中继速率得到大幅提升。

China Net 是基于 Internet 网络技术的中国 Internet 公用网和骨干网，也是国际 Internet 在中国的延伸。通过 China Net 的灵活接入方式和遍布全国各城市的接入点，用户可以方便地接入国际 Internet，分享 Internet 上的丰富资源和各种服务。Internet 基础功能如下。

电子信箱（E-mail）：电子信箱是 Internet 的一个基本服务，通过电子信箱，用户可以方便、快速地交换电子邮件，查询信息，加入有关的公告、讨论和辩论组，获取有关信息。

USENET 新闻：USENET 是一个世界范围电子公告板，用于发布公告、新闻和各种文章供大家使用、讨论和发表评论，做出回答和增加新内容，USENET 的每个论坛又称新闻组。

远程登录 Telnet：远程登录是指在网络通信协议 Telnet 的支持下，用户的计算机通过 Internet 成为远程计算机终端的过程，使用 Telnet 可以共享计算机资源，获取有关信息。

文件传送 FTP：文件传送服务允许 Internet 上的用户将一台计算机上的文件传送到另一台上，使用 FTP 几乎可以传送所有类型的文件，如文本文件、二进制可执行文件、图像文件、声音文件、数据压缩文件等。

1.2.5　电视通信网

电视通信网是以视频业务为主的网络，主要的网络是 CATV（有线电视网），CATV 系统因为只支持对用户电视设备的下行广播，为了提供双向接入，必须支持上行通信业务，因此，产生了 HFC（双向的有线电视网络）。近年来由于 IP 网络技术的发展，IPTV（网络电视）也应运而生。

1．CATV

CATV 系统具有频带宽、容量大、多功能、成本低、抗干扰能力强、支持多种业务的优势，它的发展为信息高速公路的发展奠定了基础。从我国最近几年 CATV 网发展来看，电视机已成为我国家庭入户率最高的信息工具之一，CATV 网也成为最贴近家庭的多媒体渠道，只不过它目前还是靠同轴电缆向用户传送电视节目，还处于模拟水平。宽带双向的点播电视（VOD）及通过 CATV 网接入 Internet 进行电视点播、CATV 通话等是 CATV 网的发展方向，最终目的是使 CATV 网走向宽带双向的多媒体通信网。

常用的同轴电缆有两类：50Ω 和 75Ω 的同轴电缆。75Ω 同轴电缆常用于 CATV 网，故称 CATV 电缆，传输带宽可达 1GHz，目前常用 CATV 电缆的传输带宽为 750MHz 以上。50Ω 同轴电缆主要用于基带信号传输，传输带宽为 1～20MHz，总线型以太网就使用 50Ω 同轴电缆，在以太网中，50Ω 同轴电缆的最大传输距离为 185m，粗同轴电缆可达 1000m。

2．HFC

HFC 由光纤干线、同轴电缆支线和用户配线网络三部分组成，从有线电视台出来的节目信号先变成光信号在干线上传输，到用户区域后把光信号转换成电信号，经分配器分配后通过同轴电缆送到用户。

HFC 网的优势是易实现宽带双向通信和用户覆盖面广等，随着计算机技术、通信网络技术、有线电视技术及多媒体技术的飞速发展，尤其在 Internet 的推动下，用户对信息交换和网络传输都提出了新的要求，希望融合 CATV 网络、计算机网络和电信网为一体的呼声越来越高。利用 HFC 网络结构，建立一种经济实用的宽带综合信息服务网的方案也由此而生。

3．IPTV

IPTV 即交互式网络电视，也叫网络电视，是一种利用宽带有线电视网，集互联网、多媒体、通信等多种技术于一体，向用户提供包括数字电视在内的多种交互式服务的崭新技术。IPTV 系统的基本组成如图 1.7 所示。

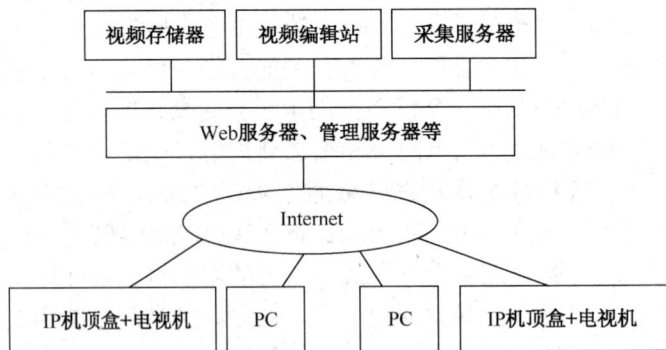

图 1.7　IPTV 系统的基本组成

（1）IPTV 的主要特点

IPTV 是指基于 IP 的电视广播服务。该业务将电视机或个人计算机作为显示终端，通过宽带网络向用户提供数字广播电视、视频服务、信息服务、互动社区、互动休闲娱乐、电子商务等宽带业务。IPTV 的主要特点是交互性和实时性。它的系统结构主要包括流媒体服务、节目采编、存储及认证计费等子系统，主要存储及传送的内容是流媒体文件，基于 IP 网络传输，通常要在边缘设置内容分配服务节点，配置流媒体服务及存储设备，用户终端可以是 IP 机顶盒+电视机，也可以是 PC 等网络终端设备。

（2）IPTV 业务主要应用领域

广电行业——互联网电台、电视台，宽带视频点播（VOD），企业视频资讯平台——音视频信息发布平台，教育行业——音视频教学；政府机构——音视频电子政务，小区——点播电影、网上学习、医疗保健，军队、医疗、电力——现场演习、手术、调度等的音视频存储和同步监看，互联网游览、电子邮件以及商务功能等。

1.3 现代通信网的接入网

1.3.1 接入网概述

1. 接入网的网络作用

接入网负责将电信业务透明传送到用户，具体而言，接入即为本地交换机与用户之间的连接部分，通常包括用户线传输系统、复用设备、交叉连接设备或用户/网络终端设备。

接入网源于电信网发展的产物，已经发展到数据网、电视网等多网络的领域。接入网是各种通信网络的重要组成部分，也是通信网中设备最多、维修量最大的部分。接入网在整个电信网中的位置如图 1.8 所示。

图 1.8 接入网在整个电信网中的位置

2. 传统接入网和 IP 接入网

（1）传统 G.902 接入网

根据 ITU—T 建议 G.902 的定义，接入网（AN）是由业务节点接口（SNI）和相关用户网络接口（UNI）之间的一系列传送实体（诸如线路设施和传输设施）所组成的为传送电信业务提供所需传送承载能力的实施系统，可经由 Q 接口进行配置和管理。接入网所覆盖的范围由以下三个接口定界，如图 1.9 所示。

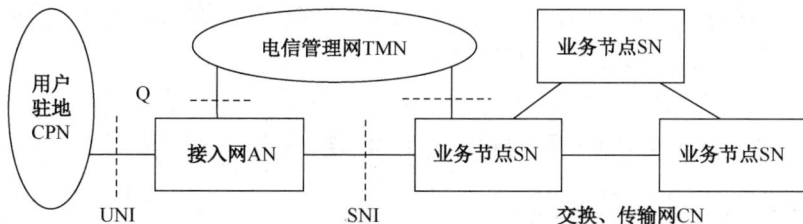

图 1.9 接入网的定界

业务节点接口（SNI）：网络侧经由 SNI 与业务节点（SN）相连。业务节点可以是 PSTN/ISDN

交换机，也可以是租用线业务节点、路由器或特定配置情况下的点播电视和广播电视业务节点等。SNI 是连接接入网和业务节点的开放接口，包括目前广泛应用的与窄带交换设备相连的 V5 接口，还有 VB5 接口、ATM 接口、高速以太网接口及其他开放接口等。

用户网络接口（UNI）：用户侧经由 USI 与用户终端设备或用户驻地网（CPN）相连。USI 可以是模拟接口（Z 接口）、ISDN 接口、ATM 接口，也可以是以太网接口或其他接口。用户终端可以是计算机、普通电话机或其他电信终端设备。用户驻地网可以是局域网或其他专用通信网。

网管接口（Q 接口）：管理系统经 Q 接口与电信管理网（TMN）相连。

（2）IP 接入网（IP AN）

ITU-T Y.1231 建议，IP 接入网目标提供多媒体 IP 业务接入。明确定义：IP 接入网指的是"在 IP 用户和 IP 业务提供者（ISP）之间为提供所需的接入 IP 业务的能力的网络实体的实现"。IP 接入网由参考点（RP）定界，如图 1.10 所示。

与 G.902 接入网相比，两者最明显的不同是 IP 接入网可以包括交换或选路功能，也就是说，IP 接入网不仅参与了信息的传输过程，同时还可以处理 IP 包，根据网络拥塞情况调整 IP 包的传输路径，实现多业务的接入。

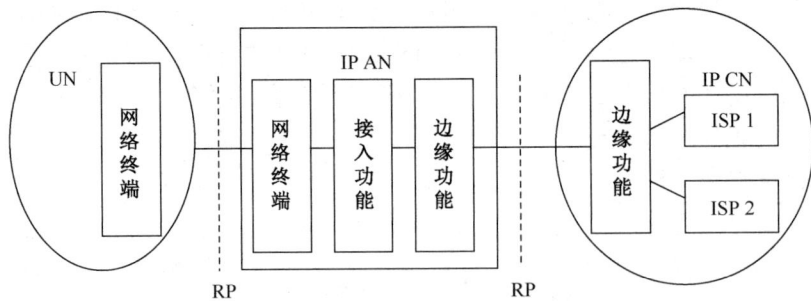

图 1.10　IP 接入网由参考点（RP）定界

3．接入网的接入方式

接入网是本地交换节点到用户驻地、用户终端的一切通信设施，根据传输媒质划分，接入网分为铜线接入网、光纤接入网和无线接入网。

利用现有铜缆方式接入：采用 XDSL 方式（ADSL、VDSL、EDSL 等），利用一对铜线，除了可以传送原有电话业务外，还可以传送约 8Mb/s 甚至更高速率的数据业务。

光纤接入：可以根据光纤到达地点分别称为 FTTC（光纤到路边）、FTTZ（光纤到小区）、FTTB（光纤到大楼）、FTTO（光纤到办公室）等。对于已经具备或即将具备宽带需求的用户，也可以考虑直接把光纤引入家庭，称为 FTTH（光纤到家）。在有线电视网的接入中，通常采用光纤和同轴电缆混合方式接入（HFC）。

无线接入：对于距离局交换设备较远、用户密度较稀的一些郊区、农村、山区等用户，由于用户线太长，分布很分散，投资较大，采用无线接入方式往往显得比较方便，节省投资。

4．接入网的接入接口简介

（1）用户侧接口 UNI

UNI 有模拟电话接口、ISDN 接口、各种数字接口和宽带业务的接口。

① Z 接口：交换机的模拟接口。

② V 接口：交换机用户侧的数字接口统称 V 接口。原规定的 V1～V4 接口都不够标准，现在规定的标准接口为 V5 接口，分为 V5.1 和 V5.2 接口，V5.1 接口由两个 2.048Mb/s 链路组成，V5.2 接口由多个 2.048Mb/s 链路支持；V5.B 接口大于 155Mb/s。

③ U 接口：用户网络接口。U 接口采用 2B1Q 线路码型，可以保证在一对用户铜线上两个 64kb/s 和一个 16kb/s 的数字通道，传输距离为 5km。

④ S 接口和 T 接口：与用户相连接的一侧是 S 接口或 T 接口，都为 4 线接口。

⑤ N-ISDN 基本速率接口（BRI）：一般称为 2B+D 接口，总速率为 144kb/s。

⑥ N-ISDN 基群速率接口（PRI）：一般称为 30B+D 接口，总速率为 2.048Mb/s。

⑦ ATM 接口：异步传递模式接口，又称 B-ISDN 接口，接口速率为 155Mb/s、622Mb/s。

⑧ SDH 接口：光同步接口。

（2）网络侧接口 SNI

SNI 有针对交换机的 Z 接口、V 接口，针对节点的各种数字接口以及针对宽带业务的各种接口。

1.3.2 铜线接入网

1. 铜线接入网接入方式

在铜线接入网中，主要的接入方式是 XDSL 技术，而发展迅速的 ADSL 系列是目前最主流的宽带接入方式。XDSL 技术主要是利用原有的传统窄带铜电缆用户环路，在局端和用户端增加调制解调器将传输带宽拓展，使铜电缆线路同时传送语音和宽带数据信息。

2. ADSL 接入网

ADSL 接入已经成为家庭用户、各行各业用户通信领域宽带业务的重要接入方式。

ADSL（非对称数字用户环路）的接入运用最广泛，模型如图 1.11 所示。

ADSL 技术是运行在普通电话线上的一种新的高速宽带技术，为用户提供上、下行非对称的传输带宽。

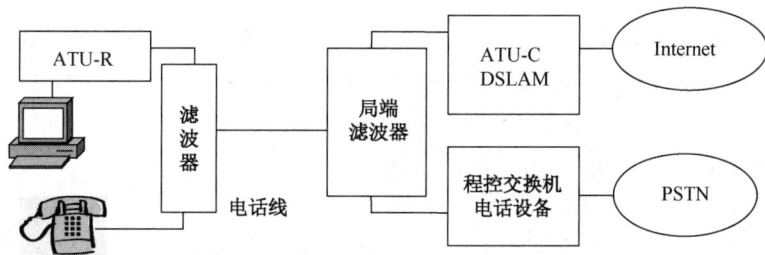

图 1.11　ADSL 的接入模型

1.3.3 光纤接入网

1. 光纤接入网（OAN）的类别

从 OAN 的网络结构看，按接入网室外传输设施中是否含有源设备，OAN 可以划分为有源光网络（Active Optical Network，AON）和无源光网络（Passive Optical Network，PON），AON 采用电复用器分路，PON 采用光分路器分路，PON 作为新的网络技术，在接入网中将成为发展趋势，从而取代 AON。

① AON 指从局端设备到用户分配单元之间均用有源光纤传输设备，如光电转换设备、有源光电器件、光纤等连接成的光网络。采用有源光节点可降低对光器件的要求，可应用性能低、价格便宜的光器件，但是初期投资较大，作为有源设备存在电磁信号干扰、雷击以及有源设备固有的维护问题，因而不是接入网长远的发展方向。

② PON 指从局端设备到用户分配单元之间不含有任何电子器件及电子电源，全部由光分路器等无源器件连接而成的光网络。由于它初期投资少、维护简单，易于扩展，结构灵活，大量的费用将在宽带业务开展后支出，因而目前光纤接入网几乎都采用此结构，它也是光纤接入网的长远解决方案。

2．光纤接入网的模型

光纤接入网主要由 OLT（光线路终端）、ODN（光分配网络，包含光分配单元/光远程终端）和 ONU（光网络单元）等组成。光纤接入网的模型如图 1.12 所示。

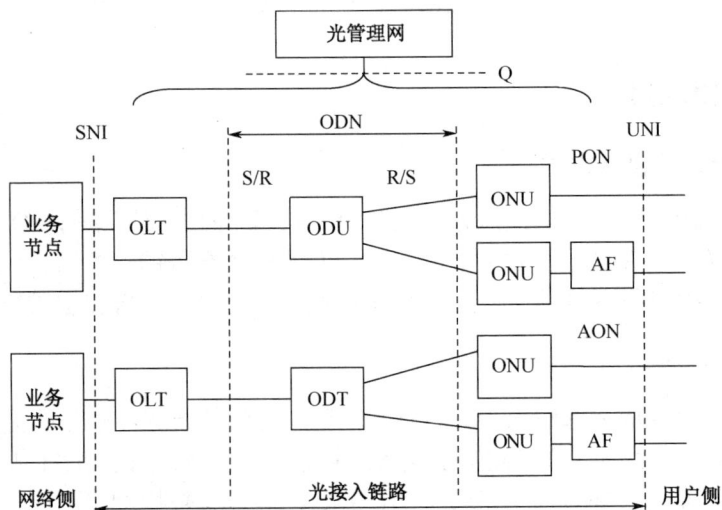

图 1.12　光纤接入网的模型

OLT：光线路终端，它提供 OAN 网络侧接口并且连接一个或多个 ODU。

ODN：光分配网络，它是 OLT 和 ONU 之间的传输媒介，若采用光远程终端则为有源光网络，采用光分配单元则为无源光网络。

ODU：光分配单元，由光无源器件组成。

ODT：光远程终端，由光有源器件组成。

ONU：光网络单元，它提供 OAN 用户侧接口，并且连接一个 ODU 或 ODT。根据 ONU 在接入网中所处的物理位置产生了 FTTX 接入方式，即 FTTZ（光纤到小区，Fibre To Zone）、FTTC（光纤到路边，Fibre To Curb）、FTTB（光纤到大楼，Fibre To Building）、FTTO（光纤到办公室，Fibre To Office）、FTTH（光纤到家，Fibre To Home）。

AF：适配功能。

S：光发送参考点。

R：光接收参考点。

3．无源光网络

无源光网络（PON）是指在 OLT 和 ONU 之间的 ODN 没有任何有源电子设备的光传输网。

PON 主要包括 ATM-PON（APON，即基于 ATM 的无源光网络）和 Ethernet-PON（EPON，即基于以太网的无源光网络）以及新的 GPON（G 比特无源光网络，是基于 APON 的优化型）三种。

PON 技术是一种点对多点的光纤传输和接入技术，下行采用 TDM 广播方式、上行采用 TDMA 时分多址方式，可以灵活地组成树形、星形、总线型等拓扑结构，在光分支点不需要节点设备，只需要安装一个简单的光分支器（OBD）即可，因此具有节省光缆资源、带宽资源共享、节省机房投资、设备安全性高、建网速度快、综合建网成本低等优点。

PON 技术的基本传输原理示意图如图 1.13 所示。

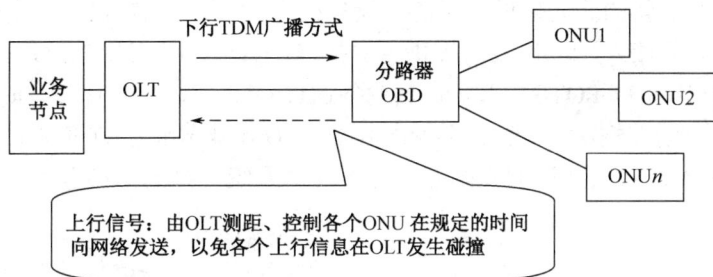

图 1.13　PON 技术的基本传输原理示意图

4．办公通信的光纤接入

（1）办公通信的光纤接入

光纤接入网（OAN）是目前电信网中发展最为快速的接入网技术，除了重点解决电话等窄带业务的有效接入问题外，还可以同时解决高速数据业务、多媒体图像等宽带业务的接入问题。在办公通信领域，光纤、以太网的接入方式在我国的发展势头也非常强劲，是新建信息化智能办公通信系统首选的接入方式。

随着通信技术的演变和传输网光进铜退的进展，电信的语音和宽带数据等多业务的综合接入得到快速发展，这给新建小区、企事业大客户单位的通信建设带来很大好处。当前我国接入网中最普遍的两种方式是 FTTX+DSL 和 FTTX+LAN，后者接入的架构如图 1.14 所示。

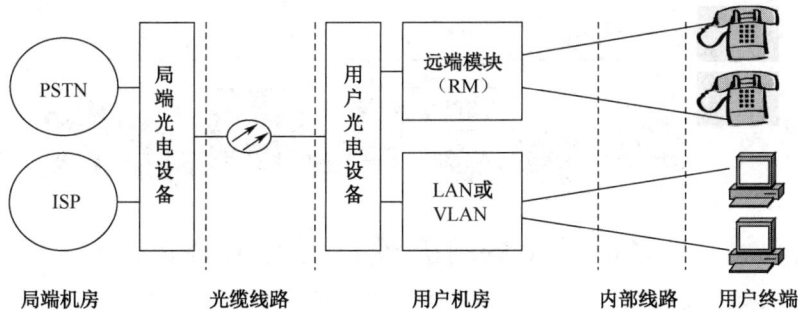

图 1.14　FTTX+LAN 的架构

FTTX+LAN，即光纤接入和以太网技术结合而成的高速以太网接入方式，可实现"千兆到楼，百兆到层面，十兆到办公室桌面"。FTTX+LAN 接入比较简单，在用户端通过一般的网络设备，如交换机、集线器等将同一幢楼内的用户连成一个局域网，用户室内只需要添加以太网 RJ45 信息插座和配置以太网接口卡（即网卡），在另一端通过交换机与外界光纤干线相连即可。

（2）XPON 办公通信系统

目前，运营商主要采用 FTTX+ LAN 方式构建商业楼宇宽带接入网，具体的光传输设备是多业务传输协议的 SDH（MSTP），即 MSTP+LAN 以接入传统 TDM 业务。这种方案满足现有业务的接入需求，但存在业务维护成本较高、中间设备掉电或死机会造成所有下挂设备的业务失效和 MSTP 设备部署不灵活、经济性差等不少问题。

PON 的 FTTO 应用能解决以上问题：

① 只设置 OLT 设备汇聚机房，无源光分配器、ONU 设备不需要建设机房。

② 分光器是无源设备，网络拓扑可靠性高、故障率低。

③ 只需要增加新的分光器即可扩容，无须破坏割接，部署方便。

④ 提供多业务接入，PON 设备提供各种接口：OLT 设备支持 FE/GE、E1、STM-1 接口，ONU 需要支持 FE、E1、POTS 接口。数据业务通过 ONU 以太网口接入，ONU 上行通过 OLT 设备的 FE/GE 上联口连接至汇聚点业务路由器，TDM 业务通过 ONU E1 接口接入。

GPON 的接入方式所建造的集团办公通信网络系统，如图 1.15 所示。

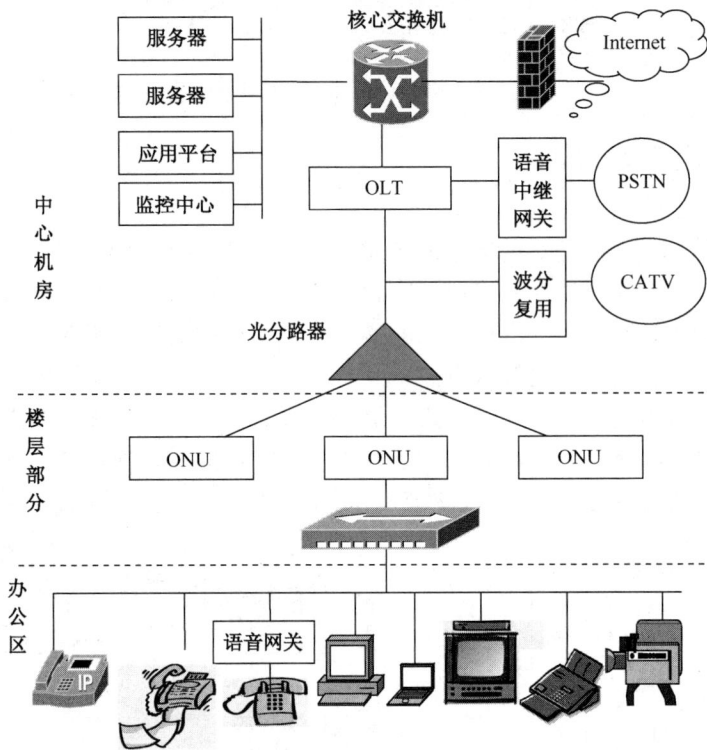

图 1.15　GPON 建造的集团办公通信网络系统

系统结构分为三部分：

第一部分为中心机房，该部分是用户终端数据的汇集端，主要放置的设备为核心交换机、服务器群、监控中心以及 GEPON 系统的核心设备 OLT 等，该部分主要完成的功能是对楼内终端用户数据进行汇集并与外网对接。其中数据部分业务通过核心交换机接入 Internet 实现，传统模拟语音部分业务通过语音中继网关接入 PSTN 网实现。

第二部分为楼层部分，主要放置 ONU、塑料光纤交换机等接入设备。

第三部分为办公区部分，主要用于实现多种用户终端设备（计算机、电话、IPTV 等）

的网络连接，用户终端的信号全部转换成为数据信号通过 GEPON 设备汇聚到中心机房，最终实现网络融合。上述系统适应于新建智能化办公大楼，采用 GEPON+光纤 LAN 的方案，将先进的、统一的和可靠的数据、语音及视频融合在一个网络系统内，同时具备互联网、IPTV、VoIP 的功能，创造一个安全可靠、舒适、高效的工作环境和生活环境，充分满足办公自动化的需求。

1.3.4　无线接入网

1. 无线接入概念

近年来，随着无线接入网的飞速发展，不断满足了移动工作方式和业务交往移动性的增长需求，因此，无线办公系统已经日益成为一种重要通信工具，成为现代办公通信的重要组成部分。

无线接入技术是无线通信的关键，它是指通过无线介质将用户终端与网络节点连接起来，以实现用户与网络间的信息传递。

无线信道传输的信号应遵循一定的协议，这些协议即构成无线接入技术的主要内容。无线接入技术与有线接入技术的一个重要区别在于可以向用户提供移动接入业务。无线接入系统的组成如接入网模型大致相同，主要特点是网络与用户之间由基站（称为 BT，在无线局域网中叫做无线接入设备，又称 AP）设备桥接，其模型如图 1.16 所示。

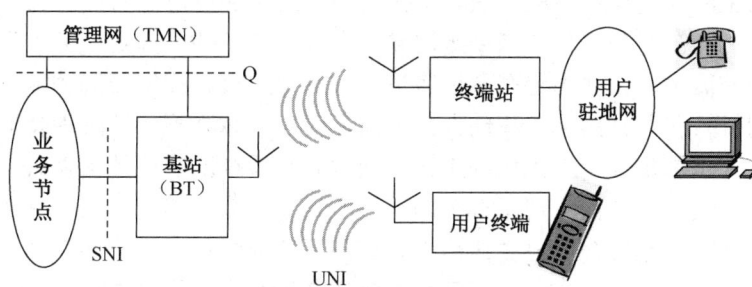

图 1.16　无线接入系统的基本模型

2. 无线接入的类别

当前无线接入技术种类繁多，按终端是否移动可分为固定无线接入和移动无线接入，按接入范围可分为无线个域网、无线局域网、无线城域网和无线广域网等。近年来用于接入网的技术主要有五种。

① 无线本地环路（Wireless Local Loop，WLL）。WLL 指采用无线通信技术建立最后 1000m 连接，通常是电话或者宽带 Internet 接入服务。

② 移动无线接入系统（移动蜂窝接入）。

③ 宽带固定无线接入系统。MMDS（Multi-channel Multi-point Distribution Service）和 LMDS（Local Multi-point Distribution Service）两大系列，中文含义分别叫多点多信道分配系统和本地多点分配系统，其中 LMDS 是一种微波的宽带技术，又被喻为"无线光纤"技术。它可在较近的距离实现双向传输语音、数据图像、视频、会议电视等宽带业务。

④ 卫星无线接入系统。利用通信卫星将高速广播数据送到用户的接收天线，其特点是通信距离远，费用与距离无关，覆盖面积大且不受地理条件限制，频带宽，容量大，适用于多业务传输，可为全球用户提供大跨度、大范围、远距离的漫游和机动灵活的移动通信服务等。

⑤ 无线局域网。简称 WLAN（Wireless LAN），是计算机网络与无线通信技术相结合的产物。它不受电缆束缚，可移动，能解决因有线网布线困难等带来的问题，并且组网灵活，扩容方便，与多种网络标准兼容，应用广泛。

3. 无线接入在办公通信领域的运用

随着信息技术的发展和全球市场竞争的日益激烈，人们对办公通信的条件、方式提出了更高的要求，有别于传统的局限于办公室模式的办公通信方式，移动办公通信成为一种趋势，在这种情况下，无线办公系统（WOS）骤然兴起并迅速发展。

无线办公通信系统有多种解决方案，但基本的无线办公系统是传统的 DECT 无绳电话和蜂窝通信系统。无线办公通信系统的基本结构是移动无线通信系统加公司内专用小交换机，对移动手机提供连接，其特点是使用方便，通信费用较低，通信质量较好。

当前，办公通信的宽带无线接入方式主要有移动网络接入和无线局域网接入两种。

（1）移动网络接入

移动网络接入是利用 3G 等无线网络，使办公业务外网办事系统从基于桌面计算机的应用扩展到手机移动应用，使得业务系统的实施摆脱了地域、时间的限制。这种移动办公逐渐成为一种趋势办公自动化（OA），是将现代化办公和 IP 通信网络功能结合起来的一种新型的办公方式，是当前具有很强生命力的技术应用领域，是信息化社会的产物。

随着人们生活与工作节奏的加快，工作流动性的增加以及随着信息技术的发展和员工出差、决策层不必要在办公室传达指令等问题的出现，传统的"固定办公桌"式的工作模式已难以满足人们的需要。以往固定在办公室里、对着计算机、连上网线才能办公的形式已经让许多人感受到低效和种种约束，移动办公的需求就越来越强烈。通过现代通信网络，组织机构内部的人员可跨越事件、地点协同工作。通过 OA 系统所实施的交换式网络应用，使信息的传递更加方便快捷，从而实现了办公的高效率。近年来，随着 3G、4G 网络功能的拓展，运营商推出了随时随地办公的办公通信理念，即无论何时何地，只要在移动网络信号覆盖的范围内，就可以利用手机、PDA、笔记本电脑等移动终端设备通过短信、WAP、BREW 等多种方式与企业的 OA 办公系统进行连接，从而将公司内部局域网扩大成一个安全的广域网。

（2）无线局域网接入

无线局域网（WLAN）是利用无线技术实现快速接入以太网的技术，其采用 IEEE 802.11 系列在性能、价格各方面均超过了蓝牙等技术，逐渐成为无线接入的一种主要技术，在办公通信领域得到了广泛应用。

WLAN 最主要的优势在于不需要布线，可以不受布线条件的限制，因此非常适合移动办公用户的需要，具有广阔市场前景。

无线局域网的工作模式一般分为两种，固定设施模式（Infrastructure）和点对点模式（Ad-hoc）。

Infrastructure 是指通过无线访问节点 AP（Access Point）互连的工作模式，也就是可以把 AP 看成传统局域网中的 Hub（集线器）。该模式的结构如图 1.14 所示。

Ad-hoc 是一种比较特殊的工作模式，它通过把一组需要互相通信的无线网卡的 ESSID（服务区别号）设为同值来组网，这样就可以不必使用 AP，构成一种特殊的无线网络应用模式。几台计算机装上无线网卡，即可达到相互连接、资源共享的目的。

1.4 通信协议

1.4.1 通信协议（信令）概述

1. 通信网信令的种类和重要意义

电信网中，设备之间任何实际应用信息的传送总是伴随着一些控制信息的传递，它们按照既定的通信协议工作，将应用信息安全、可靠、高效地传送到目的地。这些信息在计算机网络中叫做协议控制信息，而在电信网中叫做信令（Signal）。

信令是通信网中完成各种呼叫连接时所采用的通信协议，是为实现和配合各种连接方式而具有的软件和硬件设置。信令是电信网中在终端和交换机之间，以及交换机与交换机之间传送的一种对话信息，它的作用是控制信道的接续和传递网络管理信息。

作为一个通信设备的维护人员，为什么要学习通信协议或信令？现代电信网络是一个规模巨大的复杂网络，通信协议牵连众多的通信网络环节，运行故障可能出现在其中任何一个环节上，在这样的网络中分析和处理障碍，故障定位是极其重要的。所以掌握通信协议知识尤其重要，我们可以判断出哪个环节出了问题，然后才能去解决问题。

在现代通信网中，基本通信协议可分为四种：电信的七号信令、TCP/IP、OSI 参考模型以及 PPP。

017

2. 通信网的信令分类

在电话交换网中，完成通话用户的接续需要有一套完整的控制信号和操作程序，用以产生、发送这些控制信号的硬件和响应的执行、操作等程序的集合体称为电话网的信令系统。

信令系统好比是电信网中的神经系统，随着电信网的现代化，特别是电信网的数字化、业务综合化、智能化，信令系统的作用更为重要。现代化的信令系统不但可用于电话网、数据网、综合业务数字网，而且还可以在各种交换局和业务中心之间传送各种数据信息，适应多媒体通信发展的需要。

（1）信令根据传输区间的不同分为两类

一类是用户信令，是在用户和交换机之间传送的信令。例如，电话网中反映用户摘机、拨号、挂机等状态的信息，就属于这一类信令。

另一类叫局间信令，是在交换局与交换局之间传送的信令。局间信令又分随路信令和公共信道信令两大类。中国 1 号信令属于随路信令，中国 7 号信令属于公共信道信令。

（2）按照信令的信道技术来分

随路信令：信令和话音在同一条话路中传送的信令方式。国际上有 1～5 号信令称为随路信令，目前我国采用的随路信令称为中国 1 号信令系统。

公共信道信令：信令采用一条公用的链路传送的信令方式。在 20 世纪 60 年代中期，ITU—T 建议的第一个公共信道信令是"6 号信令"，但仍不能很好地适应数字网发展的需要，于是 20 世纪 80 年代又提出了适合数字电信网的 7 号公共信道信令方式，这种信令方式目前正在被广泛采用。

（3）按信令功能来分

① 选择信令。"选择"是指完成呼叫建立的有关功能。拨号的数字码及其辅助信号，都

属于这类信令。因为，在用户拨号时，信令系统要据此来选择路由、完成接续。随着各种新业务的出现，不仅要有选择地接续对方的信令，还应有业务处理所必要的信令。例如，要有缩位拨号的登录信令等。

② 监视信令。所谓"监视"就是对电信网及用户的状态进行监测。在电话网中，监视信令是反映用户摘机、拨号、占用、挂机、拆线等状态的信息。

③ 运行信令。是表示交换机或终端运行和接续状态的信令，包括拨号音、回铃音、忙音等基本可闻信令。

铃流：铃流用来呼叫被叫用户。铃流为 25Hz 正弦波，输出电压有效值为 90V，振铃采用 5s 断续（即 1s 送，4s 断）。

拨号音：用来通知主叫用户可以拨号。拨号音采用频率为 450Hz 的连续的信号音。

回铃音：表示被叫用户处于被振铃状态。采用频率为 450Hz 的信号音，是 5s 断续的信号音，与振铃音一致。

忙音：表示本次接续遇到机线忙或被叫用户忙。采用频率为 450Hz 的信号音，是 0.7s 断续的信号音，即 0.35s 送，0.35s 断。久叫不应 90s 后送忙音。

长途通知音：用于通知正在进行市内通话的用户有长途电话。采用频率为 450Hz 的信号音。是 1.2s 不等间隔断续的信号音，即 0.2s 送，0.2s 断，0.2s 送，0.6s 断。

空号音：用于通知主叫用户，所呼叫的被叫号码为空号或受限制的号码。采用频率为 450±25Hz 的信号音。是 1.4s 不等间隔断续的信号音，即重复三次 0.1s 送、0.1s 断后，0.4s 送，0.4s 断。

证实音：用于核实主叫用户号码的正确性。采用频率为 950Hz 的信号音，发连续信号音。

催挂音：它是由测量台发送给久不挂机用户的信号，其目的是通知用户挂机。采用频率 950Hz 的信号音，发送连续信号音，响度变化分五级，由最低级逐步升高。

3. 电话接续过程的基本信令

用户与交换机或交换机之间，除传送话音、数据等业务信息外，还必须传送各种专用的附加性质的控制信号，即信令，以保障各部分的协调，完成各种功能。在电话接续过程中，基本信令有用户与交换机之间的用户信令和交换机与交换机之间的局间信令两种。

如图 1.17 所示为两个用户通过两地的交换机进行电话接续的基本信令流程图。接续过程简单说明如下：

① 当主叫用户摘机时，用户摘机信号送到发端局交换机。

② 发端局交换机收到用户摘机信号后，立即向主叫用户送出拨号音。

③ 主叫用户拨号，将被叫用户号码送给发端局交换机。

④ 发端局交换机根据被叫用户号码选择相应中继线，并把被叫用户号码送给终端局交换机。

⑤ 终端局交换机根据被叫号码，将呼叫连接到被叫用户，向被叫用户发送振铃信号，并向主叫用户送回铃音。

⑥ 当被叫用户摘机应答时，终端局交换机接到应答摘机信号，并将应答信号转发给发端局交换机。

⑦ 用户双方进入通话状态。

⑧ 话终挂机复原，传送拆线信号。

⑨ 终端交换机拆线后，回送一个拆线证实信号，一切设备复原。

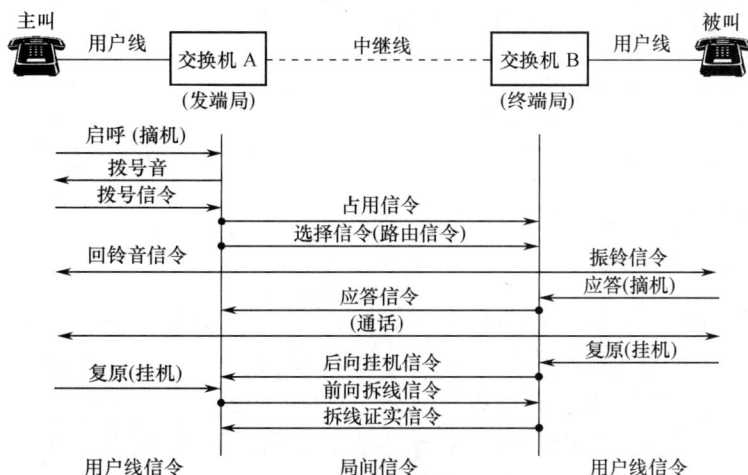

图 1.17 电话呼叫处理的信令过流程

1.4.2 7 号信令

1. 什么是 7 号信令

随着程控交换机的发展，原有的各种随路信令方式存在速度慢、内容少、费用高等缺点，已经不能够满足数字程控交换通信网的发展，因此，ITU—T 提出了适合数字交换局使用的共路信令，即 7 号信令。

7 号信令利用数字程控交换局之间集中的 64kb/s 信号数据链路，为几百条、几千条话路传输局间信号和其他业务信息，实际上是交换机处理机之间的一个专用的分组数据传输系统。7 号信令的信号数据链路信息容量大，所以除了传输局间的信号外，还可以传输网络管理、计费信息、维护信息、移动通信漫游信息等。

随着我国数字程控交换机的大量应用和传输手段的数字化，7 号信令迟早将全部取代现有的中国 1 号信令。

共路信令是将一群话路所需要的各种业务信号汇集到一条与话路分开的64kb/s数据链路上传输。共路信令系统示意图如图 1.18 所示。

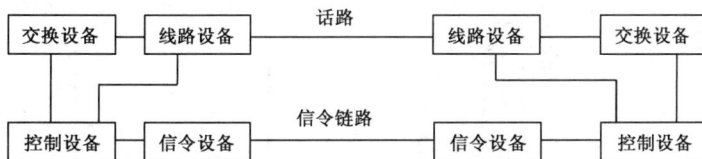

图 1.18 共路信令系统示意图

2. 7 号信令的特点

7 号信令系统是一种国际性的标准化的通用公共信令系统，其基本特点是：

① 适合由数字程控交换机和数字传输设备所组成的综合数字网；

② 能满足现在和将来传送呼叫控制、遥控、维护管理信令及处理机之间事务处理信息的要求；

③ 信令传送可靠。

7 号信令能满足多种通信业务的要求，当前主要的应用有：

① 局与局之间的电话网通信。

② 局与局之间的数据网通信。

③ 局与局之间综合业务数字网，如 ISDN、PRI。

④ 可以传送移动通信网中的各种信息，支持各种类型的智能业务。

3. 7 号信令系统基本结构

（1）基本组成

7 号信令系统是一种国际性的标准化公共信道信令系统。7 号信令是专门用来传送电信网节点处理机之间各种类型信令和信息的一种数据通信形式。7 号信令系统划分为一个公共的消息传递部分（MTP）和若干个用户部分（TUP），包括四个功能级：信令数据链路功能、信令链路功能、信令网络功能及用户部分。以消息传递部分（MTP）和用户部分（TUP）组成的四级信令结构，能够有效地传送各种呼叫控制和接续控制信息，是电话通信网特别是数字电话网理想的信令系统。

（2）7 号信令系统的组成结构

7 号信令系统的组成结构框图如图 1.19 所示。它由消息传输部分（MTP）和多个不同的用户部分（UP）所组成。消息传输部分为正在通信的用户功能体之间提供信令信息的可靠传递；用户部分为使用消息传递部分传送能力的功能实体。典型的功能有电话和数据呼叫处理、网络管理和网络维护以及呼叫计费等。

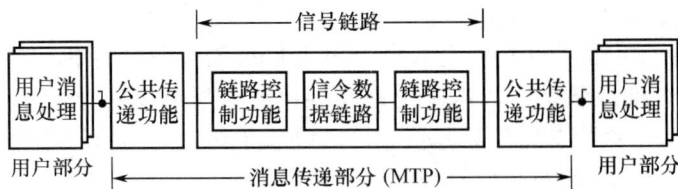

图 1.19 7 号信令系统的组成结构框图

（3）四个功能级结构

7 号信令对应于 OSI 的七层，其系统的四个功能级结构如图 1.20 所示。

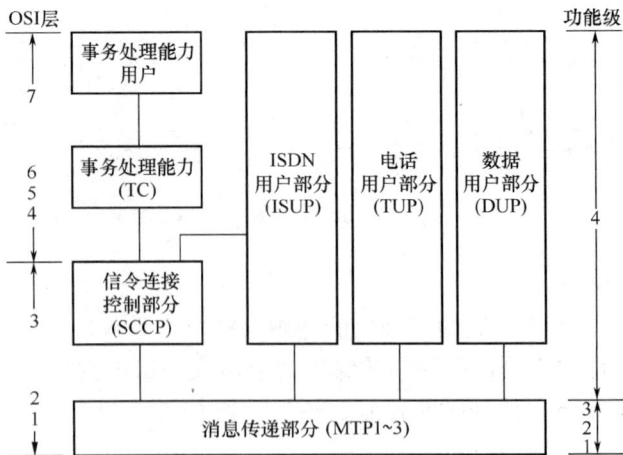

图 1.20 7 号信令功能级框图

4. 7 号信令网组成

（1）什么是信令网

在电话交换机采用数字程控交换机及 7 号信令系统之后，除原有的电话网之外，还有一个寄生、并存的起支撑作用的专门传送信令的 7 号信令网。该信令网除了传送电话的呼叫控制等电话信令之外，还可以传送网路管理和维护等方面的信息，所以 7 号信令网实际上是一个载送各种信息的综合业务数据传送系统，主要功能有以下几点。

① 完成电话网的局间信令。

② 完成电路交换的数据网的局间信令。

③ 可以完成 ISDN 局间信令。

④ 可以完成本地、长途、国际电话和非话的各种信令连接。

⑤ 传送与电路无关的各种数据信息。

⑥ 完成业务交换点（SSP）和业务控制点（SCP）间的对话。

⑦ 开发智能业务。

（2）信令网的组成

信令网由信令点（SP）、信令转接点（STP）以及连接它们的信令链路组成。SP 是信令消息的源点和目的地点，它可以是各种交换局，也可以是各种特服中心，如运行、管理、维护中心等。STP 是将一条信令链路上的信令消息转发至另一条信令链路的信令转接中心。在信令网中，信令转接点可以是只具有信令消息传递功能的信令转接点，称为独立信令转接点，也可以是具有用户部分功能的信令转接点，即具有信令点功能的信令转接点，此时称为综合信令转接点。信令链路是信令网中连接信令点的最基本部件，目前基本上是 64kb/s 的数字信令链路。

在 PSTN 整个网络中，7 号信令网的运用如图 1.21 所示。

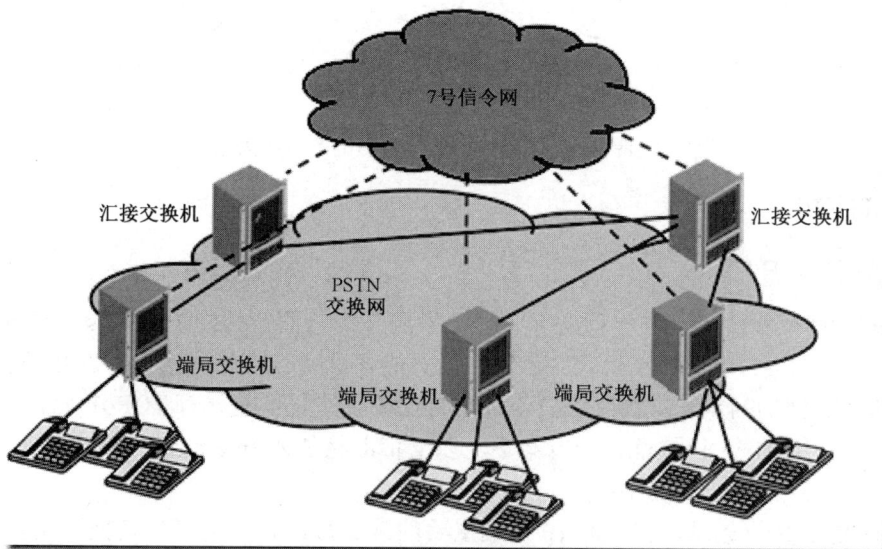

图 1.21 7 号信令网组成示意图

5. 7 号信令网结构

信令网按结构可分为无级信令网和分级信令网。无级信令网没有信令转接点，信令点间采用直连方式。分级信令网则引入信令转接点，我国目前采用三级 7 号信令网结构，如图 1.22 所示。其中，SP 为信令端点，STP 为信令转接点，LSTP 称为低级 STP，HSTP 称为高级 STP。LSTP 至 SP 及 HSTP 至 LSTP 之间为星形连接，HSTP 之间为网状连接。这样，任何两个 SP 最多经过 4 次转接即可互相传送信息。

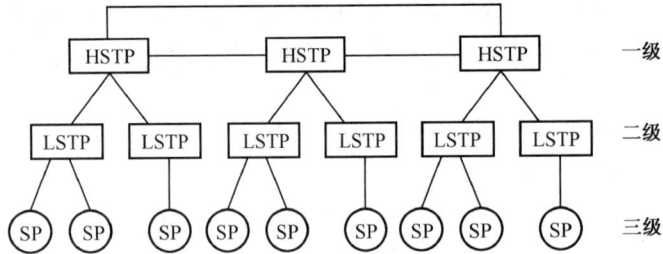

图 1.22　7 号信令网三级结构图

6. 电话网与信令网的对应关系

我国固话和移动网都为两级长途和一级本地网，因此 7 号信令网与之对应，即 DC1、DC2、和本地网分别对应 HSTP、LSTP 和 SP，如图 1.23 所示。

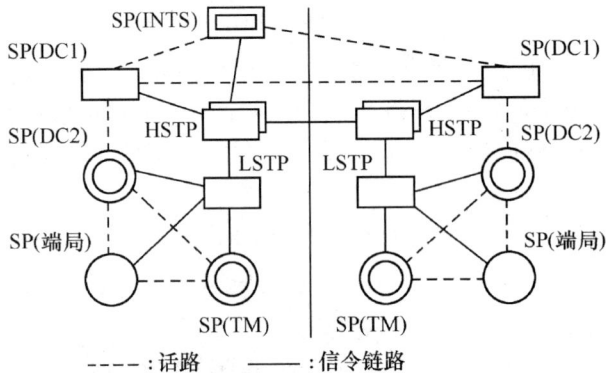

图 1.23　7 号信令网和电信网的对应关系

1.4.3　TCP/IP

1. 何谓 TCP/IP

TCP/IP 是在 20 世纪 60 年代由麻省理工学院和一些商业组织为美国国防部开发的，即便遭到核攻击而破坏了大部分网络，TCP/IP 仍然能够维持有效的通信。TCP/IP 同时具备了可扩展性和可靠性的需求。每种网络协议都有自己的优点，但是只有 TCP/IP 允许与 Internet 完全连接。TCP/IP 的 32 位寻址功能方案不足以支持即将加入 Internet 的主机和网络数。因而可能代替当前实现的标准是 IPv6。

在 TCP/IP 协议族中，TCP 和 IP 是最重要的核心协议。IP 的工作是把数据包从一个地方传递到另一个地方，TCP 的工作是对数据包进行管理与校核，保证数据包的正确性，正因为这样，TCP/IP 成为了效率最高的体系结构。

（1）TCP（传输控制协议）

TCP 是 TCP/IP 协议族中的传输层协议，它通过序列确认以及包重发机制，提供可靠的数据流发送和到应用程序的虚拟连接服务。与 IP 相结合，TCP 成为了 Internet 协议的核心。

（2）IP（网际协议）

IP 是 TCP/IP 协议族中的主要网络层协议，与 TCP 结合组成整个 Internet 协议的核心协议。IP 是 TCP/IP 的心脏，也是网络层中最重要的协议。IP 是一个网络层协议，它包含寻址信息和控制信息，可使数据包在网络中路由。IP 同样适用于 LAN 和 WAN 通信。

2．TCP/IP 协议族中的几个重要协议

对于互联网来说，有各种各样的协议来规范它的使用，让这个庞大而复杂的网络工作得有条不紊。那么在这个协议结构中，TCP/IP 协议族是当中的基础，那么具体都包含什么协议呢？下面对 TCP/IP 协议族所包括的几种主要协议进行简要说明。

（1）UDP（用户数据报协议）

UDP 是 ISO 参考模型中一种无连接的传输层协议，提供面向事务的简单不可靠信息传送服务。UDP 基本上是 IP 与上层协议的接口。UDP 适用于端口分别运行在同一台设备上的多个应用程序。

（2）远程登录协议（Telnet）

Telnet 协议用来登录到远程计算机上，并进行信息访问，通过它可以访问所有的数据库、联机游戏、对话服务以及电子公告牌，如同被访问的计算机在同一房间中工作一样，但只能进行字符类操作和会话。

（3）HTTP（超文本传输协议）

HTTP 是应用层协议，由于其简捷、快速的方式，适用于分布式和合作式超媒体信息系统。自 1990 年起，HTTP 就已经被应用于 WWW 全球信息服务系统。

（4）FTP（文件传输协议）

这是文件传输的基本协议，有了 FTP 就可以进行文件上传或下载。FTP 程序除了完成文件的传送之外，还允许用户建立与远程计算机的连接，使得主机间可以共享文件。FTP 使用 TCP 生成一个虚拟连接用于控制信息，然后再生成一个单独的 TCP 连接用于数据传输。控制连接使用类似 Telnet 的协议在主机间交换命令和消息。

（5）SMTP（简单邮件传输协议）/POP（邮局协议）

SMTP 是一种提供可靠且有效电子邮件传输的协议，POP 允许工作站检索邮件服务器上的邮件。SMTP 是建模在 FTP 文件传输服务上的一种邮件服务，主要用于传输系统之间的邮件信息并提供来信有关的通知。SMTP 负责邮件的发送和在邮件计算机上的分拣和存储，POP 负责将邮件通过 SLIP/PPP 连接传送到用户计算机上。

（6）Telnet（TCP/IP 终端仿真协议）

Telnet 是 TCP/IP 环境下的终端仿真协议，通过 TCP 建立服务器与客户机之间的连接。连接之后，Telnet 服务器与客户机进入协商阶段，选定双方都支持连接操作，每个连接系统可以协商新可选项或重协商旧可选项。

（7）电子邮件服务（E-mail）

电子邮件服务是目前最常见、应用最广泛的一种连网服务。通过电子邮件，可以与 Internet 上的任何人交换信息。电子邮件由于快速、高效、方便以及廉价，得到了广泛的应用，目前只要是上过网的网民就肯定用过电子邮件这种服务。目前，全球平均每天约有几千万份电子邮件在网上传输。

3. 常用 TCP/UDP 端口

① 21 与 20 端口是 FTP 常用端口。

② 23 端口是 Telnet 服务的端口。

③ 25 端口是 SMTP 服务端口。

④ 80 端口是 WWW（万维网）常用端口。

⑤ 110 端口是 POP3 服务的端口。

1.4.4 OSI 参考模型

OSI（Open System Interconnect）参考模型是 ISO 和 ITU 联合制定的开放系统互连参考模型，为开放式互连信息系统提供了一种功能结构的框架，它从低到高分别是：物理层、数据链路层、网络层、传输层、会话层、表示层和应用层。各层均有不同的协议内容，这些协议的集合，就是 OSI 协议集。

OSI 层次模型中各层的功能如下。

① 物理层（PH），确定物理设备接口，提供点—点的比特流传输的物理链路。

② 数据链路层（DL），利用差错处理技术，提供高可靠传输的数据链路。

③ 网络层（N），利用路由技术，实现用户数据的端—端传输。

④ 运输层（T），屏蔽子网差异，用户要求和网络服务之间的差异。

⑤ 会话层（S），提供控制会话和数据传输的手段。

⑥ 表示层（P），解决异种系统之间的信息表示问题，屏蔽不同系统在数据表示方面的差异。

⑦ 应用层（A），利用下层的服务，满足具体的应用要求。

这个模型把网络通信的工作分为 7 层。1～4 层被认为是低层，这些层与数据移动密切相关。5～7 层是高层，包含应用程序级的数据。每一层负责一项具体的工作，然后把数据传送到下一层，如图 1.24 所示。

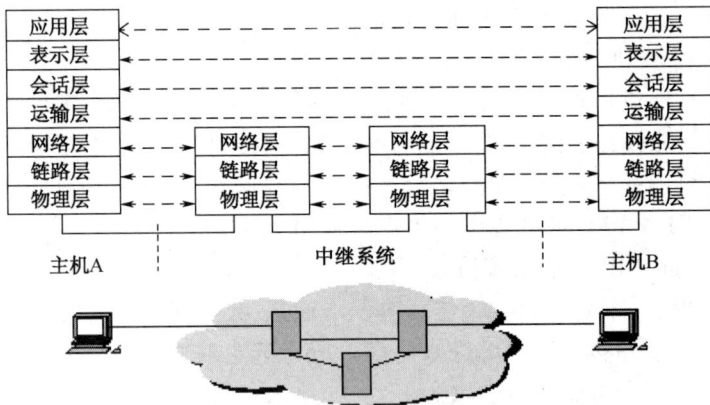

图 1.24　OSI 基本参考模式示意图

1.4.5 PPP

1. 何谓 PPP

PPP 是 Point to Point Protocol（点到点协议）的字母缩写。PPP 性能丰富，基本上取代了 SLIP（串行线路互联网协议）的地位。因为 PPP 具有在串行链路上传递 TCP/IP 信息包的能力，并且还可以进行安全验证，所以互联网服务提供商（Internet Service Providers，ISP）一般都利用 PPP，允许拨号用户与互联网相连。

有些 ISP 并不是通过串行链路与用户相连的，如 DSL 提供商通过以太网，而不是串行链路通信，这种情况下需要一种 PPP 与以太网相结合的新技术，即 PPPOE（PPP Over Ethernet）。因此 PPPOE 可以满足许多人的需要。并且，许多人对于 PPPPOE 的附加能力感到特别满意。因为 PPPOE 允许 ISP 们对用户的登录安全进行控制和测量用户流量。

2. PPPOE 与应用

PPPOE 可以使以太网的主机通过一个简单的桥接设备连到一个远端的接入集中器上。通过 PPPOE，远端接入设备能够实现对每个接入用户的控制和计费。

PPPOE 与传统的接入方式相比，具有较高的性价比，它在包括小区组网建设等一系列应用中被广泛采用，现在流行的宽带接入方式 ADSL 就使用了 PPPOE。

PPPOE 通过把最经济的局域网技术即以太网和点对点协议的可扩展性及管理控制功能结合在一起，网络服务提供商和电信运营商便可利用可靠和熟悉的技术来加速部署高速互联网业务。它使服务提供商在通过数字用户线、电缆调制解调器或无线连接等方式，提供支持多用户的宽带接入服务时更加简便易行。同时该技术简化了最终用户在选择这些服务时的配置操作。

1.5 电信网络的 IP 化演变

1.5.1 传统通信网（TDM 网络）的缺点与转型的趋势

1. 传统网的主要问题

传统电路交换网是一种垂直集成、封闭和单厂家专用的系统结构，新业务的开发也是以专用设备和专用软件为载体，导致开发成本高、时间长，无法适应今天快速变化的市场环境和多样化的用户需求。在传统的建网模式下，运营商的不同业务网络纵向独立，比如语音网、PHS 网和宽带接入网等。"一种业务、一种网络"的格局中不同网络独立共存，这使得运维和管理成本居高不下，同时宽带和窄带、固定和移动等融合类业务的提供也很困难。

面对当前市场竞争的压力和集中维护的要求，传统固话网络已不能适应当前企业发展的要求，主要表现在以下几个方面。

（1）业务提供能力差，周期长，无法满足市场要求

传统固话网交换机型多，交换网络业务支撑能力较弱，业务平台小而分散。提供新业务时常常要对网进行改造，成本高，周期长。

（2）计费点多而分散，联机计费采集难度大，且成本过高

在原有网络结构中，计费点有 TS、网关局、汇接局、端局。计费点多，计费能力低，在进行详单联机计费采集时对交换机的改造成本较高，实现困难，不能为客户提供满意的服务，降低了企业的核心竞争力。

（3）网络结构复杂，数据制作节点多，集中操作难度大

所有用户或局数据执行需要通过远端仿真终端在端局上进行操作。无法提高维护效率，业务开通的难度大，时限控制也无法达到要求等。

（4）智能网难以满足需求

① 很多端局不支持业务交换点（SSP），SSP 大部分是独立、新建、叠加在 PSTN 内的，使智能业务触发点高，电路迂回严重，难以在全网快速统一地开展复杂的智能业务。

② 智能业务触发方式单一，只支持接入码方式业务触发，不支持主叫鉴权、被叫鉴权等无业务接入码的智能业务触发，导致很多新业务无法实现或开展不方便，而且不支持智能网增值业务的嵌套和组合，无法满足用户同时使用多个增值业务的需求。

③ 用户数据管理分散。这种方式存在着用户属性管理分散、用户数据不能共享等缺点，开发新业务常常需要端局修改制作大量数据，难以实现业务即开即通。

④ 传统的 PSTN 用户数据放在交换机里，提供一个智能业务非常复杂，端局要做数据，智能网要做数据，SSP 也要做数据，难于支持复杂的智能业务。

2. 传统网的 IP 化演变是必然趋势

（1）两方面因素

① 传统的网络的弊端逐渐显现，已无法满足业务创新和提供综合信息服务的要求。

② 企事业单位对通信系统的要求越来越高，业务需求也趋于多样化，运营商必须提供越来越多的多媒体业务、数据业务才能吸引住用户，而这些新型的多样性业务，是当前的 PSTN、PLMN 网络所难以提供的。网络转型是整个电信运营业转型的基础，所以传统网需要向下一代网络转型。

（2）向下一代网络演进是必然趋势

随着 Internet 的发展和普及，通信网出现了革命性的转变，即从基于电话结构的标准网络转向基于 IP 结构的网络，并借助 Internet 进一步拓展出高速率的新业务和新应用，逐步形成了 NGN（新一代网络）体系结构。

当前网络结构显然不能满足向下一代网络演进的要求。随着 3G、4G 业务的发展，下一代固网、宽带和移动的融合型业务将是业务发展趋势，也将成为在市场竞争中的优势产品，因此如何在网络改造的同时，向下一代网络平稳演进也是需要考虑的问题。

当语音网引入 NGN 后，运营商的语音业务，将同时面临 PSTN 和 NGN 两张网络，如果无法尽快将两种网络进行融合和统一管理，运营商在网络的发展中将面临被动。

NGN 基于呼叫控制与承载控制相分离、业务与控制相分离的思想，采用软交换（Softswitch）为核心技术。它将传统交换机的呼叫控制和用户接入功能进行了分离，用户语音采用 VoIP 包在承载网上传送，综合利用了承载网资源，这符合未来 IP 化的发展趋势。所以，PSTN 和 NGN 网络的融合实际上也就是 PSTN 向 NGN 的演进。

1.5.2 传统网络的 IP 化演变

1. 两种基本的演进思路和原则

（1）两种基本的演进思路

采用 AG（接入网关）替换 PSTN 交换机或者将 PSTN 交换机直接改造为 AG。从平衡过渡、投资保护和工程实施等角度可以判断 PSTN 改造为 AG 这种方式更为合理，在演进过程中应根据具体情况选取相应的方案。

目前，中国 PSTN 交换机的用户是软交换用户的几十甚至上百倍，它们处于稳定运行阶段。从保护投资角度考虑，PSTN 交换机需要具备向 NGN 演进的能力。

（2）PSTN 向 NGN 演进的原则

PSTN 向 NGN 演进应遵循演进平滑、工程便利、投资合理等原则。

2. PSTN 向 NGN 演进的方案

通常演进有替换方案和设备改造方案两种。

替换方案就是在 NGN 网络中完全新建 AG 设备，实现方便。而 PSTN 的设备改造方案复杂，具体方法也多种多样。PSTN 通过改造演进为 AG 的方案，可以是从端局着手的方案，也可以是从关口局或汇接局改造的方案等。

TDM 方式的交换机演进为 AG，实现两个功能：

① 双绞线方式用户接入、TDM 语音；

② VoIP 语音编码转换。

对于传统交换机，其主要组成部分是用户板，它用于完成用户接入，这一部分不需要改造可以直接利用。演进方案中主要需要增加 VoIP 处理能力。

语音网络的演进组网主要包含以下几个关键网元。

① 统一的呼叫控制中心。由 NGN 网络的架构决定，所有的呼叫控制、业务触发都由软交换设备（SS）完成。当 PSTN 演进为 AG 以后，全网的呼叫均由 SS 控制。

② 统一的数据中心 SDC。借鉴移动网络将用户数据统一存储的思想来建设 SDC，用户的逻辑号码和物理号码进行分离，便于开展移动与固网融合类业务。

③ 统一的管理中心。用于对不同的网元进行统一的管理。

3. 移动网络向 IP 化的演进

由于移动网络所具有的相对封闭性，以及无线接口的带宽限制，使得互联网应用对移动运营商的冲击相对较少，移动网络的 IP 化要比固网来得慢一些。

但是随着无线技术的进步，空中接口的带宽瓶颈被逐步突破，主要的技术途径包括对有限的空中接口资源的利用方式和利用效率的同时拓展。宽带化的要素在无线领域的发展脉络中变得越来越清晰，从 2G 到 3G、LTE，空中接口的带宽被一步步提高，甚至达到 100M，为无线数据业务，包括移动互联网的发展提供了巨大的潜力。

由于 IMS（IP 多媒体子系统）架构的不断成熟，移动网络的 IP 化，多从核心网 IP 化开始。同固网一样，这首先基于降低运营成本的需求。因为在全球范围内，移动市场还处于增长期，无论用户容量还是每用户带宽都在不断增长，迫使移动运营商需要对移动网络持续不断地新建和扩容。单纯的 TDM 承载方式会导致投资和维护成本居高不下，而利用 IP 设备组网则相对成本较低且可保持对未来移动网络的支撑能力。近年来，移动核心网的 IP 转型得到了商用。在移动网络中，IP 化的核心网已经体现在端局、汇接局和关口局等各个层面，实实在在地为中国移动在控制网络运营成本、简化网络管理体系和带来更大的业务利润方面发挥了巨大的作用。

4. 全网演变

终端用户的需求和全业务运营、业务融合的趋势是促使网络转型的持续动力。未来的趋势是全 IP 是固网和移动网的共同方向，汇聚、城域到核心层面，将更加独立于接入技术，固定的宽带网络有可能成为无线回程和城域网的一部分，而固定移动融合业务会带来共同的城域和业务平台。相信随着全 IP 技术和产品的进一步成熟，全网 IP 化转型将呈现加速推进的趋势。

Internet 是下一代网络的主体，IP 技术是实现计算机互联网、传统的电话网和有线电视网三网融合的关键技术。随着 Internet 技术的发展，最终将实现计算机互联网、电话网（PSTN）和有线电视网三网融合。

网络融合的关键是业务的分组化、宽带化、移动化和个性化，业务的移动化、个性化等要求能够在控制层面和业务层面将固定和移动业务进行融合。3GPP 和 3GPP2 适时提出了 IMS 的体系架构，由于其充分考虑了移动性应用的多媒体业务，因此都将其作为 NGN 的研究基础，即 IMS－Based NGN。目标是能够提供所有的业务，包括话音业务、多媒体业务、流媒体业务和其他业务。IMS－based NGN 目前已经被公认为是一种比较好的控制层面融合的目标体系。

在我国，各个运营商都已经对软交换技术进行了试验并在部分地区进行了商用，包括在汇接层面的应用和端局的应用。目前，大家都很关心软交换体系与 IMS－Based NGN 体系之间的关系，因为这涉及各个运营商的整个演进策略和投资的有效性。

总体上，软交换网的功能划分和 IMS－BasedNGN 的逻辑功能都有相应的功能对应，软交换可以看成基于 IMS－BasedNGN 架构的 NGN 的一种具体表现，软交换网络架构更加注重物理的实现，而 IMS－BasedNGN 更加注重功能实体，不关心物理实体的实现。在统一的管理平台下，实现音频、视频、数据信号的传输和管理，提供各种宽带应用和传统电信业务，建立一个真正实现宽带窄带一体化、有线无线一体化、有源无源一体化、传输接入一体化的综合业务网络。现代通信网的演变如图 1.25 所示。

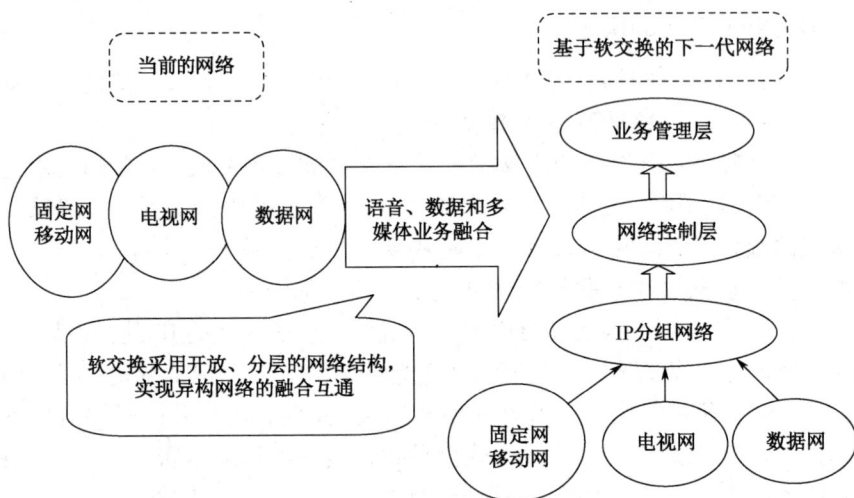

图 1.25　现代通信网的演变示意图

1.5.3　现有运维方式的演变

1. 现有维护模式的挑战

① 全 IP 化打破了传统的地域和专业划分边界，基于传统网络的三级维护管理体系及按照交换、数据、传输、光线等专业划分的运维模式加大了运行维护的难度，大大降低了故障定位和处理速度。

② 全 IP 网络下的故障或安全事件，通常会导致短时间内故障影响迅速传播，最终演

变成全网性故障，全 IP 网络运维需要比传统网络运维具有更快的反应速度和全程全网协作能力。

2．现有运行维护管理能力的挑战

① IP 网络的开放性和业务承载的灵活性，给网络维护管理及业务质量监测带来了巨大挑战，缺乏有效手段快速发现质量劣化问题和准确完成故障定位，现有网络管理手段很难判断网络故障对业务的影响。

② 全 IP 网络使运营商对业务的控制力不断减弱，业务网络与承载网络的维护边界变得模糊，导致网络维护工作的精细化程度越来越高，越来越复杂。

3．现有运行维护队伍能力的挑战

① 网络的全 IP 化要求运行维护人员具备跨专业的知识和维护技能，需要加强跨业务的学习培训。

② IP 技术的开放性使得网络和业务演进的速度不断加快，新技术层出不穷，维护人员需要不断面临新的技术难题和维护问题，必须持续花费时间及成本不断提高各级维护人员的维护水平，确保全程全网的运行维护。

习题 1

1．通信网由哪些设备组成？画出通信网的基本架构图并说明设备的作用。

2．简述我国电话网的三级结构，根据本地网的组成，试以三个 SN 组成核心网、接入网和用户驻地网三要素并画出本地网的网络模型图。

3．简述传统接入网的模型，UNI 和 SNI 有哪些接口？IP 接入网怎样定界？为什么？

4．宽带接入的主要方式有哪些？简述光接入网的类别及其特点。

5．通信网有哪些通信协议？主要特点是什么？

6．简述 7 号信令的功能结构和我国信令网的组成结构特点。

7．传统的网络主要缺点是什么？画出通信网络的演变示意图。

8．现代网络的演变在维修方面有哪些主要特点？

第 2 章

现代交换技术与设备维修

学习目的及要求

➤ 了解通信网的三种交换方式以及交换技术的发展。

➤ 熟悉程控交换、宽带交换原理和现代交换设备。

➤ 掌握现代交换技术的运用与交换设备的维修技能。

内容提要

➤ 介绍了通信网的交换知识。

➤ 介绍了数字交换原理、话务量以及 PBX 工程设计。

➤ 介绍了程控交换机设备的硬件、软件。

➤ 介绍了程控交换设备与设备维修技术。

➤ 介绍了程控交换设备故障分析处理案例。

2.1 通信网的交换基础知识

2.1.1 交换技术与设备的产生发展过程

1. 交换的引入

为什么要交换？

交换的概念源于电话。若 n 个电话用户连接，所用线路$=n(n-1)/2$，这种线路的数量是无法忍受的。用户数增多时，用户线急剧增大，每个用户如何确定与其他用户通话的问题等都是难题，没有实用价值。

但有了电话交换机，n 个用户只需 n 对线就可以满足要求，使线路的费用大大降低。尽管增加了交换机的费用，但它将为 n 个用户提供有效服务，利用率很高。

由电话交换机组成的电话系统如图 2.1 所示，当任意两个用户要通话时，由交换机将他们连通，通话完毕将线路拆除，供其他用户使用。

自从有了电话交换，以交换设备为中心的通信网络因此得到发展。在通信领域，交换是网络的核心，有什么样的交换技术就有什么样的网络。

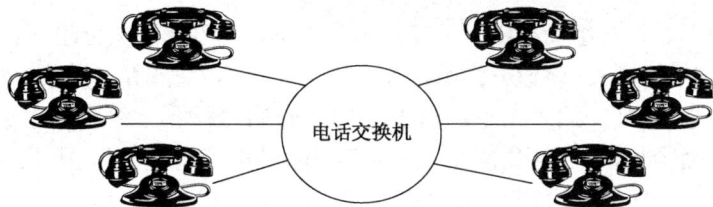

图 2.1　电话交换机组成的电话系统

2．电信交换技术的发展过程

自从 1876 年 A.G.Bell 发明电话以后，电话交换设备经历了从人工到自动、从模拟到数字、从布线逻辑控制到存储程序控制、从单业务到多媒体业务的发展过程。

1876 年，电话出现，为适应多个用户之间电话交换的要求，在 1878 年出现了第一部人工磁石电话交换机。1891 年，出现了共电式电话交换机，主要是取消了用户用的干电池，所有的通话都集中由局内的蓄电池供给，简称共电式。

1889 年，美国人史端乔发明了世界上第一部自动交换机，即步进制史端乔式自动交换机。

1919 年，随着自动交换技术的发展，瑞典人发明了纵横制交换机，开始引入间接控制的原理，用户的拨号脉冲由交换机内的公用设备记发器接收和转发，以控制接线器的动作。纵横制交换机的出现，是电话交换技术进入自动化以后具有重要意义的转折点。

1965 年，美国开通了第一台采用程序控制、空间分割的交换机，称为空分程控交换机。

1970 年，法国开通了第一台数字程控交换机 E-10，人类在 20 世纪 70 年代开始出现了数字程控交换机。20 世纪 80 年代之后，随着程控交换技术的飞速发展，产生了更先进的宽带交换机、多媒体等交换设备。

2.1.2　交换方式的分类

现代通信网中采用的交换方式主要有电路交换、报文交换和分组交换。从交换原理上看，电路交换是电路传送模式，又称同步传送模式；而报文/分组交换采用的是存储/转发模式，又称异步转移模式。

1．电路交换

其指呼叫双方在开始通话之前，必须先由交换设备在两者之间建立一条专用电路，并在整个通话期间独占电路，直到通话结束。

其主要特点是实时性强，适用于实时要求高的话音通信。但即使无信息传送也需要占用电路，资源利用率低。在传送信息时，无差错控制，不利于传输要求可靠性高的突发性数据业务。

2．报文交换

以报文为传送单元，采用存储转发。交换机将收到的消息报文先存储于缓冲器的队列中。根据报文头中的地址信息计算出路由，一旦输出线路空闲，再将存储的消息转发出去。

其主要特点是实时性差，但资源利用率高。

3．分组交换

分组交换是演变的报文交换，分组也采用存储转发技术。两者不同之处在于，分组长度通常比报文长度要短得多。在分组交换中，消息被划分为一定长度的数据分组（也称数据包），每个分组通常含数百至数千比特。将该分组数据加上地址和适当的控制信息等送往分组交换机。

在交换网中，同一报文的各个分组可能经过不同的路径到达终点，由于中间节点的存储时延不一样，各分组到达终点的先后与源节点发出的顺序可能不同。因此目的节点收齐分组后需要经排序、解包等过程才能将正确的数据送给用户。

分组交换的优点是可高速传输数据，实时性比报文交换好，能实现交互通信（包括话音通信），电路利用率高，传输时延比报文交换小得多，而且所需的存储器容量也比后者小得多。缺点是节点交换机的处理过程复杂。

2.1.3　现代交换技术与发展趋势

1．传统的电信交换

（1）以电路交换为主的语音交换设备

我国固定、移动电话网的语音交换设备，通常采用数字程控交换机，以 TDM（时分复用）电路交换为主要技术，传送窄带语音业务。主要特点是传送的语音质量高，但业务单一、网络的资源利用率低。电路交换方式的语音交换设备如图 2.2 所示。

（2）向以分组交换、软交换为主过渡

交换机以提供单一的语音业务为主逐步向提供

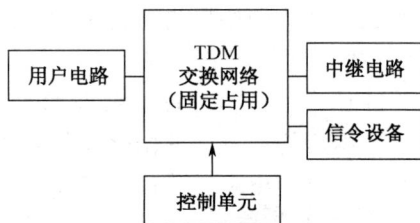

图 2.2　电路交换方式的语音交换设备

数据业务为主过渡，以硬件为主逐步向以软件为主过渡，以电路交换为主逐步向以分组交换（含软交换等）为主过渡，以支持窄带业务为主的电话网逐步向以支持宽带业务为主的综合业务数字网过渡。

面向 IP 交换的各种产品将日益增多，高度融合的 IP 交换网络的功能将日益显现出来。

2．交换技术演变与发展趋势

近年来，新的信息技术发展很快，现代通信网中采用的交换方式正在演变，其演变的方向如图 2.3 所示。

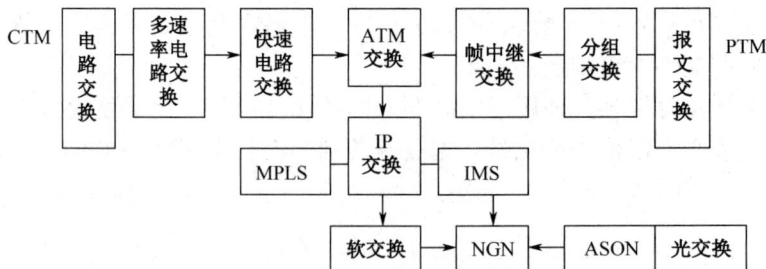

图 2.3　现代通信网交换方式演变图

电路交换与报文分组交换为两种截然不同的方式。图 2.3 中 CTM 为电路传送模式，PTM 为分组传送模式。CTM 模式由电路交换发展到多速率电路交换、快速电路交换，转向 ATM 交换；PTM 模式由报文交换发展到分组交换、帧中继交换，转向 ATM 交换。在 ATM 与 IP 激烈竞争许多年后，终于达成了融合，产生了由 IP 控制的在 ATM 基础上的 IP 交换和 MPLS

（多协议标记交换）、IMS（IP 多媒体子系统）等。随着 IP 技术和计算机通信技术的发展，软交换应运而生。

WDM（波分复用）技术在光网络中日趋成熟，全光交叉连接设备（OXC）和全光分插复用设备（OADM）已经达到了实用的程度，光信号可以根据其波长直接在光网络中确定路由，而不需要进行光电转换。ASON（自动交换光网络）将 IP 传输网的智能性和 WDM 光网络的宽带有机地结合在了一起。随着光子技术的不断发展，今后的发展方向是光交换。

3. 新一代的宽带交换技术

随着信息通信的发展，用户信息的传送量、传送业务类型和传送速率需求的不断提高，网络中产生各种混合业务，对于带宽和速率的要求更高。人们对于数据宽带业务的需求日益迫切，TCP/IP 网络传输协议作为 Internet 的通信协议也成为主要的数据传输协议，由此提出 Everything on IP（用 IP 技术支持语音、数据和图像各种业务的传输）、IP Over Everything（在网络层采用统一的 IP 屏蔽各种物理网络技术的差异性，实现异种网络互连）。因此，技术的发展、市场的需求使得各种基于 IP 的应用和服务不断更新，最终数据传输网就会变为一个以宽带 IP 业务为核心的综合信息传送系统。

随着 Internet 发展指数性增长，对于带宽和服务质量提出了更高的要求。ISP（Internet 服务提供商）探索各种技术以更好地连接其骨干路由器。常用方法是采用 ATM（异步传输模式）技术，使用 155M、622M 或更高的链路，从而产生了诸多 IP over ATM 技术，如 LANE，CIPOA，MPOA 等。

1）ATM 技术与交换设备

（1）ATM 技术

ATM 是以信元（CELL）为基本单位进行交换和复用的面向连接的传输机制，定长的 53 字节的信元便于实现基于硬件的交换。ATM 使用 VC（虚电路）或 VP（虚通路）连接，使用信元头中的 VPI/VCI 标识每一连接。

ATM 技术是一种集电路交换和分组交换两种优点为一体的传送方式，以分组的方式高速交换信息，是在光纤大容量传输媒体环境下新的分组传送方式。

（2）ATM 交换技术

① 基本原理。

ATM 技术是一种面向连接的技术。ATM 系统中的虚电路包含虚路径(VP)和虚通道(VC)两种。这两种虚电路之间是一种等级关系，即一个虚路径由多个虚通道所组成。用户可以使用一个虚通道，也可以使用一个虚路径。后者，就相当于用户同时拥有多个虚通道，即可以同时进行多个不同的通信。系统通过使用虚路径表识符（VPI）和虚通道表识符（VCI）将信道划分成许多子信道（虚电路）。

VP 就是一组 VC 的组合，属于同一 VC 的信元群拥有相同的 VCI，VCI 是信元头的一部分。属于同一 VP 的不同 VC 拥有相同的 VPI，VPI 也是信元头的一部分。VPI 和 VCI 是 ATM 技术中的两个重要的概念，这两个部分合起来构成了一个信元的路由信息，ATM 交换就是依据各个信元上的 VPI 和 VCI 来决定把它们转发到哪一条线上去。

② VP 与 VC 交换。

ATM 交换分为 VP 交换和 VC 交换两种。VP 交换指在交换的过程中只改变 VPI 的值，透传 VCI 的值，而 VC 交换过程中 VPI、VCI 都改变。VP 与 VC 交换如图 2.4 所示。

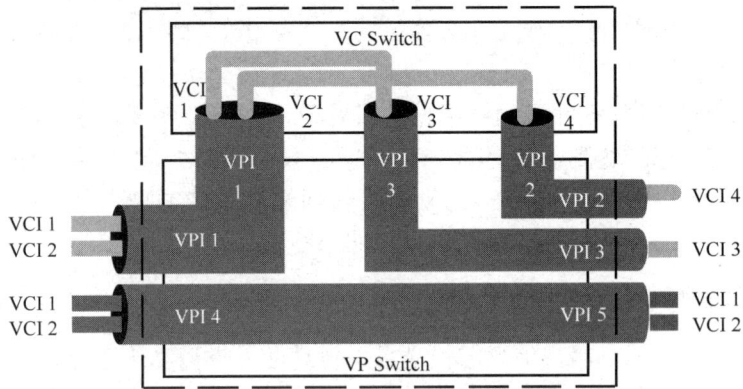

图 2.4　VP 与 VC 交换

（3）ATM 交换机结构

由于在 ATM 交换机上，无论是用户线还是中继线，传送的都是 ATM 信元流。为讨论方便，在此不再区分用户线和中继线，而统称向交换机送入信元的线为入线，从交换机接收信元的线为出线。如图 2.5 所示为 ATM 交换机一般结构图，它由入线和出线处理部件、交换结构和接续控制单元等模块组成。ATM 交换机的基本功能如下。

接口功能：接口应包括 UNI 和 NNI 接口。

连接功能：连接功能包括终接功能（完成 VPC、VCC 的建立）和信元交换（VC、VP 交换）功能。

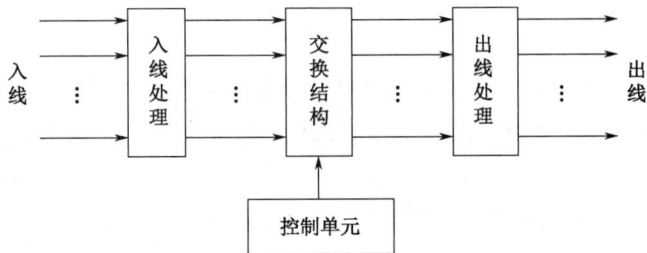

图 2.5　ATM 交换机一般结构图

2）IP 交换技术与 IP 交换机

所谓 IP 交换，就是利用第二层交换作为传送 IP 分组通过一个网络的主要转发机制的一组协议和机制。IP 交换利用交换的高带宽和低延迟优势尽可能快地传送一个分组通过网络。基本上说，IP 交换技术是利用 IP 的智能化路由选择功能来控制 ATM 的交换过程，即根据通信流的特性来决定是进行路由选择还是进行交换。所以识别数据的特征是 IP 交换技术的基本功能。准确地说，一个数据流就是一个从特定源机到特定目标机发送的 IP 数据包序列，它们使用相同的协议类型（如 UDP 或 TCP）、服务类型和其他一些特性。用户可以自己定义 IP 交换机如何判断收到多少这样的数据包才算是一个数据流。

（1）基于 IP 的交换技术

人们需要一种具有足够宽频带和高交换速率的交换传输网络。但一直以来，建设宽带的核心技术存在两个发展不同的方向：一个是计算机界推崇的 IP 网络技术，另一个是电信界所倡导的 ATM 技术。将 OSI 第二层的 ATM 高速交换技术与第三层的 IP 路由技术的优点结合起来，就形成了 IP 交换技术。

目前，有各种基于 IP 的交换技术，如 MPLS（多协议标签交换）、ATM 网上运行 IPOA（IP Over ATM）、LANE（LAN Emulation，局域网仿真）、MPOA（Multi-Protocol Over ATM，ATM 上的多协议）等。

（2）IP 交换机

IP 交换机由 IP 交换控制器和 ATM 交换机组成，如图 2.6 所示。

IP 交换控制器主要由路由软件和控制软件组成，ATM 交换机的一个 ATM 接口与 IP 交换控制器的 ATM 接口相连，用于控制信号和用户数据的传送。

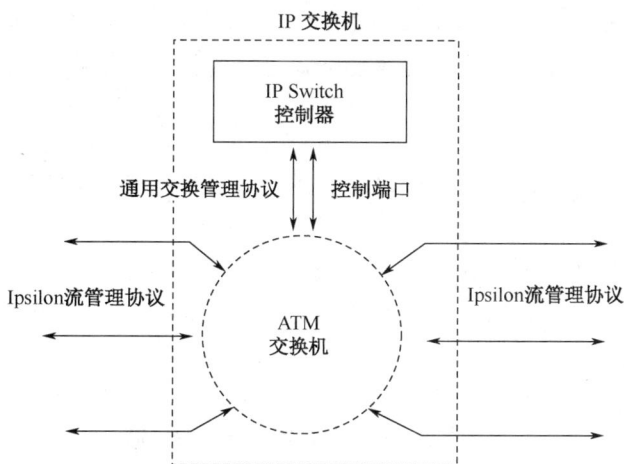

图 2.6　IP 交换机一般结构图

3）MPLS 技术

MPLS（多协议标记交换）是在综合考虑已有的 IPOA、LANE、MPOA 等技术优缺点的基础上提出的。

MPLS 网络采用标准分组处理方式对第三层的分组进行转发，采用标签交换对第二层分组进行交换。每个 MPLS 设备运行一个单一的 IP 路由协议，交换路由表更新信息并维护一个拓扑结构和一个地址空间。标签表示路径和业务的属性，在入口的边缘，流入的数据包被处理，加上标签，位于核心的设备仅仅读这些标签，赋予适当的业务，然后根据标签转发这些数据包，对这些数据包的分析、分类和过滤只发生一次，是在进入边缘设备时，经过出口的边缘设备时，标签被移去，数据包转发到最终目的地。

MPLS 中使用的标记是具有一定语义、代表数据传输路径和属性的固定长度数组，用来在网络中引导数据分组沿着路径转发。

在标签交换的基础上发展起来的 MPLS，既具有 ATM 的高速性能，又具有 IP 的灵活性和可扩充性，可以在同一网络中同时提供 ATM 和 IP 业务。利用 ATM 传送 IP 是目前公用骨干网上最适用的技术方案之一。MPLS 已成为业界普遍看好的下一代 IP 骨干网技术。

4）软交换

软交换概念的产生基于三个技术的发展。

① VoIP 技术。IP 技术应用于通信领域，成功地研究出基于 VoIP 技术的 IP 电话。VoIP 有两个技术体系：ITU—T 制定的 H.323 协议体系和 IETF 制定的建立在会话发起协议的 SIP（会话初始协议）体系。

② 互连设备网关。对 IP 电话网络中的互连设备网关，提出进行功能分解，即把网关功能分解为两部分。一部分只负责不同网络的媒体格式的适配转换，称为媒体网关（MGW），

另一部分是网关的所有控制功能单独设置，由称为媒体网关控制器（MGC）的设备完成，并在 MGW 和 MGC 之间制定标准的控制协议。

③ 智能网技术。20 世纪后期出现的智能网技术，对电信网发展起了巨大推动作用。智能网将业务控制和呼叫控制分离，提出了独立于交换网络的业务控制架构。

人们将软交换（SS）概念引入下一代交换网络（Next Generation Network，NGN）中。软交换技术是一种分布的软件系统，可以基于各种不同技术、协议和设备，在网络环境之间提供无缝的互操作功能。软交换技术通过相应的协议控制或通信规程支持 IP PBX 和 IP 电话，同时它还具有网关处理能力。软交换设备是下一代分组网络的核心设备，它独立于网络，主要完成呼叫控制、资源分配、协议处理等功能，可以提供包括现在电路交换机所提供的全部业务和其他新的业务。

5）IMS

IMS（IP 多媒体子系统体系）结构设计利用了软交换技术，实现了业务与控制相分离、呼叫控制与媒体传输相分离。

虽然 IMS 是 3GPP 为了移动用户接入多媒体服务而开发的系统，但由于它全面融合了 IP 域的技术，并在开发阶段就和其他组织进行密切合作，使得 IMS 实际已经不仅仅局限于只为移动用户进行服务。

2.2 程控交换设备

2.2.1 程控交换机的硬件设备

1. 程控交换设备的硬件基本结构

（1）程控交换机的硬件基本组成

程控交换机的硬件基本组成：由话路系统和控制系统组成。

其中话路系统包含交换网络、用户电路、中继电路以及信令设备。程控交换机的硬件基本组成如图 2.7 所示。

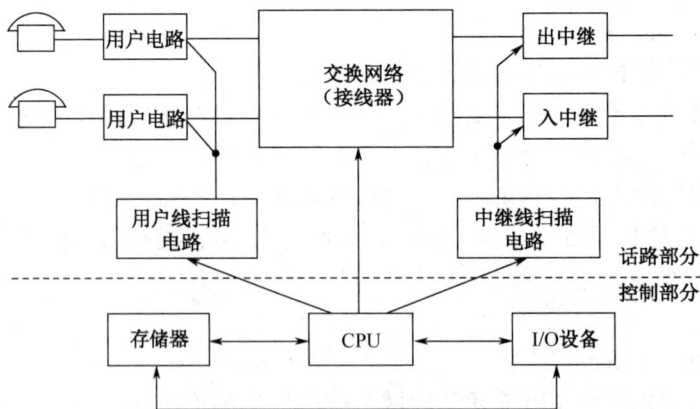

图 2.7　程控交换机的硬件基本组成图

（2）数字程控交换机的硬件基本组成

程控交换机通常有两种分类，即按照适用范围分为局用程控交换机（称为公众网交换机）

和用户程控交换机（称为专用交换机或 PBX），按照交换信息的模式分为模拟程控交换机和数字程控交换机。

　　模拟程控交换机采用空间分割的方式，交换的是模拟信号，数字程控交换机采用数字交换网络，交换的是数字信号。随着通信的发展，模拟程控交换机逐步被数字型的取代。数字程控交换机在公众网和专用网上得到了广泛运用，其组成结构如图 2.8 所示。

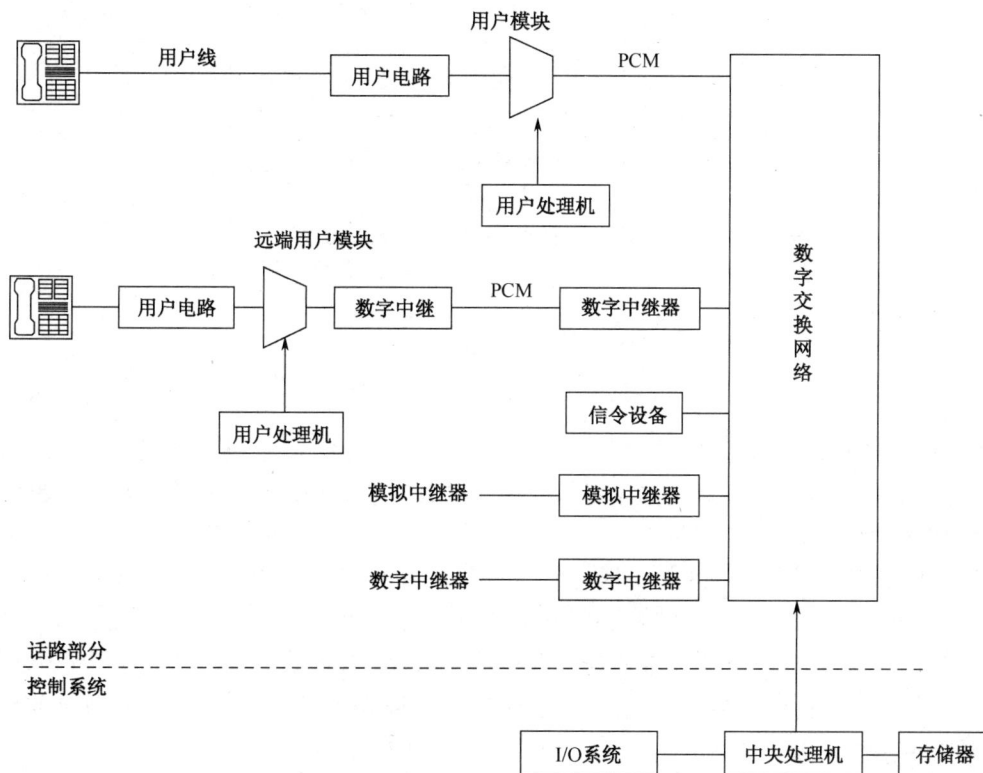

图 2.8　数字程控交换机硬件结构图

　　话路系统：

　　① 核心部件是数字交换网络。

　　② 用户模块：是用户电路的管理运行单元，集中大量的用户电路。

　　③ 远端用户模块：用户模块远离交换网络，通过数字中继器和经过 PCM 线路（通常可以由光纤设备传输，如 PDH）传输到远端。

　　④ 中继电路：连接外部公众网或其他外界网络的接口设备，通常为数字中继器，也叫2M 电路。

　　⑤ 信令设备：提供交换机呼叫接续的控制信号，如拨号音、音频收发器等。

　　控制系统：

　　① 主控制设备：有处理器和存储器，是整个交换机设备的控制部件。

　　② 输入/输出设备：I/O 设备是连接维护终端、计费设备的接口。

2．程控交换设备的硬件功能

（1）数字交换网络

交换网络分为两大类，即空分交换网络（又称模拟交换网络）和时分交换网络（又称数字交换网络）。数字交换网络是整个话路部分的核心，主要功能是完成时隙交换。它连接外围的各种模块。在处理机的控制下，它除了为呼叫提供需要的内部话音/数据通路外，有时还提供信令、信号音和处理机间通信信息的固定或半固定的连接。

典型的单 T 数字接线器组成的交换网络，如 256×256 数字接线器，组成基本的数字交换网络，最常见的有敏迪公司的 MT8980 芯片，其结构原理如图 2.9 所示。

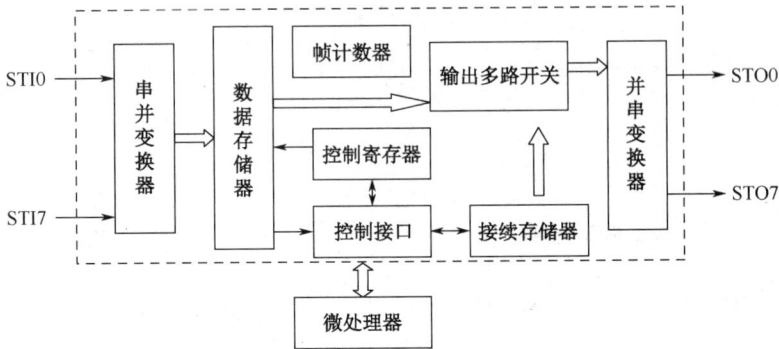

图 2.9　T 接线器工作原理图

该电路具有 8 条 PCM32 路基群码流的串行输入和 8 条 PCM32 路基群码流的三态串行输出，可同时保证 256 个数据通道的无阻塞交换，并具有微处理器控制接口。它采用单电源供电，电源电压为+5V。

串行 PCM 数据流以 2.048Mb/s 速率分 8 路由 STI0～STI7 输入，经串/并变换，根据码流号和信道号依次存入 256×8 比特数据存储器的相应单元内。控制寄存器通过接口，接收来自微处理器的指令，并将此指令写入接续存储器。这样，数据存储器中各信道的数据按照接续存储器的内容，以某种顺序从中读出，再经复用、缓存，经并/串变换，变为时隙交换后的 8 路 2.048Mb/s 串行码流 STO0～STO7，从而达到数字交换的目的。

MT8980 的全部动作均由微处理器通过控制接口控制。外部 CPU 可以读取数据存储器、控制寄存器和接续存储器的内容，并可向控制寄存器和接续存储器写入指令。

（2）用户模块

用户模块通过用户线路直接连接用户的终端设备，与数字交换网络通过 PCM 链路相连。用户模块的主要功能是向用户终端提供接口电路，完成用户话务的集中和扩散，以及对用户侧的话路进行必要控制。用户模块结构如图 2.10 所示。

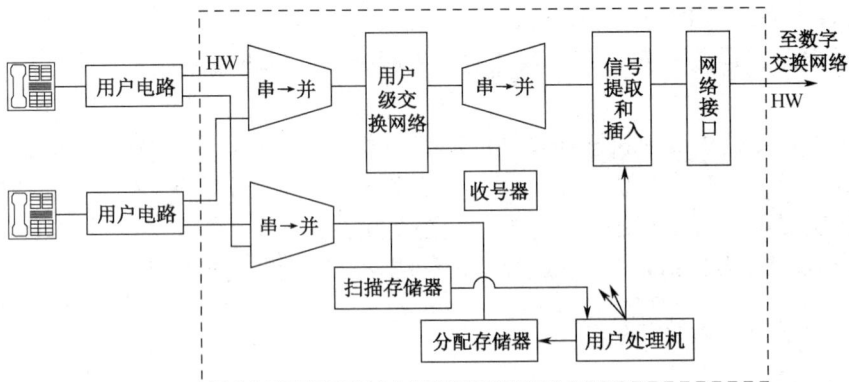

图 2.10　用户模块结构图

之所以要完成话务集中和扩散，是因为普通的用户线上的话务量较低，只有较小比例的用户同时进行通话，因此，如果直接地把每条用户线都连接到数字交换网络上，将对系统话路资源产生很大的浪费。话务集中的思想就是将 M 条连通数字交换网络的话路分配给 N 条用户线共用，而集中比 $N:M$ 通常是大于 1 的。这样，一定容量的数字交换网络就能够连接更多的用户线，交换机的容量也得到了明显的提高。

（3）远端用户模块

远端用户模块是现代程控数字交换机所普遍采用的一种外围模块，通常设置在远离交换局（母局）的用户密集的区域。它的功能与用户模块相同，但由于与母局间通常采用数字线路传输，并且本身具有话务集中的功能，因此能大大降低用户线的投资，同时也提高了信号的传输质量，如图 2.11 所示。

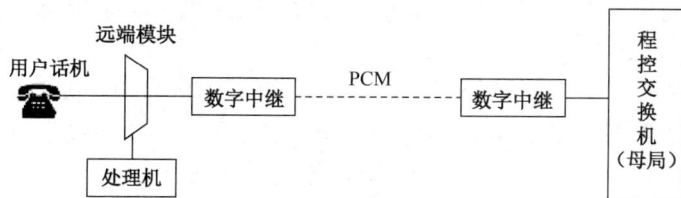

图 2.11　远端用户级功能框图

现在，随着接入网的普及应用，原来的远端模块开始被具有的完善功能和标准的 V5 接口的设备所替代。

（4）用户接口电路功能结构

用户接口电路功能结构如图 2.12 所示。

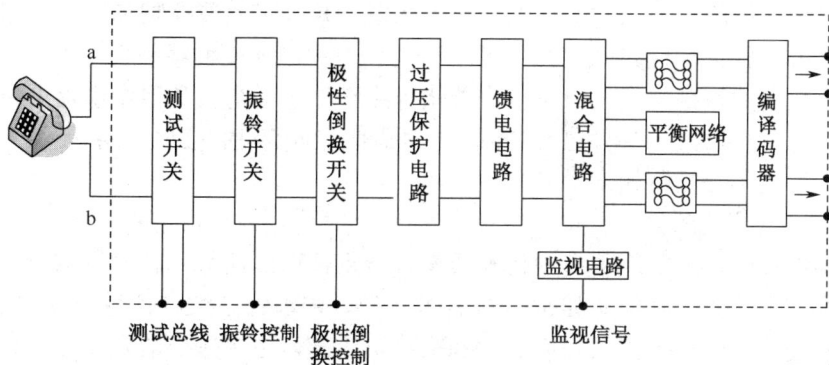

图 2.12　用户电路结构图

用户接口电路在用户模块中是一个重要的组成部分。按照连接的用户话机不同，需要有不同的用户接口电路。现在在公网上普遍使用的电话机收、发的都是模拟信号，在信号进入交换机内进行交换时，需要以数字信号的形式来传输，这种转换由模拟用户接口电路（Z）来完成。若使用数字电话机，需要由数字用户接口电路（V）来完成适配。

模拟用户接口电路具有七项功能。

① 馈电 B（Battery feeding）。

通过馈电完成向话机发送符合规定的电压和电流。程控交换机的电压为-48V，在通话时，馈电电流为 20～100mA。

② 过压保护 O（Overvoltage protection）。

功能是防止交换机外的高压进入设备内部，烧毁交换机的电路板。通常在交换机的 MDF 上已经安装保安器，但是高压经过保安器之后仍可能有上百伏的电压，因此需要在用户接口电路上设置过压保护电路，进行二次保护。

③ 振铃控制 R（Ringing control）。

程控交换机向话机发出的振铃电流，国内规定为 25Hz 90±15V。

④ 监视 S（Supervision）。

监视功能是通过用户回路电流来判定用户线回路的接通和断开状态。

⑤ 混合电路 H（Hybrid circuit）。

用户线上的信号是以二线双向的形式传送的，进入交换机内部后，需要将用户的收发通路分开，以两对线传输，即四线单向的形式。现代的交换机采用集成电路来实现。

⑥ 编译码和滤波 C（CODEC & filter）。

编译码是两个相反方向上的转换，编码器将用户线上送来的模拟信号转换为数字信号，译码器则完成相反的数/模转换。编译码和滤波功能是不可分的，一般应该在编码之前进行带通（300～3400Hz）滤波，而在译码之后需要进行低通滤波。

⑦ 测试控制 T（Test）。

由测试开关控制，能将用户线内、外线连接到测试设备上，对用户线故障，如混线、断线、接地、与电力线碰接以及元器件损坏等情况进行有效的测试，以便及时发现和排除故障。

（5）中继模块（中继器或中继电路）

中继模块分为模拟中继模块和数字中继模块。

① 模拟中继器和模拟用户电路具有相似的特性。

具有地压保护电路、编译码器、混合电路，但是减少了振铃控制和馈电电路，增加了一个忙/闲指示功能，同时将用户线的状态监视改变为对中继线上的线路信号的监视。随着整个公网数字化，很多的程控交换机已不再安装模拟中继器，而是被数字中继器所替代。

② 数字中继器是程控交换机连接其他交换局或远端模块的接口电路。

数字中继器的主要功能如下。

a. 码型变换和反变换。

在数字中继线上，为实现更高的传输质量，要求传送的信号包含时钟信息，不具有直流分量，且具有连零抑制等功能。如常用的 HDB3 码，能够保证数字信号在经过 PCM 传输到达接收端时，便于准确地被接收。而在程控交换机内部，更多关心的是传输信号应该简单和高效，所以通常采用 NRZ 码。在交换机上的两种不同码型的转换就由中继接口来实现。

b. 时钟提取。

从输入的 PCM 码流中提取时钟信号，用来作为输入信号的位时钟。

c. 帧同步。

在数字中继器的发送端，在偶帧的 TS0 插入帧同步码，在接收端检出帧同步码，以便识别一帧的开始。

d. 信令的提取和插入。

在采用随路信令时，数字中继器的发送端要把各个话路的线路信令插入复帧中相应的 TS16；在接收端应将线路信令从 TS16 中提取出来送给控制系统。

如图 2.13 所示为主要功能图，图中以 A 局发送、B 局接收为例，示意数字中继器的全程连接和主要功能。

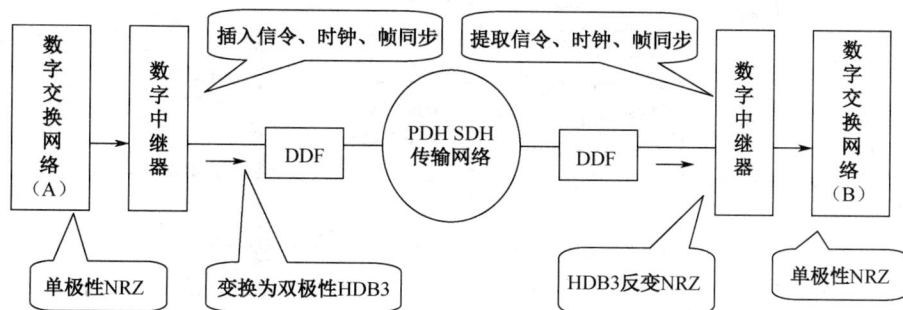

图 2.13　数字中继器的全程连接和主要功能图

（6）信令（信号）设备

信号设备提供程控交换机在完成话路接续过程中所必需的各种数字化的信号音、双音多频话机发出的 DTMF 信号的接收、各种信令信息的接收/发送。根据功能可以分为 DTMF 接收器、MFC 发送器和接收器、信号音发生器等设备。

（7）控制系统设备

① 控制系统的组成。

控制系统的硬件由两部分构成：一个是处理机（CPU），另一个是存储器。其中处理机是控制系统的核心，用于执行指令，其运算能力的强弱直接影响了整个系统的处理能力；存储器是保存程序和数据的设备，一般指的是内部存储器，根据访问方式又可以分成只读存储器（ROM）和随机访问存储器（RAM）等，存储器容量的大小也会对系统的处理能力产生影响。

② 控制系统的功能。

一方面是对呼叫进行处理；另一方面对整个交换系统的运行进行管理、监测和维护。控制系统通过执行软件系统，来完成规定的呼叫处理、维护和管理的功能逻辑。

因此，程控数字交换机对控制设备的要求：强处理能力、高可靠性、高灵活性和适应性、经济性等。

③ 程控交换机的控制方式。

早期的设备采用集中控制方式，后来多采用分散控制方式（分级控制）或全分散控制。

④ 处理器间的通信方式。

通过 PCM 信道通信或令牌传送。

⑤ 处理器的冗余量配置。

双备用方式、主/备用方式、成对互助方式或更多的采用 N+1 备用方式。

2.2.2　程控交换机的软件

1．程控交换设备的软件结构

（1）软件组成

软件系统由程序和数据组成。程控交换机是一种实时、多重处理系统，是一个相当庞大的实时性控制系统。交换机对系统内任一用户在任一时刻的摘机、拨号、挂机，甚至是错误的操作等均要做出响应，并及时处理。交换机通过软件系统对交换机内可能发生的各类事件进行处理。程控交换机软件组成如图 2.14 所示。

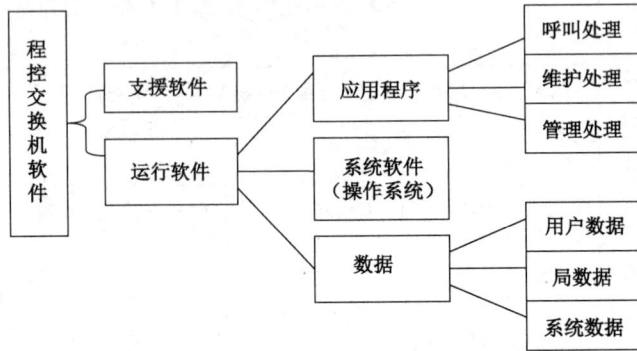

图 2.14 程控交换机软件结构图

程控交换机软件包含：

运行软件（联机软件）是日常运行所需软件。

支援软件（脱机软件）不是日常运行所需软件，用于诸如工程设计、开局调试、模拟开局环境、生产电路与整机所使用的调测软件、话费统计、打印话单收据、局数据和用户数据生成软件、高级语言的编译程序等。

（2）运行软件

程控交换机的运行软件指存放在交换机处理机系统中，对交换机的各种业务进行处理的程序和数据的集合。运行软件的基本结构如图 2.15 所示。

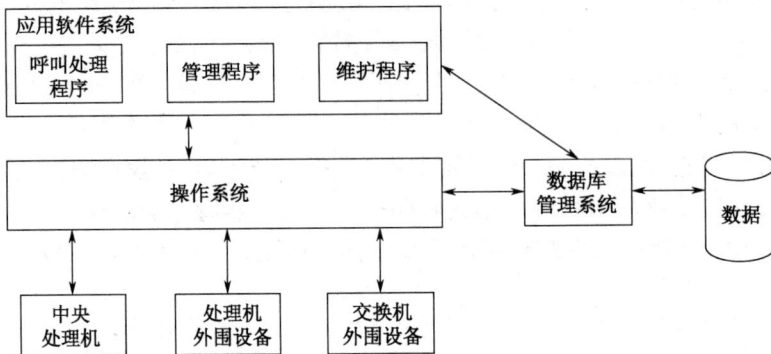

图 2.15 程控交换机运行软件结构图

2. 程控交换设备软件的系统程序

（1）操作系统

其又称执行控制程序，是处理机硬件与应用程序之间的接口，它统一管理系统中的软、硬件资源，合理组织各个作业的流程，协调处理机的动作和实现处理机之间的通信。操作系统的主要功能是任务调度、存储管理、定时管理、进程之间的通信和处理机之间的通信、系统的防御和恢复。

（2）呼叫处理程序

呼叫处理程序负责整个交换机中所有呼叫的建立、监视与释放，并完成对各种电话新业务的处理。呼叫处理程序在操作系统和数据库系统的支持下工作，其实时性和并发性都很高。呼叫处理程序在交换机运行软件中所占的比例并不大，但运行却十分频繁，占用处理机的时间最多。

呼叫处理程序由硬件接口、信令处理、电话资源管理、呼叫控制、呼叫服务、计费处理等程序组成。

（3）维护、管理系统

维护管理系统的主要功能是管理和维护交换机运行所需的局数据和用户数据，统计话务量和话费，及时发现和排除交换机出现的软件、硬件故障，使交换机正常运行。

（4）程控交换机的程序分级和程序执行原则

① 故障级。故障紧急处理（如主/备转换、故障隔离等），优先级最高，可以中断其他级别程序。

② 时钟级。周期性启动程序，实时时钟中断启动，优先级中等。

③ 基本级。实时要求不高的程序，可以等待插空处理，一般由队列启动，优先级最低。

交换机是一种实时、多重处理系统。通过软件系统对交换机内可能发生的各类事件进行处理。程序分为上述三级，程序的执行通常采用中断方式，按照轻重缓急的程度，协调各种程序的执行。原则是：高级别程序可以中断低级别程序。级别高的程序通过暂时中止现行程序的操作来执行中断服务程序，执行完后，处理器返回到被中断的程序部分继续运行。

3. 程控交换设备软件的数据

（1）局数据

局数据用来描述交换机的配置及运行环境，主要包含以下内容。

① 配置数据：用来描述交换机的硬件和软件配置情况。

② 交换局的号码翻译规则：如呼叫源数据、数字前缀分析表、地址翻译表等。

③ 路由中继数据：用于规定一个交换机设置的局向数，对应于每个局向的路由数、每个路由包含的中继群数、中继群采用的信令方式等内容。

④ 7 号信令数据：用来描述 7 号信令系统 MTP、TUP、SCCP、ISUP 等部分的数据。

⑤ 计费数据：用来确定有关计费方式、不同局向计费费率、费率转换时间方案等内容。

⑥ 新业务提供情况：交换机能提供的新业务的种类及每种业务能提供的最大服务数等。

（2）用户数据

用于说明用户的情况，每个用户都有其特有的用户数据，用户数据主要包括以下内容。

① 用户电话号码、用户设备码。

② 用户线类别：如普通用户线、公用电话用户线、用户小交换机用户线等。

③ 话机类别：采用拨号脉冲方式还是 DTMF 方式。

④ 用户的服务等级：如呼出限制、本地网有权、国内长途有权、国际长途有权等。

⑤ 用户对新业务的使用权及用户已登记的新业务。

⑥ 用户计费数据。

（3）系统数据

反映全部情况的数据称为系统数据，即设备本身所具备的通用数据。

系统数据内容：系统设备、交换网络组成、存储器分配以及各种信号音等生产厂家在出厂前设置的数据。

2.2.3　程控交换设备的组网架构

1. 公众网程控交换机组网架构

公众网程控交换机的主要任务是为广大公众用户（企事业）提供语音服务，也同时为需要接入公众网的专用交换机（如 PBX）提供入网中继通道。语音业务接入的方式通常为传统的音频电缆电话或远端用户模块等方式。对 PBX 可以是传统的半自动入网（BID+DOD2），也可以是数字中继方式。

公众网程控交换机的另外任务是通过局间中继实现全程全网的互通互连。电信网络的汇接局交换机主要就是这个功能。公众网程控交换机组网结构图如图 2.16 所示。公众网通信机房配置图如图 2.17 所示。

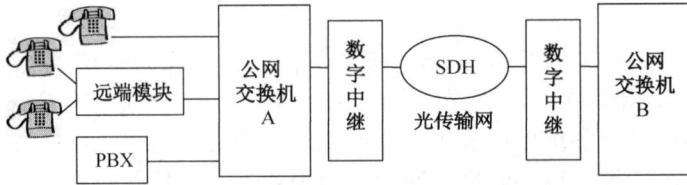

图 2.16　公众网程控交换机组网结构图

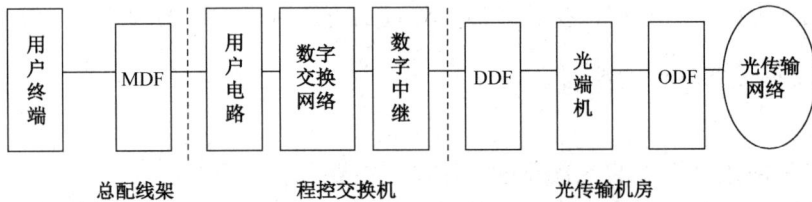

图 2.17　公众网通信机房配置图

2. 用户程控交换机（PBX）组网架构

PBX 的主要任务是为企事业内部提供语音服务，同时通过连接公众网的中继实现与外部网络全程全网的互通互连。语音业务接入也为传统的音频电缆电话或大企业采用远端用户模块等方式。PBX 具有典型的功能特点，可以与其他通信设施（如计算机管理系统等）组网。

PBX 组网结构图如图 2.18 所示。

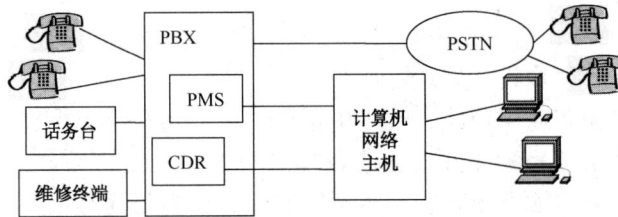

图 2.18　PBX 组网结构图

2.2.4　程控交换设备的交换原理

程控交换机由计算机程序控制，通过交换网络（空分或时分）进行信息交换。数字程控交换机采用时分多路复用（TDM）技术，对话音和数据信号按 CCITT 的建议，用脉冲编码调制（PCM）在存储控制（SPC）下进行工作。

程控交换机的呼叫处理是由呼叫处理程序控制实现的，呼叫处理程序由输入程序、分析程序和任务执行程序三部分组成。

1. 数字交换的基本概念

数字交换的实质是将时隙的内容"搬家"。

通过数字交换网络，实现在不同 PCM 链路的各个时隙间的数字信息交换，即时隙交换。

数字交换的实质：所谓数字程控交换，就是将时隙中的信码由一个时隙搬迁到另一个时隙，也就是通过数字交换网络将时隙的内容"搬家"。

如图 2.19 所示，当 PCM 入端某个 TS_i 时隙信息 A 需要交换到 PCM 出端的另一个 TS_j 时隙中去。

图 2.19　数字交换的实质示意图

两个电话用户话音交换的具体过程，如图 2.20 所示，以图中 A 用户发话为例，A 用户的语音信号数字化以后，其信息就在 PCM 复用线上固定占用一个时隙 TS_2，经过数字交换网络后被搬迁到时隙 TS_{31}，因为时隙 TS_{31} 是 B 用户所占用的，所以 B 用户就收到了来自 A 用户发话的信息 A，经过译码低通滤波，也就是 B 用户听到了 A 用户的讲话。

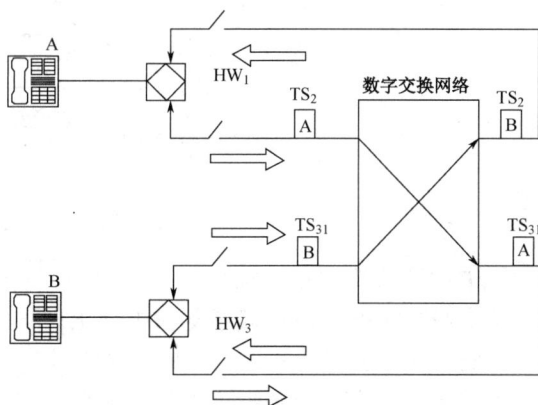

2．数字交换的基本原理

数字交换设备由用户部分和数字交换网络部分组成，如图 2.21 所示。

图 2.20　A、B 用户的语音交换过程图

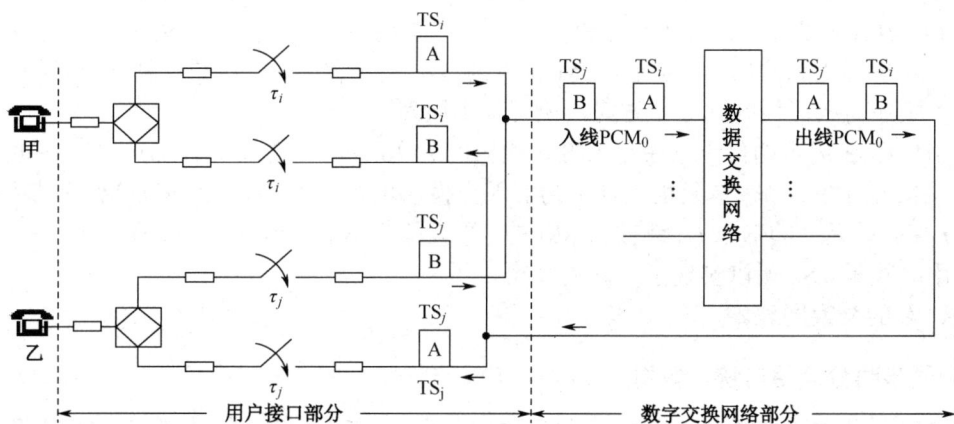

图 2.21　数字交换的交换设备图

T 型接线器称为时分接线器，是数字交换的关键设备。T 型接线器如图 2.22 所示，它由语音存储器（SM）和控制存储器（CM）组成。

语音存储器（SM）是主要用来暂时存储语音脉码信息的，故又称缓冲存储器。控制存储器（CM）是用来寄存语音时隙地址的，其输出用来控制语音存储器输入或输出的，控制存储器亦称时隙地址存储器。

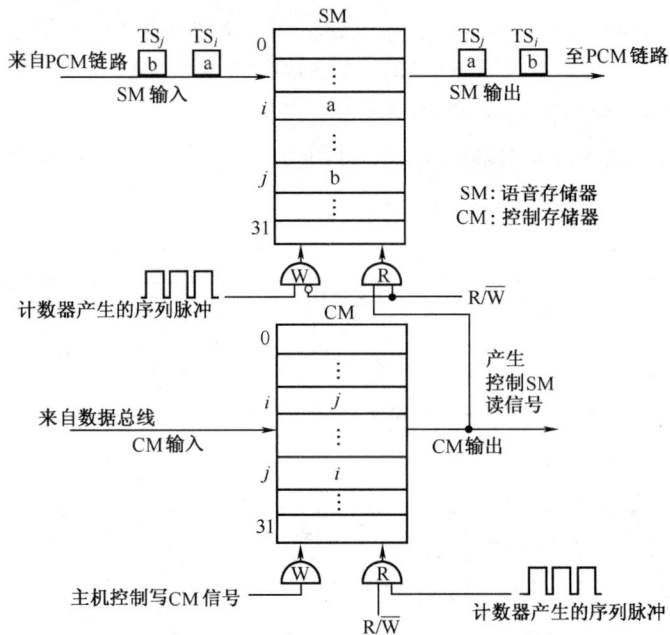

图 2.22　T 接线器工作原理图

　　在 T 型接线器进行时隙交换的过程中，语音脉码信息要在 SM 中存储一段时间，这段时间小于 1 帧。这就是说在数字交换中会出现一定的时延。

　　我们还注意到 SM 写入时，是时序信号控制下，按时隙号顺序写入的，SM 读出是在 CM 输出的时隙地址号的控制下读出的，我们将 SM 的这种读写方式称为"顺序写入，控制读出"方式。另一种是"控制写入，顺序读出"方式，通常采用前一种方式。

　　在这里顺序写入和顺序读出中的"顺序"系指按照 SM 的地址顺序，受时序脉冲控制，而控制读出和控制写入的"控制"是指按 CM 中已规定的内容来控制 SM 的读出和写入。

　　CM 的内容是在专门的处理机控制下通过数据总线写入和清除的，从图 2.22 可以更清楚地看到 CM 的写入和读出，事实上，CM 就是为 SM 而设置的，所谓的控制方式是指 SM 的。

　　以"顺序写入，控制读出"方式，说明基本原理：

　　A 用户和 B 用户的信码顺序写入 SM 相应的 i 单元和 j 存储单元，与此同时在主机控制信号下，CM 的 i 单元和 j 单元也进行了为实现交换而填入的地址信息 j 和 i。当 j 时刻到来时，CM 的 j 存储单元中的信息 i，就控制 SM 的 i 单元读出信息 a 到 SM 的 j 存储单元，而 B 用户的占用时隙是 TS_j，所以实现了信码的交换。

　　B 到 A 的交换同理。

3．同步时分复用与统计复用

　　交换单元通常还必须有完成控制功能的控制端，包括时序信号、处理机控制信号和反映内部状态的状态端。还要有完成相关连接的接线器，含一定容量的存储器。

　　交换单元在接收信息时，会出现两种情况。

　　一种是同步时分复用信息，信号中只携带有用户内容，如语音、数据等，没有含出线地址。这种情况就是我们所说的电路交换；另一种情况是输入统计复用信号，信息中不仅携带有用户内容，还有出线地址。这时，交换单元可根据信息中所携带的地址，在交换单元内部寻找并建立信息通道，输出信号，如分组交换、ATM 交换等。

交换单元按使用需要的不同可分为集中型、分配型和扩散型。集中型，入线数大于出线数，可称集中器；分配型，入线数与出线数相等，可称连接器；扩散型，入线数小于出线数，可称扩展器。

2.2.5　程控交换设备的话务量和呼叫处理能力

在通信设备管理、网络优化和程控交换机维护中，话务量、呼损的概念等，都是很有必要了解的基础知识。如通过话务量统计了解设备的负荷状况，通过呼损来分析设备的故障性质、机线运行情况等，以便及时采取检修方案。

1．话务量概念

话务量定义：话务量是反映交换系统话务负荷大小的量，即单位时间（1 小时）内用户的平均呼叫次数和每次呼叫平均占用线路的时间的乘积（称为流入话务量）。

交换系统的话务量反映了用户对电话所使用的频繁程度，话务量的大小与呼叫强度和呼叫保持时间密切相关。

2．话务量计算

（1）话务量的基本因素：呼叫次数和占用时长

设 A 为话务量，λ 为 1 小时（1h）内用户的平均呼叫次数，S 为每次呼叫平均占用线路的时间，则：$A=\lambda \times S$（E）

呼叫强度和呼叫保持时间用相同的时间单位（小时，h），所得到的话务量单位则为爱尔兰（Erling，通常用 E 表示），即话务量 = 呼叫率×平均通话时长。

例如，呼叫强度为 30000 次/小时，呼叫保持时间为平均每次 3 分钟，那么：话务量=3000 次/小时×0.05 小时/次=150E

（2）我国一般情况下的话务量

分机用户线的话务量为 0.1E 左右。

中继线的话务量为 0.6~0.7E。

5．呼损和呼损公式表

（1）什么是呼损

呼损的一般意思是呼叫的损耗。呼叫处理中未完成的话务量与总流入话务量的比值，称为呼叫损失值。

（2）爱尔兰呼损公式表

在一定的呼损概率分布下，呼损值与出现数和话务量有关，出现数相同时话务量越大，呼损越大；话务量相同时出现数越多，呼损越小。

E（M，Y）即系统的呼损概率。E、M、Y 三个量可以查爱尔兰表得到。E 代表话务量，M 为传输线的数量，Y 为呼损值。

程控交换机维护中呼损的测试尤其重要，我国有呼损标准，若呼损超出则提醒维护人员需要进行相关分析处理，如中继线呼损过大，主要提醒是否线路故障、线路数量需要增加或被关闭，中继电路是否损坏以及局数据是否出错等。

6．呼叫处理能力概念

单位时间内控制设备能够处理的呼叫次数，用最大忙时呼叫次数（Busy Hour Call

Attempts，BHCA）表示。

呼叫处理能力又叫话务处理能力，交换机的话务处理能力是指处理机在忙时（1h）能够及时处理的最多呼叫次数，也称忙时试呼数，用 BHCA 表示，反映了中央处理机的处理能力和交换机的设计水平。

2.2.6 程控用户交换设备的工程设计

传统的 PBX 工程设计的内容，主要是主机设备配置、入网方式、电源配置以及接地等。

1．主机基本配置

PBX 配置分为生产厂家的基本系统配置和用户需求的配置。前者主要是基本控制、交换网络、机内的二次电源、基本电路板的配置等必须配置的设备。后者则是具体的用户配置，根据用户的需求而配置的硬件和软件，主要依据是分机的容量和话务量。如分机容量、话务量都很大，则应考虑配置主控制的双备份、充裕的交换网络和 DTMF 收、发器等公用设备。

该项目配置可确定整个主机系统各种电路板的型号和数量，根据计算话务量或用户数量进行确定。

（1）通常所需要配置的主机设备硬件。

① 主控制电路板（后期的设备集成度高，往往将公共部件集中在 1、2 块电路板上。

② 用户电路板（模拟、数字）。

③ 中继电路板（模拟、数字）。

④ DTMF 电路板、多频互控电路板。

⑤ 交换网络板等。

（2）PBX 最常见的硬件基本配置表（表 2.1）。

表 2.1　PBX 硬件基本配置表

基本硬件类别	占用户分机总容量的百分比
出中继线	5%左右
入中继线	5%左右
DTMF 接收器	1.5%左右
DTMF 发送器	1%左右
MFC 发码器	0.5%左右
MFC 收码器	0.5%左右
交换网络的话路通道	25%左右

2．入网方式

（1）程控用户交换中继方式（入网方式）种类

第一种：半自动中继方式（BID+DOD2）。采用模拟中继（直流脉冲/DTMF 信号方式），入中继由话务台转接，出中继全自动直拨，大多数程控用户交换机采用这种方式。通常 PBX 普遍采用半自动中继方式，如图 2.23 所示。

第二种：全自动直拨中继方式（DID+DOD1）。PABX 的呼出及呼入均接至汇接局的选组级，呼出只听一次拨号音。

第三种：混合入网方式（DID+DOD2、BID+DID+DOD1）。

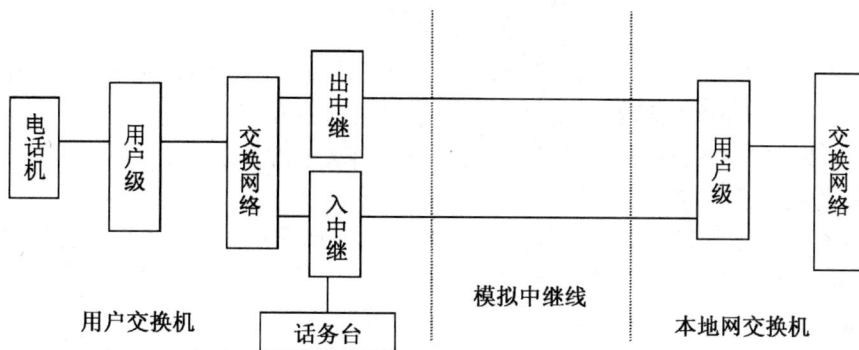

图 2.23　PBX 采用半自动中继方式框图

（2）合理选择

程控用户交换机的中继方式（入网方式）主要考虑：容量的大小、出入中继话务量的大小以及接口局的制式。

程控用户交换机的中继方式的设计原则：节省投资，提高接口局的设备和线路利用率，符合信号传输标准，保证通信质量，利于实现长途自动化，适当超前。

通常，程控用户交换机的话务量都不大于 40E（爱尔兰），最合理的选择是采用半自动中继方式（BID+DOD2），将中继组设置为单向（专收中继组、专发中继组），以节省投资和提高通信的效益。为确保程控用户交换机的全程全网畅通，根据话务量的经验值，一般设置分机容量与中继线的配置参数为 10：1（即专收中继组、专发中继组的线路数量各为分机容量的 5%）。

3．机房

机房是一种比较庞大的计算机实时处理系统，对于机房有一定的要求。

① 湿度/温度要求：交换机机房湿度应保持小于 80%，温度在 20℃左右。

② 防灰尘/静电要求：保持清洁，采取防静电措施。

③ 接地要求：交换机接地应遵循技术规范中的接地要求，要单独、良好接地。通常采用联合接地方式，电阻小于 4Ω。

④ 机房应通风、无腐蚀体、无强电磁干扰。

⑤ 配线架内外引出线要安装保安避雷装置，配线架与交换机之间的连接电缆要规范，跳接线要简洁、清晰。

4．电源设计

PBX 电源系统要求电源的高稳定性，防止因电源电压突变、波动等现象而引起交换机工作异常；还要求电源的不间断、高持续性。电源系统的组成结构如图 2.24 所示。

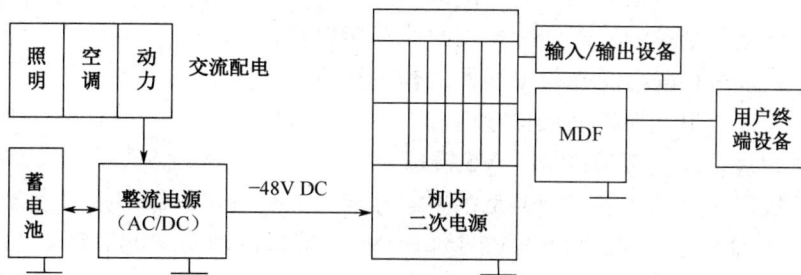

图 2.24　PBX 电源系统框图

（1）相应的设计措施

① 合理选择一次电源的功率。设计功率考虑程控交换机本身功率和蓄电池组的充电因素，所以最小应等于交换机满负荷功率与蓄电池组功率之和。

重要用户或大容量设备采用双备份整流电源（一次电源）工作。

② 电源系统按照技术规范接地。

③ 后备电源：按照设备的功率指标、交流停电后所需的供电时间，配置质量可靠的后备电源（蓄电池组）发电机设备等。

蓄电池组的配置原则：

交换机的工作电流（A）×所需要供电时间（h）×1.2（安全参数）。

（2）电源设计举例

某 1000 门的程控数字交换机，-48V 直流供电，每线（端口）的功耗为 0.48W。要求在交流停电后继续保持运行 16h，为使系统正常运行，进行电源系统的设计。

① 需要配置多少功率的整流电源？

第一，1000 端口需要配置的电源功率：0.48VA/端口×1000 端口=480VA，所以，需要配置整流电源的表达方式：10A/48V（表示在-48V 直流供电条件下，电流为 10A）。

第二，因为整流电源还担负后备电源充电的任务，因此，实际上整流电源的配置需要 2 倍的整流电源的表达方式，即 10A/48V×2 = 20A/48V（具体根据后备电源的配置容量选择系数）。

② 为使系统长期正常运行，需要配置后备电源，能够在交流停电后继续保持运行 16h，试计算所需要的蓄电池的容量（单位为 AH）。

计算：10A/48V×16H×1.2＝192AH/48V，取整，所以需要 200AH/48V 的蓄电池的容量。

5．MDF 容量设计

通常采用卡接式模块，根据用户线、中继线数量和实际需要选择 MDF 的容量。

① 用户线和中继线按照电路端口数+适当的余量配置。

② 中继线因为环境复杂需要配置保安器，处于不良环境的用户线也要安装保安器。

2.2.7　程控交换机的工程接口常识

1．程控交换机的基本接口

程控交换机的接口繁多，但基本可以分为用户侧接口和中继侧接口两大类。

（1）用户侧接口

① 模拟用户接口：Z 接口（目前广泛运用）。

接口 Z1：连接各个单独用户的模拟用户线路接口。

接口 Z2：连接远程模拟交换机集线器的模拟接口。

接口 Z3：连接模拟交换机的模拟接口。

② 数字用户接口：V 接口（V1～V5 接口）。

原 CCITT 规定 V1～V4 接口，但是都不够标准，现在规定的标准接口为 V5 接口。根据速率的不同，V5 接口分为 V5.1 和 V5.2 接口，V5.1 接口由两个 2.048Mb/s 链路组成，V5.2 接口由多个（最多 16 个）2.048Mb/s 链路支持；V5.1 可以发展为 V5.2，今后将发展 V5.3 和支持 B-ISDN 的 V5 接口（V5.B 接口）。

（2）中继侧接口（与交换机间的接口）

① 模拟中继接口。

接口 C：一个二线或四线的模拟接口，实现模/数变换、信令插入和提取、多路复用、二线/四线变换。

② 数字中继接口：A 接口和 B 接口。

接口 A：在数字传输网的第一级上与交换机连接；连接速率 2048kb/s 的 32 时隙的 PCM 一次群；TS0 传送帧同步和告警码，TS16 传送线路信号。

接口 B：在数字传输网的第二级上与交换机连接；连接速率 8448kb/s 的 PCM 二次群。

2．工程中的 PBX 所使用接口常识简介

（1）中继侧接口（中继接口）

① 数字接口 A，接速率 2048kb/s 的 PCM 多路复用数字中继线。

② 模拟接口 C，接模拟中继线。

③ X.25 接口，连接至分组交换网的接口。

（2）用户侧接口（用户接口）

① Z1 接口：交换机的模拟接口，连接到模拟用户线的接口。

② V 接口：交换机用户侧的数字接口，统称 V 接口。

V 接口为 2B+D 数字用户接口，B 信道为 64kb/s，传输数字化的语音或数字信息，D 信道为 16kb/s，传输控制信号或低速数据。

由于数据的种类不同，不同的数据终端的码型和速率也不同，因此在与交换的数字用户电路连接之前，需要适配器，将用户数据终端速率转换为 64kb/s，适配器有同步通信适配器和异步通信适配器两种。

工程中的 PBX 所使用接口如图 2.25 所示。

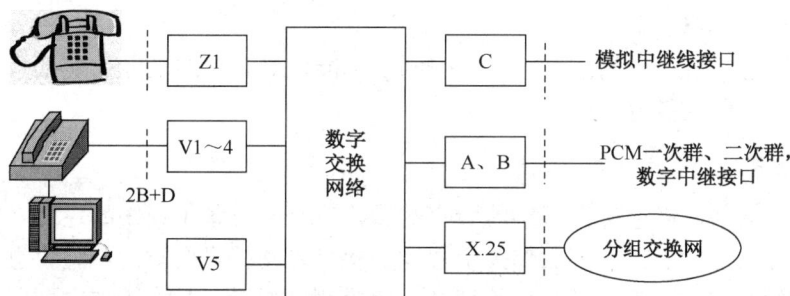

图 2.25　工程中的 PBX 所使用接口

2.3　程控交换设备安装调试和维护管理

2.3.1　程控交换机的调试、验收和开通

1．安装调试

（1）通电前的测试检查

① 检查机房温度（18～23℃）、相对湿度（30%～75%）是否符合条件。

② 直流电压检查应在-43～45V 之间。

③ 硬件检查：设备标志齐全正确，印制电路板的数量、规格、安装位置与厂方提供的文件是否相符，电池正极汇流接地良好，机架、配线架接地良好，设备的各种熔丝规格符合要求，设备内部的电源布线无接地现象。

（2）电源系统的检验

测量主电源电压是否正常。

（3）硬件测试

硬件设备逐级加上电源，检查 AC-DC 变换器和 DC-AC 逆变器的输出电压，各种外围终端设备自测，检查各种告警装置和时钟系统精度，装入测试程序对设备测试，确认硬件系统无故障。

（4）系统调试

① 系统建立功能。

系统初始化，将整个程序（系统软件、局数据和用户数据）从磁盘或磁带装入主存储器。系统初始化有三个初始化级，按照优先顺序分为初始化再启动、硬件再启动和软件再启动。第一次向系统加电或断电后再重新加电，称为初始化再启动，它由保护系统控制完成，自动装载。检测到某些故障时，由自导软件控制初始化启动。硬件再启动除程序不重新从磁盘装入主存储器外，其余与初始化再启动相同。软件再启动是程序的一种容错技术，包括系统自动/人工再装入的测试及系统自动/人工再启动的测试。

② 系统的交换功能。

该功能包括对每个分机用户做本局呼叫测试，对每条中继线做出局呼叫测试和入局呼叫测试，结合各种呼叫对计费功能测试，对非语音业务进行接续测试及对新业务进行性能测试。

③ 系统维护管理功能。

该功能包括对人机命令核实，测试告警系统，进行话务观察和统计，对用户数据及局数据进行管理，制造人为故障进行故障诊断，进行冗余设备的人工/自动倒换及进行例行测试等。

④ 系统的信号方式。

验证用户信号方式、局间信号方式和网同步功能，对有组网功能的交换机要验证转发存储号码的能力及迂回功能等。

2．验收测试

交换机在开通前，必须进行严格的验收测试，对全部设备用系统的主要功能进行全面检验。验收测试方法可参照信息产业部关于程控交换机入网技术要求。若验收测试的主要指标和性能不能达到要求，应重新进行系统调试。验收测包括以下几个主要方面。

（1）可靠性测试。

在验收测试期间不得发生系统瘫痪。

在验收测试一个月内，处理器再启动指标应符合次要再启动不大于 3 次、严重再启动 0 次和再装载启动 0 次的要求。次要再启动指不影响正在通话的用户，只影响正在进行接续处理的用户。

严重再启动指只影响本处理器控制群内的通话和接续。

再装载启动指需要全部软件再装入，它影响整个系统通话的接续。在验收测试期间，要求软件测试故障不大于 8 个，由于元器件等损坏，需要更换印制板的次数不大于 0.13 次/100 用户。

另外要进行长时间通话测试，即将 12 对话机保持在通话状态 48 小时，同时将高话务量加入交换机，48 小时后，应通话路由正常，计费正确，有长时间通话信息输出。

（2）接通率测试

对于容量 1000 门以上的程控用户交换机，在配线架上至少将 60 个主叫用户和 60 个被叫用户接到局内模拟呼叫器上，呼叫 48 小时，观察其中 20 对主、初叫用户，分批取出总数为 2 万次的运行记录。要求接通率指标达 99.96%。对于容量在 1000 门以下的用户交换机，在配线架上至少接 10 个主叫用户和 10 个被叫用户，然后同时进行拨叫，累计达 1000 次以上，要求接通率指标达 99.99%。局间接通率测试要求在话务清闲时，进行出/入局呼叫各 200次，数字局与数字局间接通率应达到 98%，数字局与模拟局间接通率应达 95%。

（3）接续功能测试

局内呼叫中，对于正常通话、摘机不拨号、位间隔超时、拨号中途放弃、久叫不应、被叫忙用户电路锁定、呼叫空号等每项测试 3～5 次，保证功能良好。出/入局呼叫中，对每条中继线做通话测试，保证功能良好。对采用互不控制、主叫控制及被叫控制的复原方式做验证测试，保证功能良好。对用户交换机的连选功能、夜间服务及应答等性能一一进行测试。对各种用户新业务功能也要一一测试。对有计费功能的用户交换机，做各类呼叫通话 3 分钟，检查计费信息是否准确。在非语音业务通信中，保证不被其他呼叫强插，在用户线上接入调制解调器，传送速率为 300～2400b/s 的数据，检查接收结果和误码率。

（4）处理能力和过负荷测试

连续进行 4 小时的忙时呼叫测试，使忙时产生呼叫次数接近控制系统的 BHCA 值，计算其接通率是否满足要求。当处理器的处理能力超出额定呼叫处理能力时，应能自动限制服务等级较低的普通用户的呼出，实行过负荷控制。

（5）维护管理和故障诊断功能测试

根据人机命令手册，对常用的人机命令进行测试，要求功能完善、执行正确。对告警系统功能的测试，要求告警系统装置的可听、可见信号动作可靠，交换机与维护中心间的各种告警信息传递迅速正确，电源系统的故障告警指示准确且记录完整。用人机命令对局数据和用户数据进行增、删、改的操作，并通过呼叫证实。用人机命令执行用户电路、中继器、公用设备和交换网络的测试并输出结果。在处理器、交换网络、外围接口电路和电源系统制造人为故障，验证故障告警和主备用设备倒换，系统应能自动或人工对故障进行分析。诊断程序对故障电路板的定位准确率应达 75%以上。对系统初始化，交换系统应能正常运行，模拟软件故障，验证系统自动再装入和各级自动再启动功能是良好的。

（6）环境与抗干扰验收测试

进行直流电压极限试验（正常供电电压为-48V），当直流电压输出为-54V 时，进行 20个主叫用户、20 个被叫用户服务呼叫 1h，要求各种操作维护功能正常，接通率达 99.9%。将直流电流断电，由蓄电池供电，直流电压为-43V，做上述测试，结果应良好。进行临界温度试验，检查室内温度 30℃、相对湿度 40%或室内温度 45℃时，进行局内呼叫 1h，接通率应为 99.9%，各种操作维护功能应正常。

（7）传输指标测试

用各类仪器测试损耗频率特性、非线性失真、双向传输损耗不平衡、回波损耗、衡重杂音、单频杂音、量化失真、串音、互调失真、群时延、对地不平衡度、输入端带外寄生信号及输出端带外寄生信号。

（8）技术文件及备件

验收测试合格后，厂方移交的技术文件和备件应包括：系统文件、维护手册、操作手册、人机命令手册、安装手册、硬件技术手册、硬件技术说明书、电路原理图、电路说明书、程序说明书、程序清单、安装设计文件、局数据和用户数据手册。

验收测试应在输入完整的系统软件、各种局数据和用户数据的条件下进行，验收测试的基本要求是：

① 整个系统应能正常工作；

② 满足规定的系统故障指标；

③ 所有应具备的功能都能正确执行；

④ 全部设备与备件均齐全；

⑤ 全部技术资料正确无误。

3．开通与试运转

开通后，试运转 3 个月，投入设备容量 20%以上的用户进行连网运行。若主要指标不符合要求，从次月开始重新进行 3 个月的试运转；如果障碍率总指标合格，但每月的指标不合格，应追加一个月的试运转期，直到合格为止。

2.3.2 程控交换机的管理与维护

1．程控交换机管理和维护概述

为确保交换机正常运行，必须对交换机进行有效的管理、监视和维护。

管理是根据交换机的能力，安排用户的等级，修改路由的选择规则，规定交换机的过负荷控制标准等，目的是使交换机合理地工作。

监视是指检查交换机的服务质量、用户线和中继线的运用情况，取得实际话务数据，作为改进管理的依据，在设备出现故障时，立即发出可见或可听信号，并输出有关信息。维护是指故障的检测和定位，硬件的重新组合以及软件的再启动等，即在出现故障后，能迅速利用备用资源，保证系统不间断运行。

交换机本身拥有完善的维护操作子系统，具有各种自动监控功能，能发现故障并及时消除故障的影响，保证系统不间断地工作。但还需要采用预防性维护，逐步积累经验，维护人员应能利用系统提供的各种输出信息和服务观察、话务测量等手段，使系统经常处于最佳运行状态。

2．系统运行和操作管理

（1）设备软件的备份

对交换机软件（程序和数据）通常采用几级后备的方式进行管理，如将软件存储在内存的主存储器和文件存储器，硬盘和后备磁盘中，同时还可有双重备份，以确保软件正确无误。

当主存储器中的软件遭破坏时，系统会自动将文件存储器中的信息装入内存，恢复系统的正常运行，这个过程称为紧急再启动。如发生重大事故使电源中断，内存中的信息全部丢失，则可将硬盘中的数据重新装入主存储器和文件存储器中。

数据库里一般采用冗余备份的存储方式，数据与程序分离，存放在存储器的指定区域。局数据表述一个交换局的结构状况，包括设备种类、数量、号码分配和路由选择顺序等。当交换局的结构需要改变，例如改变中继方式、增减局向、调整某一局向的中继线数量或新增服务性能等时，可更改相应的局数据，对于局数据的修改，必须严格按照规定顺序进行，并做详细的记录备查。

（2）设备变动的管理

用户数据包括用户状态、话机类型、用户电路设备号码（按用户在机架上的位置编排）、发话级别、受话级别及可以使用何种新业务等。用户数据可根据管理上的需要，通过人机命令进行修改，修改用户数据时只有等到修改无误以后，才通知用户使用。

交换机的管理维护，主要是通过人机对话语言实现的。为防止因错误输入人机命令而使系统运行不正常，造成人为故障，要对输入命令进行严格的管理。

3．话务量的统计和管理

话务量统计不仅可在验收阶段评定交换机的安装设计是否符合要求，而且可在运用阶段评定安装设计是否合理，并为合理使用各种资源提供可靠依据，也为今后扩容设计积累资料。

话务量测量可采用下述 3 种方式。

① 行话务量测量由系统自动连续进行话务数据的收集统计，收集的数据主要包括局内呼叫、出局呼叫、入局呼叫等各种尝试呼叫次数，以及各种成功呼叫次数和不成功呼叫次数。

② 指定话务量测量是根据实际需要，输入人机命令，指定话务量测量项目和起止时间，以调查某个公共设备或中继线群的话务量，或对某个路由进行话务量分析，统计结束后，系统自动将结果打印输出。

③ 波动话务量测量是由人机命令启动，实时跟踪话务量的波动情况，了解系统的服务质量，测量处理器的占用率、呼叫总次数和接通总次数并统计中继线群的话务量。测量情况根据指定的输出周期输出。

根据统计的忙时话务量数据，可以计算出呼叫处理器的实际处理能力；统计出各出/入中继和信号设备等公共设备的数量是否满足需要，是否需要调整；根据各用户级的话务量数据，可以判断各用户级负荷是否均匀，是否需要调整，计算出每户平均话务量，为增容或今后的设计提供可靠依据；同时可根据出/入局呼叫总次数和成功次数，推算出/入局呼叫的成功率，判断接口设备和终端设备发生故障的可能性。

4．基本控制操作与管理

设备控制是指对整个系统所有设备（部件、记发器和中继电路等）进行控制管理。可根据需要对某个或某类设备实施控制管理工作（如复位、开放或封锁等）。控制范围对部件而言，可以控制到子处理机一级；对记发器而言，可控制到某一套记发器；对数字中继而言，可控制到数字中继群；对模拟中继电路而言，可控制到具体的某一条电路。对设备的控制管理操作，如复位、开放或封锁等，在维护终端屏幕显示的同时，都应在操作日记中进行专门记录，以便查看和管理。

（1）系统控制

其主要包括系统（或模块）启动时加载程序和数据，系统运行中更新新程序和新数据，系统（或模块）运行及切换参数的设定等功能。

（2）复位主处理机

主处理机将进入自检和等待进一步命令状态。若在正常运行过程中执行此命令，将使所有的操作退出正常的服务状态。

（3）设置切换时间和切换方式

所谓切换就是指从主（备）用处理机工作状态到备（主）用处理机工作状态的转变过程。引起切换的触发条件有以下 3 种。

① 定时切换，在正常工作情况下，两块主处理机在每天指定的时刻进行切换，实现主、备用方式的轮流工作。

② 命令切换：以人工命令的方式进行主、备用方式的切换。

③ 故障切换：主用处理机在运行过程中，一旦发现有某种异常情况而不能继续运行时，系统自动进行主、备用方式的切换。切换有两种方式，即切换时恢复现场和不恢复现场。

如新业务数据和缩拨数据的恢复工作在理论上可以在任何时候进行，但在实际使用时应特别注意以下时机：

系统重启后，因为有些新业务数据在系统重启时被释放。

系统故障后，因为此时不能保障系统的新业务数据是有效的。

加载新数据不恢复切换后，因为此时有的用户的信息已经改变，为了保障存储的新业务数据与交换机中的数据一致，应进行新业务数据的恢复工作。

5．PBX、电信网设备的管理和维护系统

① PBX 的管理维护系统。

PBX 的管理维护的主要方式是维护终端的人机对话，这种方式的组成如图 2.26 所示。人机对话的维护有本地维护和远程维护两种。

本地维护是通过机房的维护接口直接连接维修终端，通过人机命令对程控交换机进行测试、增删或修改数据，以及执行故障处理的再启动命令等。

远程维护是指维护人员在异地通过通信网络（电话网或数据网）接入程控交换机的维护接口，远程进行类似本地维护的作业。传统的通过电话网需要两端的调制解调器配合，当前的程控交换机带有 LAN 维护接口，采用 LAN 方式即可方便完成连接。

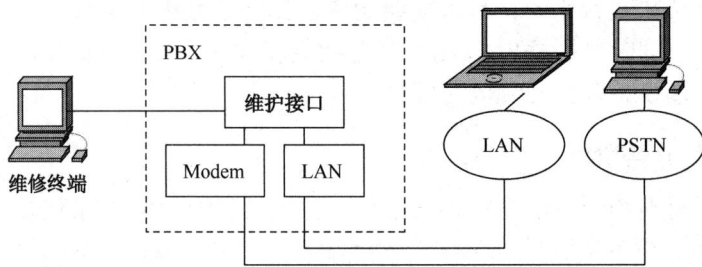

图 2.26　PBX 维护与远端维护

② 电信管理网（TMN）系统组成如图 2.27 所示。

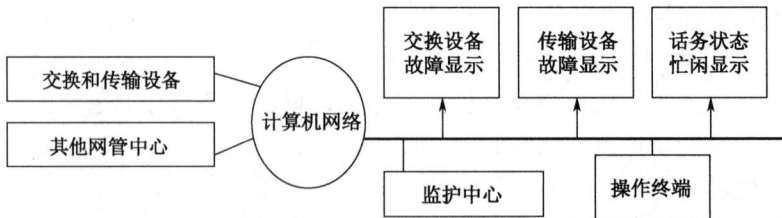

图 2.27　工程中的 PBX 所使用接口

2.4 程控交换设备维修概论

2.4.1 程控交换机故障维修知识

1. 程控交换机故障维修特点

（1）硬件故障和软件故障

程控交换机与其他现代通信设备一样，也是由软件控制的设备，因此故障分为软故障和硬故障两大类型。在故障定位时，必须分清故障属于哪类，若将故障类型判断有误，则势必多走弯路，甚至将故障扩大复杂化，为维修带来困难。

程控交换机的故障有硬件故障和软件故障，对于故障的检修，是指在发生故障后，维护人员凭借设备的自检功能和维修的经验，找出故障部件，修复故障部件或换上备用部件，或进行重新启动等手段，使设备恢复正常运行。

（2）程控交换机自身的维护功能

为保障通信设备的可靠运行，程控交换机自身都具备故障自诊断和故障处理程序，对于运行中发生的故障进行故障检测、系统再组成、再启动处理。若系统本身无法自我处理，则需要进行人工处理。

① 故障诊断即交换机在运行状态下利用处理的间隙进行故障诊断。亦可通过人机接口输入人机命令，对指定项目进行检测。

当交换机测试软件在运行中发现故障后即调用程序，由诊断程序查出故障（如故障电路板）。在故障诊断中若发现故障，则在主机设备或话务台上发出声、光告警并显示故障代码。

② 故障处理是处理机发现某一部件故障而采取的故障隔离或主/备转换等紧急措施，其级别最高，可以对其他级别的运行程序进行中断。

故障处理的过程：故障检测→系统再组成/再启动处理→故障告警和打印→诊断测试→故障处理→修复设备和返回系统。

经过设备自身的故障自诊断和故障处理后，若故障仍然不能排除，则需要进行人工排除。程控交换机的自身的维护功能与人的自身免疫功能类似，当人自身不能康复时则需要请医生帮助。维修人员根据故障告警和打印报告，进行诊断测试和故障处理。

2. 程控交换机故障维修的四个基本环节

无论是硬件故障还是软件故障，维修过程大致可分为故障的监测、分析、诊断和排除四个基本环节。

（1）监测

监测包含例行日常测试和收集各种故障告警信息，当设备发生某些故障时，设备能在自动发出声、光告警的同时，显示相应的故障信息。维护人员也可通过维护终端或话务台进一步测试相关故障信息，对少数自检功能发现不了的故障，则须凭借修理人员的经验查找故障部件。

（2）分析

根据监测所收集的相关信息资料、有关数据，进行综合分析以初步判断发生故障的原因和大致的故障部位。

（3）诊断

经过分析，接下去就要对于分析的结果进行严验证，以更加确切地判断发生故障的具体

057

部位，这个过程称为诊断。

对于硬件故障的诊断，采用隔离或更换电路板、连接电缆、元器件的常用手段，判断故障的具体部位；若经过硬件的诊断不能解决问题，则应诊断为软件问题。在程控交换机的维修中，某些故障比较复杂，往往是硬件问题和软件问题互相影响，需要进行反复的诊断才能够判断故障的根源。如一个机框的所有端口电路全部发生系统软关闭现象，看起来是一个软件问题，当经过软件处理后，故障还不能排除，通常引起的原因是机框中的某一块电路板故障影响总线，从而导致所有端口电路全部发生系统软关闭。

（4）排除

经过诊断后确认了发生故障的具体部位，排除故障就很容易了。

当判断为软件故障时，如局部被系统封锁、通信出错、出现某些非法数据或地址、程序进入死循环等，需要进行必要的相关程序恢复或参数的修正，通常可采用系统再启动进行处理，用以排除软件故障。

当诊断为硬件故障时，应及时切除故障部件，换上备用部件，并将更换下来的故障部件进行修理。

2.4.2 程控交换机故障类型与维修思路

1. 程控交换机硬件故障类型与维修思路

程控交换机的硬件故障的主要特点是用户电路、中继电路故障率高，随着运行时间设备的故障率逐年增高。

程控交换机的硬件故障种类繁多，基本可以分为物理连接故障、设备故障（设备外围故障或设备本身损坏）。

（1）物理连接故障

硬件的基本物理连接示意图如图 2.28 所示。

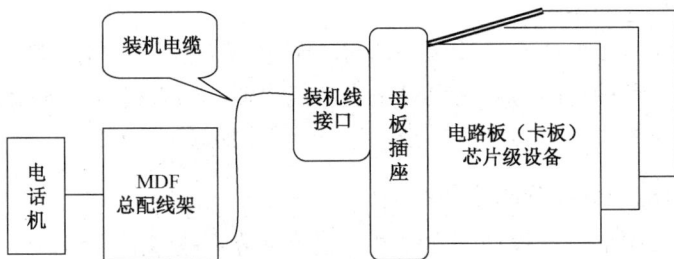

图 2.28　硬件的基本物理连接示意图

① 装机线缆接口松动、接线不良，连接线的接口异常、错接等。

线缆的问题引起的故障概率很高，如用户装机线缆接口松动会造成一群电话无信号，接线不良影响通话质量或软关闭等。

这类常见故障属于连接问题，故障现象明显，通常采用直观检查、逐级排查的思路，排除故障比较容易。

② 机框的各类电路板（卡板）接插不良、接插出错。

电路板接触不良引发的用户电路故障比较常见，一是维护或更换时没有将卡板插到位。二是插卡版时误将母版插座损坏，造成接触不良或接插出错。三是设备陈旧母版插座接插件老化导致接触故障等。

③ 环境因素。

灰尘、异常的湿度以及高温也是程控交换机运行的大敌。通常灰尘、异常的湿度引发电路板物理连接故障，如造成逻辑连接故障，使得逻辑电路无法正常工作。更严重的是导致电路板的短路、绝缘等连接异常问题。

这 2、3 类常见故障属于逻辑出错连接问题，故障现象涉及电路板，需要一定的维护经验，通常采用直观检查、逐级排查的思路，排除故障也比较容易。

（2）设备故障

① 设备的供电问题引起电路板工作异常或死机等。通常需要两个方面分析：

一是机框的电源模块本身工作不良或损坏造成；当确认属于这种原因时，需要更换。

二是负载引起的电源模块问题。

a. 负载（电路板）的部件过流引发电源问题，通常是熔丝熔断，若更换后依然存在故障则判断是负载严重过流问题。需要故障定位后撤离故障卡板。

b. 负载（电路板）的部件过流引发电源问题，熔丝未熔断但是各组电源偏低，使电路板无法正常工作。说明负载过流，也需要故障定位后撤离故障卡板，之外可能是电源模块性能变坏，带负载能力变弱，需要更换。

② 机房环境差，如高温、附近大功率电气启动、高压电磁场等干扰，使得机框电路板工作异常或死机等。排除这些外部影响即可恢复正常运行。

③ 电路板本身损坏。

当诊断为电路板问题并采用更换的方法确认后，则应更换。卡板的硬件故障分为多种类型。

a. 个别端口硬件损坏，可采用更换个别用户物理地址方法排除；也可以采用简单可行的对比法检出故障端口的损坏部件，恢复个别端口的正常运行等。

b. 通常电路板的公用部件损坏则整块卡板所有的端口都无法工作，需要更换卡板排除故障。

c. 电路板的硬件特殊故障。

电路板的硬件特殊故障，如部件涉及一个机框架的总线缓冲器、影响 PCM 信令总线等控制器件正常工作时，则最易引发整个机框架所有端口的故障，如被系统全部软关闭。

这一种大面积故障影响很大，在现场抢修中，往往看似软件故障，如人机命令检测这一大群故障端口时，显示：DOWN（示意软关闭），其实不是，若按照软件问题处理则根本不能排除故障。因为有一硬件损坏牵制了正常运行，系统必须将其关闭。若要恢复除故障板以外的其他端口运行，必须将故障电路板隔离。

在程控交换机的硬件组成结构中，典型的机框模式是分机控制的模块结构，通常设一个机框架为一个端口单元，由机框控制卡板（称为缓冲板、模块处理板）控制，如图 2.29 所示。

当发生一个机框软关闭时，上述一个端口硬件问题影响机框控制卡板的概率极大。当然不排除机框控制卡

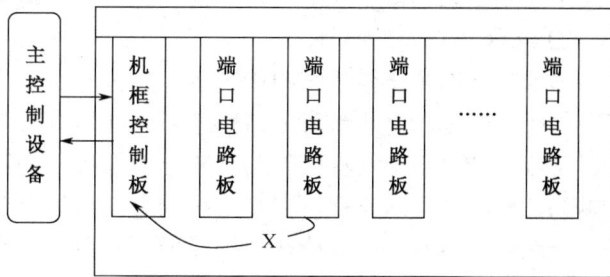
图 2.29 机框架硬件组成示意图

板本身的相关硬件问题引起软关闭。如 C&C08 程控交换机的机框硬件组成结构中，若机框控制板 DRV 发生某端口类似问题或 DRV 板本身问题，都将引发一个机框架的全部端口故障。

2．程控交换机软件故障类型与维修思路

1）程控交换机软件故障处理知识

（1）软件故障处理知识一。

① 程控交换机软件故障原因。

引发原因繁多，主要分为几个方面。

a. 用户或维修人员的误操作。

b. 系统运行数据错误积累过多造成数据库错乱，系统无法进行自身处理。

c. 软件本身的纠错能力弱。

d. 外部干扰等因素。

② 程控交换机软件故障排除思路。

a. 一般的故障如误操作等引发的局部数据问题，通过纠错修正即可排障。

b. 一般的局部复杂软件问题，在上述处理后仍然存在，则考虑一般再启动处理。

c. 软件故障涉及系统的运行问题时，应首先检查重要硬件是否正常，若无误，则应果断采用级别相应的系统再启动处理。

（2）软件故障处理知识二

前面已经介绍，程控交换系统具有自身的维护能力。系统的可维护性可以通过下列各种指标来描述。

① 故障定位准确性。

显然，在发生故障后，故障诊断程序对于故障的定位越准确越有利于尽快地排除故障。现代程控交换机具有较高的自动化和智能化程度，一般可以将故障可能发生的位置按照概率大小依次输出，有些简单的故障可以准确地定位到电路板甚至芯片一级。

② 再启动次数。

再启动是指当系统运行异常时，程序和数据恢复到某个起始点重新开始运行，对于软件故障的恢复是一种有效的措施。

2）程控交换机的系统再启动

程控交换机系统在运行时，各种数据和设备状态都在不断变化，由于某些程度的残留差错、容错能力差或来自某些干扰等，都会造成程序的无限循环，出现非法数据或地址等。当系统自行采取一系列措施后不能恢复时，则需要进行人工恢复处理，将某些程序的运行恢复到某个初始状态，重新启动运行，这称为程控交换机的系统再启动。

① 系统再启动的类别。

再启动会影响交换系统的稳定运行，按照对于系统的影响程度，可以将再启动分成若干级别，影响最小的再启动可能使系统只中断运行数百毫秒，对呼叫处理基本没有什么影响；而较高级别的再启动会将所有的呼叫全部损失掉，所有的数据恢复为初始值，全部硬件设备恢复为初始状态。通常把程控交换机的系统再启动分为三级。

一级系统再启动：又称热启动或低级别系统再启动，从主程序中的某一段开始重新启动程序。一级再启动仅影响处理机现行的处理（如扫描、内部处理、驱动等），并不影响已建立的通话。这是处理一般软件故障的再启动处理。

二级系统再启动：又称冷启动或中级别系统再启动，从 0 地址开始重新启动主程序。它包括了运行初始化程序。冷启动会使已建立的通话中断。

三级系统再启动：又称高级别系统再启动或后援程序再启动。

这类系统再启动不仅中断了已建立的通话，而且使所有通过人机命令更改过的局数据、用户数据的更改部分、故障记录、未输出的计费信息等全部消失。系统程序、局数据、用户数据全部刷新后，再从 0 地址开始重新启动主程序。所以在执行前必须将局数据库与用户数据库的数据重新写入电体质 RAM 或其他备份存储方式，切实做好数据备份。

② 系统再启动的运用。

a. 逐步加高系统再启动的级别。一般处理方法是，先用低级别系统再启动处理，如果经过低级别系统再启动处理后仍未能排除故障，则进行中级别的系统再启动处理。

b. 应尽量避免使用中级别以上的系统再启动处理。但是，当遇到系统在运行中发生很严重的系统软件故障，如某些疑难的软件故障、数据库发生严重错乱等，经反复后又不能及时排除时，则应果断地采用高级别系统再启动处理。

c. 减少系统再启动对系统运行影响。对于某些中高档的数字交换机，当遇到系统软件故障，且故障比较复杂时，可单独对主备公共控制单元进行高级别的系统再启动处理，这样既能排除故障，又不会影响系统的运行。

d. 对小系统果断采用高级别系统再启动。对某些容量较小的程控用户交换机，因其系统软件固化在 EPROM 中，采用系统再启动处理故障时，对系统运行影响不大。某些机型装置有 RESET 按键，可通过 RESET 使系统软件从起始点重新运行。

再启动次数是衡量程控交换机工作质量的一个重要指标。一般要求每月再启动次数在 10 次以下；尤其是高级别的再启动，由于其破坏性大，所以应越少越好。

2.4.3 程控交换机故障检修的基本流程与经验

1. 故障检修基本流程

① 程控交换机运行中发生故障后，运用自检功能进行人工测试，输入诊断命令、分析诊断结果输出。

② 判断故障类别，分别进行软故障和硬故障处理。

若属于电路板硬件问题则更换，并将故障电路板进行二级维修；若电路板更换后输入诊断命令后恢复正常，则故障排除；若否，则需要返回重新分析诊断，直到故障排除。

若电路板硬件正常，则说明是软件问题，输入数据进行修改或增删等纠错性维修后，观察输出处理结果，若处理有效，则恢复正常运行。若故障依然存在，则需要再启动处理，注意先用较低级别再启动，若排除不了软故障，则逐步升高再启动级别，直到排除软件故障。

故障处理的基本流程如图 2.30 所示。

2. 故障分析处理的经验

（1）程控交换机故障的一级维修

所谓一级维修，是指发生故障时，维修人员根据交换机自身的自检功能结果和维修经验，进行故障的检测、分析、诊断和排除。通常先分清故障类型，进行故障定位，如硬件问题则判断出故障电路板所在的位置，然后将备用板换上使设备恢复正常运行，若软件故障则针对性纠错或采取再启动处理。

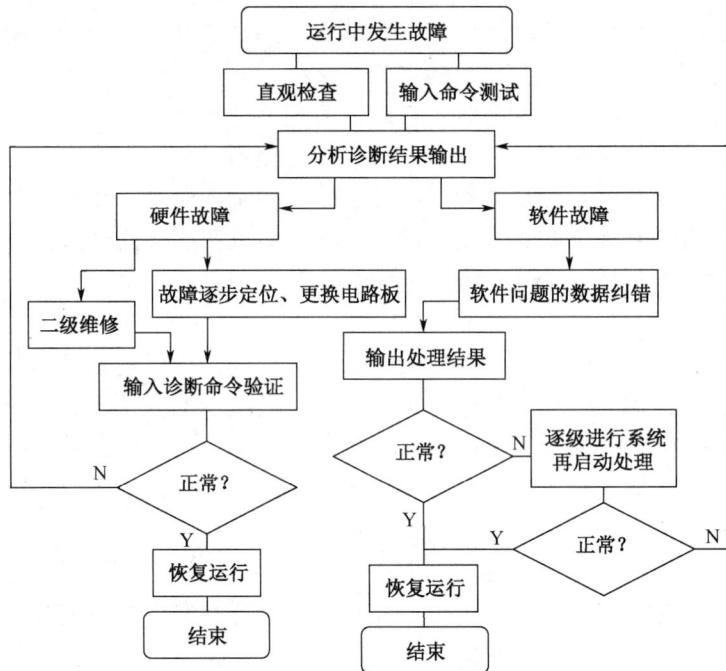

图 2.30　程控交换机维修流程框图

这种临场故障处理称为一级维修，是程控交换机故障维修最重要的部分。它要求维修人员准确、快速和有效地分析处理故障，尤其是重大的系统故障，如大面积故障、系统瘫痪和疑难故障等，很需要维修经验的支持，需要各种维修经验的综合运用，使得故障及时排除，恢复正常运行。

① 程控交换机故障硬件分析处理。

程控交换机各个机框架中有数量众多的卡板，当发生故障时，如何判断是哪一块卡板故障呢？尤其是重大故障时，维修终端无法显示数据等状况，抢修任务急迫而无法判别故障范围，更无法故障定位。经验告诉我们，进行硬件故障定位的有效方法是硬件逐步减少负载进行故障定位。即在抢修现场谨慎地将机框架内的板卡逐步撤离，当撤离其中某一块或几块卡板时，故障现象产生变化或消失，则该卡板为故障根源。

② 程控交换机故障软分析处理。

程控交换机软件故障类似计算机设备的维修，处理软故障往往采用重新启动方法可以有效排障。但是程控交换机是一个庞大的系统，不能轻易采用，尤其是最高级别的系统再启动。但是当软件故障涉及系统的运行问题时，尤其是遇到严重的元件问题，如系统错乱等，应首先检查重要硬件是否正常，若无误，则应果断采用级别相应的系统再启动处理。通常大容量的 PBX、局用机都是双备份设备，完全具备单套设备高级别再启动处理。经验说明，历来处理一些疑难的软件故障的抢修过程，就是采用了程控交换机三级系统再启动处理而恢复正常运行。而不少类似重大软件故障，采用了多种硬件软件检修法，结果无效，拖延了许多抢修时间，最后还是用三级别再启动解决了问题。

（2）程控交换机故障的二级维修

二级维修是指对更换下来的故障电路板进行修理，使故障板修复。这种芯片级的修理一般称为二级维修。二级维修多数不在现场进行，通常是在维修室或工厂进行。

二级维修需要电子技术基础、维修经验的积累。

① 程控交换机端口电路的硬件故障率最高。

通常在芯片级检修中，工作量大的、与用户线连接比较密切的编译码器集成电路芯片损坏比较多见，这一类故障接修时通常为用户电路通话单向、无法拨号等现象。

由于与外部直接打交道，接口器电路和常见的串行接口电路芯片故障率很高。

② 控制卡板的故障率低，故障部位往往是工作繁忙和与众多总线电路打交道的数据总线缓冲器、地址总线缓冲器以及控制总线缓冲器等芯片的故障率高。

③ 直流电源是设备的能源，电源问题是普遍故障。尤其是逻辑电源的+5V 属于故障率高的电源组。

2.5 PBX 程控交换设备维修

2.5.1 PBX 故障维修知识

1. PBX 设备维修特点

① 硬件可靠性。在 PBX 的系统结构上，通常采用分散控制方式，关键部位用冗余技术，交换设备的系统可靠性强。因此硬件设备本身故障概率不大。

② 具有自诊断功能。在程控交换机软件系统中，诊断程序和检测程序占相当大的比例。诊断又分为定期诊断测试和随机诊断测试两种。定期诊断可以通过人机命令，使交换设备在话务负荷清闲时，对系统做一次全面测试。例如可对外围接口电路逐个测试，并把测试结果存放在记存器中，随时可由维护人员调用查阅。而随机诊断测试在交换设备运行的同时进行。发现故障按照其级别、类型、影响范围大小，采取不同的方式进行反映，或告警，或记存在存储器内，或启动冗余设备等。

③ 对工作人员素质要求高。

④ 交换机的维护大致分为两种：预防性维护和纠正性维护。

预防性维护是通过监视、测量和抽查等手段，收集各种所需要的数据，并对这些数据进行分析，进而提出排除故障隐患的具体办法及措施；纠正性维护是在设备出现故障后，采取必要的措施。平时设备的维护以预防性维护为主，防患于未然。这就要求维护人员在日常维护过程中，要善于发现设备潜在的故障，找出可能诱发故障的因素，消除设备的隐患。在设备出现故障以后，要及时找出这些故障的根源。因此，维护人员要认真做好各种告警、故障记录，收集全部有关数据，仔细分析观察，积累总结经验。

⑤ 经验告诉我们，保持机房的合适温度和不间断正常电源，是维护程控交换机的基础条件。若保障这两个条件可大大降低设备故障率。

2. PBX 设备常见故障的维修

（1）设备告警

交换机在运行过程中，一旦某些部件出现故障，系统会产生一系列告警信号，提示维护人员进行必要的处理，保障设备的正常运行。告警系统根据故障对设备的影响程度、重要性及紧迫性分为严重告警、主要告警及次要告警。

① 严重告警：当系统出现严重故障，无法正常运行时，发出严重告警，对应信号为维护面板红灯亮。故障内容涉及主控单元、过载及再启动等。

② 主要告警：当系统中部分用户无法通信或通信质量严重下降时，发出主要告警，对应面板上红色指示灯亮。故障内容涉及局部用户端口、中继端口和双音多频记发器等。

③ 次要告警：当系统中只有极少数用户的通信质量受到影响时，发出次要告警，对应维护面板上红色指示灯亮，相应用户的用户板对应红灯亮，这种告警不必及时处理，但对交换机运行状态要心中有数，故障内容涉及倒换失败、个别用户故障、故障排除等。

当系统发出告警信息后，应及时按以下原则对故障进行分析和处理。

① 尽量不影响全局通话，最好在话务空闲时处理。

② 从单板指示灯和维护台观察单板状态，分析相关单板，不要盲目更换单板，以防故障扩散。

③ 插拔单板时，一定要佩带防静电腕套，并将接地端可靠接地。

（2）用户电路日常维修

① 线路原因：在日常维护工作中，用户部分故障是最常见的故障，一般可分为外线故障和交换机相关功能部件故障。常见的外线故障有断线、短路、接地、话机故障等，可通过在配线架甩开外线的方法确定故障部位。

② 设备本身：由交换机相关功能部件造成的用户故障的处理方法。用户故障发生在普通用户板的个别用户时，可通过更换用户板解决，也可通过应急方法处理，如更改用户对应的电路号码，并将外线改接到对应的用户电路上，再进行呼叫转移，将故障号码转移到更改的号码上。用户的故障处理方法有：

a. 连续卡板上的所有用户故障，卡板损坏，更换损坏的普通用户板。

b. 整个用户模块故障，检查外围接口控制板、-48V 馈电以及个别用户电路特殊故障。

③ 用户故障常用的处理方法是：以最小配置运行，判断分析单板故障，或通过拆板法逐步排除和定位，找到影响其他单板工作的故障板。

（3）中继电路维修

① 故障涉及的原因。

与中继部分相关的有中继板、中继线及软件中的与中继线有关数据的设置等。

② 中继部分的故障处理方法。

a. 所有的用户都不能出中继，检查出中继组的设置、路由指定限制、等级指定的设置等中继参数，检查中继线路是否正常。

b. 个别用户打不出外线，检查分机限制等级。

c. 只有部分用户组，如长途、微波、市话等打不出，则要检查中继线及自动路由选择指定表和路由指定表。

d. 拨打外线用户时有时延迟才能听见主叫讲话。则要检查中继线的极性是否以正确的方式连接到 MDF 机架。

③ 当交换机与公网实行全自动连接时发生中继故障，则要检查 PRI（基群速率接口）接口板、光纤及光端机。

（4）硬件维修注意事项

① 程控交换机硬件由单板、背板、插箱和机架组成。程控交换机开机后，在正常运行过程中，其印制电路板和接插件等部件不能随便触动。因此，维护人员对程控交换机硬件的日常管理和维护主要是除尘保养和技术维护。

② 程控交换机主要板件应有备件，一旦出现故障要及时进行更换，以缩短故障时间。

③ 定期检测交换机的地线和保安设施，使之符合要求。

④ 根据告警信息的提示，及时对可疑部件进行检测和维修，并及时更换。

⑤ 定期检查交换机的中继线。

（5）软件维修注意事项

① 保管好随机带的软件备份，以防系统瘫痪重装需要。

② 正确设置操作员操作权限，以免误操作引起系统故障。

③ 增删和修改用户数据、局数据前数据备份，避免操作不成功能恢复原数据。

④ 定期测试软硬件功能，定时备份局、用户数据。查看各级告警信息，根据信息正确诊断并处理故障。

⑤ 及时对服务器、维护终端、计费器、话务台进行软件杀毒，保护主机和软件的安全。

2.5.2 PBX 设备的故障分析处理案例

1．PBX 设备中继设备故障

【案例 1】

故障现象：某酒店 DEFINITY G3 交换机采用 BID+DOD2 方式入网，用户反映拨打外线很难，有时要拨打几次才能拨通。与此同时，投诉酒店总机很难拨入电话，有时要拨打几次才能拨通，话务员遭误解，说不及时接外线电话。

故障分析处理：

（1）针对故障分析，检查中继电路的设备正常，50 对专受线和 50 对专发线都处于正常设置。再转向线路，因为故障发生时间正值电信的线路整修阶段，判断中继线出问题的可能性最大。

（2）首先检测出中继组的 50 对专发线，发现第 3、7、9、11 对断线不通，第 13、15、17 对的信号长忙音。作为 BID+DOD2 方式入网的专受线，若发生线路断线等异常现象，势必造成这样状况：用户在路选时一旦选上故障线，拨出中继冠号后即无声音，用户所占用的是一个故障信道，只有当所有的故障线都被占用时，其他用户才会顺利出中继。

通过维修终端将故障线所在的中继电路进行关闭，使得这些中继端口从服务状态退出服务，那么用户就不会再选上故障线路了。

（3）检测入中继组的 50 对专受线，发现第 2、4、8 对断线不通，第 10、16 对的信号异常。作为 BID+DOD2 方式入网的专受线，这些线路异常，外线用户拨打酒店总机时，无法建立连接，话务台上也就无反应。

与出中继的故障处理不同，通过维修终端将故障线所在的中继电路进行关闭，只是一方面的操作，不能真正将故障电路端口关闭，需要上一级局端执行关闭，即可避免外线用户选上这些故障的专受线。另一简单方法是人工将故障线进行物理置忙，也可排除故障。

【案例 2】

故障现象：某 PBX 有 600 线用户，采用 2 块 2M 数字中继以 PRA（基群速率接入）方式入网，外线只能拨出，而外线电话无法拨入。PBX 数字中继系统接入结构如图 2.31 所示。

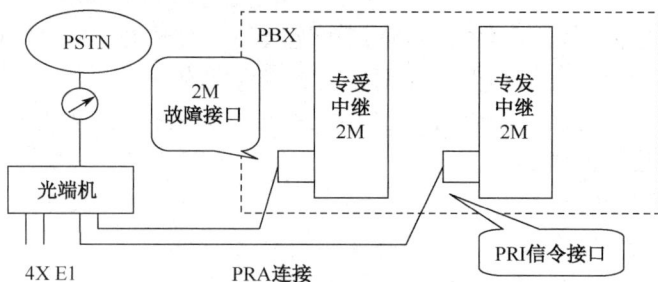

图 2.31　PBX 的 PRA 接入框图

故障分析处理：

① 检查发现该用户的出入中继线路分别等分在两块 2M 数字中继电路板上。终端测试专发线 30 路都正常，但专受线的 30 个端口都显示故障。

② 故障范围清楚，针对专受线的 30 个端口进行检查。

a. 首先进行软处理，进行专受线 2M 数字中继电路的设置监测纠错等，若无效则进行再启动处理或进行电路板的拔插处理，若故障还是存在，则检查硬件。

b. 检查专受线的光端机 2M 网络接口是否正常。若无误，则下一步。

c. 检查专受线的 PBX 机柜 2M 网络连接线、接口是否正常。若无误，则下一步。

d. 检查专受线 2M 数字中继电路板的母板接口是否接触异常。若无误，则下一步。

e. 故障定位在专受线 2M 数字中继电路板。

f. 更换 2M 数字中继电路板并验证，若恢复正常则处理结束。

g. 若故障还是未能排除，则应当重新考虑软件问题，如专受线 2M 数字中继电路的 PRI 信令问题，监测 30B+D 的 TS16 是否异常等连接问题。

本案例是在进行到 c 步时发现专受线的 PBX 机柜 2M 同轴电缆网络接口损坏松动，造成 2M 数字中继电路板无上连信号。重新更换 2M 同轴接口，故障排除。

2．PBX 设备用户电路故障

【案例 1】

故障现象：某数字程控交换机的模拟分机发生通话单向故障，用户话机只能受话不能发话。

故障分析处理：

（1）直观检查用户终端、线路均属于正常。更换话机故障依然存在。

（2）在维修终端测试是否有静音等误操作，无误。再进一步重启该用户端口，故障依然存在。分析为用户电路硬件故障。

（3）在维修终端将该用户数据搬迁到另一个正常硬件端口，故障排除。

（4）将故障板进行二级维修，经验说明，通常发生通话单向的原因如下。

① 混合电路的 2/4 转换线圈或 2/4 转换芯片损坏。

② 编译码器芯片外围电路或芯片本身损坏。

检查时发现该用户电路的编译码器芯片异常温度高，经测试已经损坏。更换芯片电路，再经过联机验证，恢复正常运行。

【案例 2】

故障现象：某数字程控交换机的一部分模拟分机申告，电话时好时坏，阴雨天的故障率特高。

故障分析处理：

① 根据故障发生的现象，可以排除这部分电话机问题和电路板损坏问题。

② 在维修终端对故障发生端口进行测试，发现都为退出服务状态，即 DOWN，被系统软关闭。采用重启方式后，故障端口恢复进入服务状态，恢复正常使用。

但是不久，故障复发，发现又都为退出服务状态，不知何故。

③ 怀疑电路板性能变坏，更换电路板，故障依然不能排除。分析该故障根源为外部影响所致，于是检查用户线，发现该部分用户的用户电缆破损，传输质量变坏并且随着天气变化而出现不同的传输性能。当系统在自检测时发现问题就将其连接的电路软关闭。

经验说明，程控交换机的自检功能是维护运行的手段，很有必要。但是也往往带来一些影响，如对于一些不影响运行的中继、分机端口、部件的检测，自检认为是问题就施行软关闭，导致软关闭的故障屡屡发生。当然，对于这类情况，维护人员可以采取将某些参数做适当的修改即可避免软关闭的问题。例如中继组中的局数据的是否测试一项，可以设置为 N，即可大大降低中继线软关闭的故障。用户分机接口同理。

3. PBX 设备运行重大故障

【案例 1】

故障现象：韩国生产 DL 数字程控交换机在正常运行时突然发生故障，容量 600 线的电话通信系统顿时全台瘫痪。

故障分析处理：

（1）检查发现主机的馈电严重故障，整流电源过流损坏，蓄电池进入馈电由正常 48V 降到 15V。分析为主机负载严重过流烧坏整流电源。而后备电源供电因为负载压降严重，使得系统无法工作。

（2）将损坏的整流电源隔离。检查作为备用的蓄电池组状况，在脱离程控交换机负载后，即由 15V 恢复为正常的 48V，说明电压降由负载严重过流造成。

（3）恢复蓄电池供电，采用逐步减少负载法，这是一种处理全台性硬件故障的有效方法，一是针对严重故障如过流导致熔丝熔断，无电源状态可以排查故障板。二是在这种情况下，熔丝未断，严重压降使得系统无法运行而产生全台性故障。采用逐步减少负载的方法，可以在众多的电路板机框中果断排查，迅速确定故障点。

（4）经过拔插，当拔出其中一块用户卡板时，发现 IC 的+5V 引脚烧焦，在拔出第二块同样故障的卡板时，馈电由 15V 立即恢复为正常的 48V。DL 数字程控交换机的机柜和机框架组成如图 2.32 所示。

（5）主控机框的驱动器读盘，几分钟后 DL 系统恢复正常。除两块用户板不能工作，其余的用户、中继电路全线启动正常运行。

经验提示：

分析处理的有效方法：硬件逐步减少负载进行故障定位，对于各个机框架中繁多的接口电路卡板，逐步减少卡板的方法是诊断故障点的有效手段。

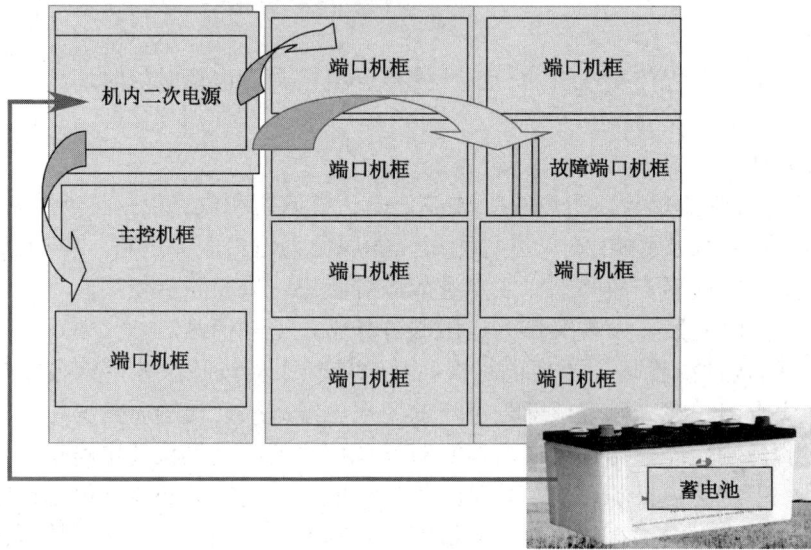

图 2.32　机柜和机框架组成

【案例 2】

故障现象：

某 DEFINITY G3 ECS 双备份 1008 线用户，设备在运行一段时期后发生了 A 套处理器损坏（CPU 板硬件），系统由 B 套处理器维持运行。但是，在不久后，B 套处理器也发生了与 A 套相同的损坏，整个系统处于瘫痪。如图 2.33 所示为 PBX 与计算机网络连接结构图。

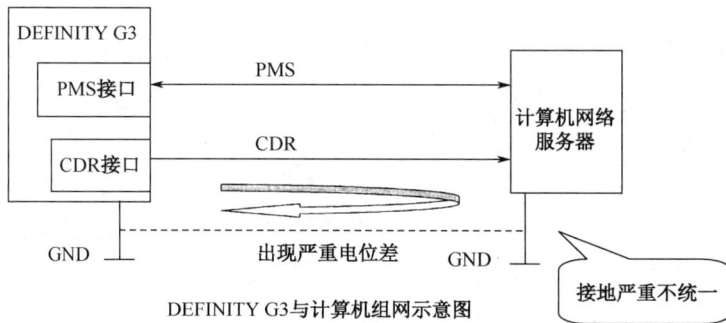

图 2.33　PBX 和计算机网连网的结构图

故障分析处理如下。

（1）根据设备硬件损坏的现象，特别检查电源的各个部位，未发现异常。

（2）根据 A/B 双套处理器同样缘故导致损坏的特点和硬件损坏部位，分析损坏原因。经检测发现主机的计费接口和 PMS（物业管理系统）接口的组网连接设备中存在问题。

第一，PBX 主机和计算机服务器的接地线不同，没有统一的工作接地和保护地。如此 PBX 与计算机服务器的连接是不符合技术要求的，很容易发生来自各个方面的干扰而造成接口设备的损坏，而该用户既没有同一电位的接地，又没有相应的保护措施（如光/电耦合器等，该用户为 DEFINITY G3V3 版本设备，主控制机柜的数据通信接口未设光电转换器）。

第二，PBX 主机和计算机服务器的交流供电分别接在不同的配电箱，且交流电源的相位也没有严格的定位。当交流供电产生较大的电位差时，对于组网中的接口设备的危害极大，甚至会影响到网络中系统本身的安全。

更换处理器电路板，恢复系统运行。根据发生故障的原因，认真地处理交换机和计算机网络的接地和供电问题，根除隐患。

经验说明：

① PBX 系统故障中，常见因为计费接口或 PMS 等组网接口不规范、供电混乱等导致系统时而发生热启动，运行不稳定，甚至造成整个系统瘫痪的严重现象。这种偶发的严重故障的原因往往很隐蔽，平时运行中不易发觉，也不会去注意。

② 电子设备组件中的集成电路的 GND 按技术要求应当接在一个独立的地线上，用以保持良好的工作状态和工作安全。若未接地将处于一种悬浮的不良状态，若接入其他非标准地线或遭受干扰，势必在一定的条件时发生组件的损坏。在数字程控交换机中，主控制单元的运行很容易遭受来自接地干扰的威胁，严重者会损坏硬件。

【案例 3】

故障现象：某大容量的数字程控交换机采用双备份控制系统，在运行中时常发生一些软件问题，系统因此时常发生热启动现象，主备控制在倒换后又能自动恢复正常运行。但是日久此现象越演越烈，热启动的频率逐日增高，导致系统难以正常运行。

故障分析处理：

① 检查系统告警记录和维护情况未能发现异常。

② 怀疑主控制机框供电问题，检查供电模块，各组电压均属正常。

③ 接下来怀疑主控制的其中一套数据错乱，将单套运行验证，故障依然存在。

④ 判断系统的运行软件故障，双备份控制系统均存在问题。通常只要数据备份可靠，采用单套最高级别系统再启动处理后，然后倒换，故障即可排除。最后将另一套进行同样处理，可以全部恢复双备份工作。但是未能达到排除故障的目的，故障始终不能排除。分析是数据备份、双备份系统的转换控制等问题的影响。

⑤ 采用断电或人机命令进行双套最高级别系统再启动，系统恢复正常运行。

2.6 局用程控交换设备与维修

2.6.1 ZXJ10 程控交换机设备与维修

1. ZXJ10 程控交换机设备特点

（1）组成结构

ZXJ10 交换机系统采用全分散的控制结构，根据局容量的大小，可由一到数十个模块组成，如图 2.34 所示。

根据业务需求和地理位置的不同，可由不同模块扩展完成，这些模块主要有：消息交换模块（MSM）、中心交换网络模块（SNM）、操作维护模块（OMM）、近端外围交换模块（PSM）、远端外围交换模块（RSM）、分组交换模块（PHM）、远端用户单元（RSU）。

MSM 主要完成各个模块之间的消息交换；PSM 作为中心交换模块的外围模块负担交换和业务接入功能，既可以在多模块时作为外围模块，也可以独立作为交换局，作为外围模块时服从 OMM 统一管理；RSM 远端交换模块基本功能与 PSM 相同，只是在组网中可以置于远离中心模块的位置,通过传输设备与中心模块相连接,在管理上服从 OMM 统一管理；OMM 是对整个系统实现运行管理的核心模块，由服务器、以太网总线以及若干个客户机组成，通过中心模块实现对各个模块、处理机的管理；RSU 则是挂在 PSM/RSM 模块的用户单元，用于实现远端用户的接入。

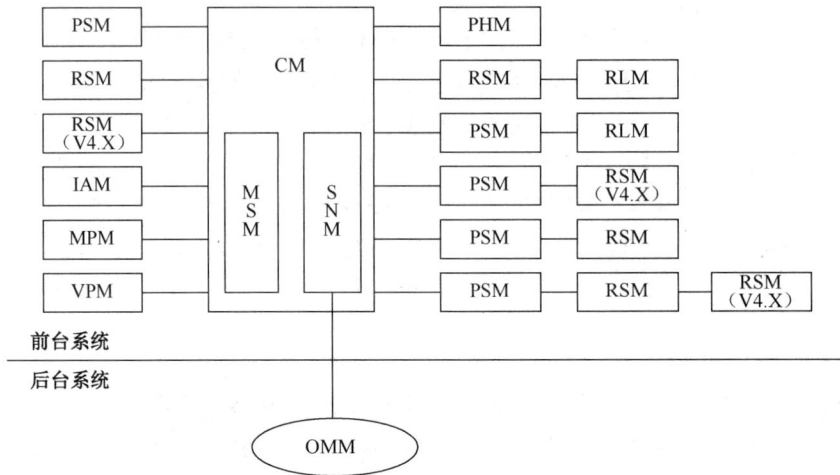

图 2.34　ZXJ10 程控交换机组成框图

除 OMM 模块外，每一种模块都由一对主备的主处理机（Module Processor，MP）和若干外围处理机（Peripheral Processor，PP）以及通信处理机组成。SNM、MSM、PSM、RSM、RLM 为 ZXJ10 前台网络的基本模块，OMM 构成 ZXJ10 的后台网络。

在 ZXJ10 系统中，所有重要设备均采用主备份，如 MP、交换网、网驱动板、通信板、光接口、时钟设备以及用户单元处理机等。

（2）ZXJ10 操作维护系统简介

ZXJ10 交换机的操作维护系统基于前台的控制网络和后台的维护网络两部分。前台控制网络是交换机前台控制系统与后台维护网络的数据传输、消息交换的平台；后台维护网络采用 Windows NT 或 Windows 2000 网络方案，通过 TCP/IP 与交换机前台进行数据传输、消息交换，使前后台网络成为一体化的 TCP/IP 网络环境，具有较好的开放性、灵活性。

ZXJ10 后台操作维护系统对交换机的数据操作、系统维护，提供两种操作方式，一种是人机菜单界面操作，另一种是行式人机命令界面操作。

2．ZXJ10 典型用户/中继电路故障分析处理

（1）用户数据

故障现象：新创建一用户，但用户不能使用，拨打该用户听空号音。

故障分析处理如下。

按如下的次序分析定位故障：

① 检查后台数据是否正确。号码分析是否配置了该号码分析，本局用户、号码分析是否正确。

② 检查该用户号码是否放号。

如果上述检查正确，但是新创建用户不能使用，可能前后台数据不一致。在"数据管理"→"数据传送"中执行传送变化表命令即可排障。

（2）中继设备

故障现象：开单元时，出现打电话双方均可振铃，能接听，但双方语音不通，通信保持数分钟后自动释放，无明显故障现象。

处理过程：检查数据都无问题，模块内对用户单元即测结果为：ASLC（模拟用户线电路）与 SP 通信错误。查通道，断开试验，发现 DT（数字中继）板 2M 接错，恢复后故障排除。

经验总结：这是一个典型的 2M 错接故障，今后在遇到电话双方都能振铃但通不了话的故障，首先查通道是否存在问题。

（3）局间中继互连问题

故障现象：ZXJ10 与西门子 EWSD 交换机配合，语音中继在中断后无法自动恢复。但是此问题西门子交换机与其他交换机配合时无。

故障分析处理：

根据故障分析，问题在中继设备上。即交换机的中继器在进行复杂信息处理和传送过程中很可能发生问题，中继器的软关闭时有发生，产生假忙、假死等。检查发现，当互连中继传输出现中断再恢复后，西门子 EWSD 侧的语音中继无法正常恢复，中继状态为不同步，但是中兴交换机侧的语音中继正常，中继状态为空闲状态。处理这类故障的方法就是重启中继器，即进行中继器的局不再启动处理可排除故障。采取一般的解决方法：

在西门子 EWSD 侧把与中兴交换机连接的语音中继进行全部闭塞，对闭塞后的中继进行单个时隙解闭，恢复正常。

（4）用户电路特殊故障

故障现象：若干用户反映电话摘机无声。

故障分析处理如下。

① 检测：从告警图上看到 3 号模块的一机架第一框的第一和第二十七槽位 A 电源-5V 欠压告警，第一框用户板均正常，第二框 A 电源及用户板也正常，但第一框和第二框的用户均无法拨打电话，只有第六框用户能正常使用，该模块是 8K 远端交换模块。

② 分析：可能为用户电路特殊故障，一块用户板不好，可能会造成一个用户单元的全部用户都故障。造成该故障的原因有三种可能。

a. 第一框 A 电源板故障，影响该框用户，同时影响该框 SP 板，以致影响第二框用户。

b. 第一框某用户板或 SP 板故障，有短路现象，导致供电欠压，影响该两框用户。

c. 第一框背板有短路现象，导致该故障。

③ 故障处理。

a. 将第一框第一、第二十七槽位 A 电源板取出，把第二框二十七槽位 A 电源板分别插入第一框的第一、第二十七槽位，仍有-5V 欠压告警。

b. 将第一框的用户板从左至右依次一块一块地进行拔/插处理，当拔出第一框第 5 槽的用户板时，A 电源告警消失，一、二框电话均恢复正常；又将第一框第 5 槽的用户板插入机框时，A 电源板再次出现-5V 欠压告警，故判断为该用户板不好，验证故障根源。于是更换用户板插入后，设备运用恢复正常。

2．ZXJ10 典型控制设备、模块间通信故障分析处理

（1）控制设备 MP 故障

故障现象：MP 不能正常启动。

故障分析处理如下。

按如下的次序分析定位故障：

① 检查机架的电源和 MP 层电源是否已打开，MP 上的运行灯是否亮。

② 检查 MP 的节点设置是否与实际符合。

③ 在 MP 上挂显示器和键盘，打开电源开关，检查 TCP/IP 的设置，检查版本文件是否调用正确。

④ 重启 MP，观察屏幕信息。可能有以下几种情形。

a. 可以正常引导 DOS 系统和 MP 实时多任务操作系统，但版本无法运转。可能所运行版本的文件名不对或版本不对，解决办法：重新复制版本文件。

b. 可以引导 DOS，无法引导 MP 实时多任务操作系统。可能 MP 实时多任务操作系统正常运行所必需的文件没有或损坏，解决办法：重新安装 MP 实时多任务操作系统。

c. DOS 无法正常引导。可能 DOS 系统损坏，解决办法：重新安装 DOS，MP 实时多任务操作系统和 ZXJ10 系统。

d. MP 的数据中设置的模块号和 MPI 板上的模块号不一致。此种情况下，MP 会发出有节奏的"嘀嘀"声。解决办法：改变数据配置或者调整 MPI 板上的模块号跳线。

e. MP 无法正常启动。可能 MP 已经损坏，或者 MP 某些部件没有插好，如内存条，解决办法：更换 MP 或者检查配件情况。

（2）主备 MP 之间倒换问题

故障现象：MP 之间不能正常转换。

故障分析处理：

ZXJ10 交换机某个模块的主备 MP 之间不能实现正常倒换，或者主备 MP 之间数据不同步的问题，在日常维护中时有出现。

前者多数是由于主备 MP 中有一块有问题而无法实现正常倒换遇到这种情况，千万不能强行进行主备 MP 之间的倒换，如果强行倒换可能会导致该模块机短时间无法通信。解决办法是厂家支援对故障 MP 进行及时返修。

遇到主备 MP 之间数据不同步一般来说比较好处理，主备 MP 间数据不同步通常处理办法是将备用 MP 进行复位处理，复位成功后（大约 15 分钟左右）对模块传全部表，然后对主用 MP 进行主备切换。在成功后（原来的主用 MP 已经变成备用 MP）对现在的备用 MP 进行复位，如果成功后再传送一次全部表，这样基本能够解决主备 MP 间数据不同步的问题。

（3）模块间连接的 FBI 板有误码告警

故障现象：模块间连接的 FBI 板有误码告警。

故障分析处理如下。

按如下的次序分析定位故障：

① 倒换 FBI 板，如果状态恢复正常，则说明原来的 FBI 板有问题或光路有误码，需要更换。如果仍然有误码告警，进行下一步。

② 检查 FBI 板上的硬件跳线"平衡出/入"开关是否设置正确。

③ 检查 FBI 板所在槽位的硬件连线和插头（包括光缆等）是否有损坏和松动现象。

检查本模块上的主用 SYCK 板，是否处于跟踪状态。如果主用 SYCK 板处于快捕状态，而备用板处于跟踪状态，倒换 SYCK 板后，故障现象应可消失。

本例思考：FBI 板的正常工作，需良好的同步时钟，如模块的 SYCK 未进入跟踪，则其时钟输出可能处于不稳态，造成 FBI 板时钟不稳定，出现误码。如果用 FBI 板连接的两个模块时钟不同步也会出现同样的告警；如果出现主用 SYCK 不处于跟踪状态，请先处理时钟问题。

（4）局间杂音处理经验

故障现象：南河模块局普遍反映电话呼叫有杂音。

故障分析处理如下。

① 如模块内呼叫有杂音则故障点应在本模块。

② 如模块内正常，只有南河模块局出局呼叫有杂音，则故障有以下几种可能。

a. 局间直连中继板故障造成杂音。

b. 局间传输通道或设备有误码造成杂音。

③ 如其余模块局也存在该现象则故障点可能在 2 模块和 3 模块（因中心局 2 模块通过 CFBI 板与 3 模块 FBI 板相连）。

④ 经实验南河模块局内呼叫正常，南河及其余模块局出局呼叫均存在杂音，所以按故障分析第二条进行处理，分别更换 2 模块 CFBI 板和 3 模块 FBI 板，故障现象仍存在。

⑤ 更换 CFBI 板与 FBI 板间连接尾纤杂音消失，故障恢复。清洗原连接尾纤，接入后也没有杂音，故判断该故障是由于尾纤不清洁导致传输衰耗增大、质量下降，影响语音质量。

（5）局间信令问题

故障现象：ZXJ10 与对方机 S1240 采用 7 号信令对接，电话能打通，在出局信令跟踪时发现：S1240 方对 ZXJ10 时送 CFN（混淆）信号，7 号信令对接似乎出现不匹配现象（事实上双方均采用标准 7 号信令对接，不应出现此问题），对呼叫无明显影响，但是有轻微时延的现象。

故障分析处理：

在全局参数设置中，发现"需要传播最小时延"项被打勾，不选该项，链路上不再有 CFN 信号。两端的互通恢复正常。

经验总结：信令出局，在链路上传播是否需要时延（即到达 DPC 是否需要时延），若需要，将有一个极短的延时，这是时间的概念，涉及双方的信令能否正常发送和接受，ZXJ10 方发出有时延，但 S1240 方接受按原方式接收，即有可能出现该现象。

（6）ZXJ10 配置数据处理

故障现象：中心 2#维护模块与远端模块间通信中断，恢复后智能网业务不能正常使用。

故障分析处理：

① 发生中断故障时，中心机房的 DTI 板指示灯非正常工作告警灯常亮，129 服务器监测到模块局间通信中断告警，远端模块所有用户不能进行本模块以外的呼叫。

② 分析原因：一是 DTI 板损坏，二是物理连线有交叉、鸳鸯线，最后是数据配置有错。通信恢复后，远端模块用户能正常呼叫固定语音电话，但不能呼叫智能网（如 17990、96068）业务，原因可能出在 ASIG 板上。

③ 处理过程。

a. 考虑到发生故障时正在进行远端模块局邻接话吧的开通工作，因为缺少中继电路，将原远端模块局与中心 2#维护模块的数字中继电路调整一个 E1，运用到远端模块与话吧的中继。调整后即出现模块局间通信中断告警，远端模块所有用户不能进行本模块以外的呼叫。因此，对两端的 E1 进行自环及远端环回，但 DTI 板指示灯均能正常闪亮，排除 DTI 板有故障的可能。

b. 然后又检查物理连线是否有松动或交叉鸳鸯线，未发现异常。

c. 检查数据配置，发现问题出在这里。原运用的 4 个 E1，组网连接进行端口设置时，第 2、第 3 个 E1 是有内部消息通路的，但开局时未按常规方法进行时隙配置（即不是一个 E1 配置 4 个时隙用做消息通道，而是两个 E1 配置 4 个时隙用做消息通道），形成两个 E1 共同提供信令消息通道，因此无论调整哪个 E1 用做他用，都会中断通信。

d. 重新按常规制作数据，并手工复位 MP 和 DTI 板，重传全部表，仍不能恢复通信，最后将远端模块的 MP 板带回，进行重新烧制，模块间通信恢复正常。这时，发现该模块的用户不能呼叫智能网业务。检查模拟信令板，很快就查到原因，因为该模块只有两个 ASIG 板，已分别将子单元配置为 CID、64M 音板、会议电路、双音多频，而在开通话吧（一号信令）时，将 ASIG 板子单元的"会议电路"修改成"MFC"，造成智能网业务没有支持电路，结果出现了不能呼叫的故障。增加一个 ASIG 板，并将其 DSP2 配置成会议电路，故障解除。

经验：调整电路时，一定认真仔细核对数据与物理连线的对应关系，不能调整有信令消息的电路；对模拟信令板的数据修改要慎重。

（7）ZXJ10 监测电缆

故障现象：用户每隔 10 分钟就会掉线一次。

故障分析处理：

某公司燕岗交换局（2#模块）下挂了一个普通远端用户单元，因为前期用户数量比较少，该用户单元就只装配了 960 线，后因为用户数量增加，就自己扩了 960 线，安装扩好了后，发现该新扩的部分的用户每隔 10 分钟就会掉线一次，通过观察，发现是该用户板每隔 10 分钟就掉电，同时 SP 板主备用转换，怀疑是电源板不好，就将两块电源板都换掉，但故障依旧，就恢复电源板，然后将 SP、SPI 板换掉，故障还是存在，将 SP、SPI 板恢复，将用户板拔出，留一块用户板在线，故障还是存在。此时怀疑该用户背板不好，但认为可能性较低，怀疑是背板上的某些电缆线没插好所致，认真检查后发现所有在板的电缆均是连接好了的，此时发现少连接了一根开始认为不重要的 RB 电缆，找了一根 RB 电缆将其连接好后，故障消失。原因分析：该 RB 电缆是 SP 连接到 PEPD 板的监测电缆。因为扩容的时候没有找到该电缆，并且认为该电缆只是起监测作用，可有可无，就没有连接，现在看来，可能因为 MP 检测不到 SP，就对 SP、SPI 定时倒换，从而导致该单元用户板掉电重启；由此看来，交换机的监测电缆也很重要，一定不能减少。

2.6.2　C&C08 程控交换机设备与维修

1. C&C08 程控交换机设备

C&C08 系统由一个中心模块和多个交换模块（SM）组成，中心模块由管理通信模块（AM/CM）、业务处理模块（SPM）和共享资源模块（SRM）组成，如图 2.35 所示。其中 BAM 是属于 AM/CM 中的一个模块。

① 中心模块由管理通信模块（AM/CM）、业务处理模块（SPM）和共享资源模块（SRM）组成，其中管理通信模块（AM/CM）由中央处理模块（CPM）、中央交换网（CNET）、通信控制模块（CCM）、同步定时系统（STM）、业务线路接口模块（LIM）、后管理模块（BAM）和综合告警箱七大部分组成。

② 交换模块（SM）是 C&C08 的核心，提供分散数据库管理、呼叫处理、维护操作等

各种功能。SM 是具有独立交换功能的模块，可实现模块内用户呼叫接续及交换的全部功能，可以单模块成局，此时不需要 AM/CM，但要接 BAM。SM 还可挂接在 AM/CM 下，组成多模块局，由 AM/CM 中的中心交换网配合完成 SM 间的交换功能，AM/CM 最多可以下挂 128 个负荷分担的 SM 模块。SM 提供各种接口（用户线接口、中继线接口），负责同模块内来自各种接口的呼叫接续。

SM 按照接口单元的不同可分为用户交换模块（USM）、中继交换模块（TSM）和用户中继交换模块（UTM）。USM 只提供用户线接口；TSM 只提供中继线接口；UTM 既提供用户线接口，又提供中继线接口。UTM 和 TSM 可单模块独立成局。

SM 按照与 AM/CM 距离的不同，SM 又可分为近端（局端）交换模块和远端交换模块。

AM/CM 和 SM 之间的接口包括 40Mb/s 光纤、SDH 接口、E1 接口三种。近端 SM 与 AM/CM 间通常采用两对主备用或负荷分担的 40Mb/s 光纤连接；RSM 与 AM/CM 可采用两对主备用或负荷分担的 40Mb/s 光纤、SDH 光传输网或多条 E1 连接。

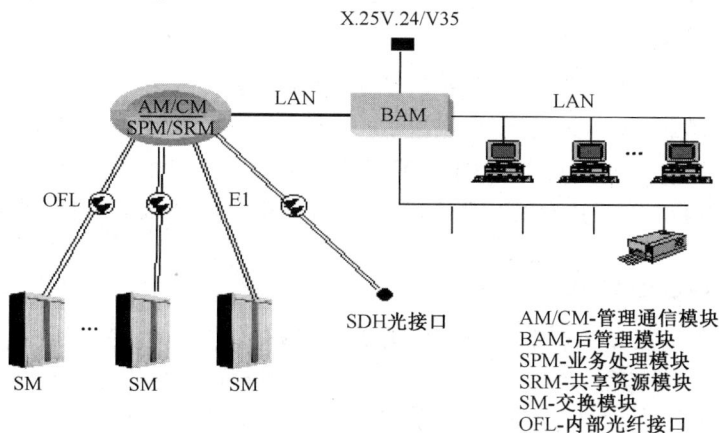

图 2.35　C&C08 程控交换机结构框图

2．C&C08 程控交换机设备告警管理

（1）告警管理

告警按类别分有三类：故障告警、恢复告警和事件告警。故障告警是指由于硬件设备故障或某些重要功能异常而产生的告警。恢复告警是指故障设备或异常功能恢复正常时产生的告警。事件告警是指提示性的或故障与恢复不能一一对应的告警。

告警级别用于标识一条告警的严重程度和重要性、紧迫性，分为四个级别：紧急告警、重要告警、次要告警和警告告警。

可以从三个地方观察告警信息：一是机架行列告警灯，二是告警箱，三是维护终端的告警台。告警台中的告警信息比告警箱中的告警信息更加细致精确，并且有修复建议。

（2）典型告警处理

一般情况下告警处理要经过：信息收集→故障判断→故障定位→排除故障几个阶段，信息收集是利用告警灯、告警箱或告警台得到各种告警信息，可以在告警台中选中某个告警，双击鼠标左键，则弹出告警的具体信息，根据告警信息中的修复建议，可以对告警进行处理。

① 硬件故障，如果出现各类单板故障的告警，在维护台 C&C08 维护工具导航树配置中打开硬件配置状态面板图观察相关故障单板的状态是否正常，使用命令 DSP BRD 查询单板

的在线运行情况，若确定单板处于故障状态可采取软件复位、硬件复位或直接更换单板的方法进行处理。

② 传输故障，告警台出现 E1 故障一般是因传输引起，观察相关 E16 STU DTM 等单板的面板指示灯，判断 PCM 系统是否存在帧失步、滑码、CRC 校验出错等告警，在维护台输入 E1 通道查询命令 DSP E1CH，输入相应的框号和槽号，并输入其他相关参数，按 F9 键运行该查询命令，根据系统的返回结果判断 PCM 系统是否存在帧失步、滑码、CRC 校验出错等告警。

3. C&C08 程控交换机设备常见故障分析处理

（1）中继电路物理连接故障

故障现象：同一局向的 4 个 E1 中（在同一 E16 板上）有一个 E1 的状态为硬件闭塞，对端使用 DSP E1CH 查看该系统为对端帧失步。

故障分析处理：

① 本局软件自环正常。

② 在 DDF 架上硬件自环给本局和对端局仍为异常。

③ 在交换机侧用该 E16 板上的正常的 E1 更换故障的 E1，系统正常。

④ 在 DDF 架上测量交换机到 DDF 架段落的电阻，故障 E1 线路的阻值比正常的偏大。

⑤ 检查发现 DDF 架上该 E1 的射频座焊接不好，导致接触不良。重新焊接后系统恢复正常。

（2）信令链路问题

故障现象：关口局至端局的信令链路通过 LSTP1（低级别信令转接点 1）、LSTP2（低级别信令转接点 2）的链路分担，测试发现关口局至 LSTP1 的两条链路消息严重不均，做话务统计，链路 1 每小时发消息 6 万多个，链路 2 每小时发消息 120 个，信令跟踪链路 2 上几乎全是收消息，无发消息。

故障分析处理如下。

① 检查关口局至 LSTP1 的链路选择码为 0010，即 SLS 在两条链路上的分布为：

链路1 0 1 4 5 8 9 C D

链路2 2 3 6 7 A B E F

② 再分析关口局至 LSTP1 的 CIC，其 SLS 都集中在 0 1 4 5 8 9 C D 而无 2 3 6 7 A B E F（此部分 SLS 的话路消息走 LSTP2），所以导致了发消息全部集中在链路 1 而链路 2 上无消息。判断故障根源为：链路选择码设置不合理，导致链路消息分配严重不均。

③ 将链路选择码改为 0100 问题解决，即 SLS 在两条链路上的分布为：

链路1 0 1 2 3 8 9 A B

链路2 4 5 6 7 C D E F

经运行验证，故障排除，运行恢复正常。

（3）中继电路板拨码开关错误导致杂音和断话

故障现象：拿起电话机听拨号音时有杂音。拨打某交换机侧的电话，出现断话的情况。换了新的 DRV 板，故障依旧。

故障分析处理：检查中继板发现 DTM 上 75Ω/120Ω 匹配开关拨错，120Ω 未拨 OFF，导致中继线路上出现问题。经验说明，对个别用户杂音现象，在对用户框检查后，检查是不是固定占用某些 HW 或中继设备时出杂音，这时中继系统一定要进行检查，包含中继电缆、中继电路板、中继 HW 配线。

4．32 模交换机设备典型故障

故障现象：32 模交换机在维护台上对所有模块版本号进行查询，版本号均不上报的故障。故障分析处理如下。

（1）了解 32 模的 AM/CM 特点

① AM/CM 话路交换网：AM/CM 中心交换网的核心是中心交换网板（CTN），它采用时间交叉分片的流水线作业方式来实现大容量的快速交换。CTN 本身为 16k×16k 大容量单 T 交换网，在 32.768Mb/s 的母线 HW（High Way）上进行交换，共有 32 条 HW，每条 HW 有 512 个时隙（TS），以完成模块间话路分配。

② AM/CM 接口：通过 AM/CM 组网可采取以下几种方式，常规的 FBI-OPT 方式连接 SM；通过 TSM 或 UTM 采用 RSMII 的方式连接；通过在 AM 原 FBC 槽位插上 E16 单板或 STU 单板，用 2Mb/s E1 接口，或以 SDH 155Mb/s STM－1 光接口经过 SDH 传输网，实现 SMII 方式接入。

（2）故障处理过程

排除前后台失联和 WS 与 BAM 失联的情况，若所有模块包括 AM 模块的版本号不能上报，表示 AM/CM 可能已经死机。

时钟故障和 CTN 板故障会导致 BAM 与 AM 通讯中断。因为 AM 各单板的工作时钟是由 CTN 网板提供的，并且 AM 至 BAM 的加载也必需有时钟信号，所以在故障处理时应先解决时钟问题和网板问题。

AM 特别忙时，如在取话单或对硬盘进行读写时，也有可能暂时查不到版本号。

以下任何一点异常，均可能导致 AM 瘫痪，我们可以依据单板指示灯的状态来进一步确认，主要有：

① AM 模块的主控 MCC 板指示灯是否正常，RUN 灯是否 1 秒闪烁，LKS 灯较亮，MBS 灯微亮。

② 主用时钟板（CK2、CK3、SLT）RUN 灯是否慢闪，±12V 电源灯是否常亮，LOF 灯是否熄灭，CK2 板 OSC1、OSC2 灯是否常亮，SLT 板 NOD 灯是否常亮，CK20、CK21、CK30、CK31 灯中，对应主用 CK2 或 CK3 板的指示灯是否常亮。

③ 主备用 SNT 板 RUN 灯是否以 1 秒的频率闪烁，时钟指示灯 EXT0、EXT1 是否正常，ERR 故障告警灯是否熄灭。

④ 中心交换网板 CTN 板的指示灯是否 1 秒闪烁，CTN 的 ENA 灯是否熄灭，CK0、CK1 是否正常。

若时钟板显示正常，而其他板有时钟告警信息，可检查母板上的时钟连线是否正常。然后按照时钟板、主控 MCC 板、SNT 板、CTN 板的顺序依次进行主备倒换或复位操作。在无备用板的情况下，可尝试拨插的办法对上述单板进行复位；在有双机备份的情况下，可能会发生备板故障影响主用的情况，可将备板拔出以排除其对主板的影响；可能会发生单板故障未能指示出来的情况，可拔出主用板强制其切换至备板工作。

在以上操作未能奏效时，可尝试复位或加载 AM 模块主控 MCC、SNT 和 CTN 的办法。对主机的操作应以由轻到重的原则进行：

① 主备倒换。
② 关电复位。
加载程序与数据。

5．128 模 AM/AM 部分单板 CDP 等升级不加载

故障现象：升级前已确保各单板程序不可用数据不可用，M5004 升级到 M5008 后发现部分单板工作不正常，后台查询其版本不对。

故障分析处理：

① 顺序给各个机框加电，逐框加载，在 BAM 上用"EXCHANG"跟踪观察，如有不加载的单板，用硬件复位加载正常。

② 升级前确保各单板程序不可用数据不可用，但 AMP、CDP、QSI 等 CPC 单板有一个定时器，作用是当单板加载超时后利用 Flash 中的程序和数据正常开工，即使是硬件拨码开关设置程序不可用数据不可用。部分单板加载较慢，如 CDP 须等 AMP 加载后才加载；而且 Flash 中已有程序和数据可使单板正常开工。所以发生升级时某些单板不再加载，工作不正常。

6．128 模升级时，全局出现单通话现象

故障现象：某局由 03IPACK2 升级为 128 模 103R3008 版本，各模块加载完成后，拨测时发现，全局用户出局均有单通现象，故障不容易重现，局内通话也有单通现象，在预升级时则没有出现上述故障。

故障分析处理：

① 根据现象判断是管理模块的问题，怀疑是接口框和网框间的光路有问题，但未发现相关告警，内部光纤连接正确。

② 预升级时正常，在升级前调整过中继寻线功能在 CDP 板组的分布，调回原来设置，现象依旧。

③ 对 0 模块做 CRC 检验，各表均正常。用 DSPBVER 命令查看各单板版本，均正确。

④ 出局电路分布在 1、2、3、9、14 等 5 个模块，1、3、14 模块在 5 接口框，2、9 模块在 4 接口框，仔细进行接续跟踪，发现从 1、3 模块出局时有时单通。

⑤ 倒换 5 号接口框的 QSI（C841QSI1REV.C）板后，通话正常。

⑥ 用另一块 QSI（C841QSI1 REV.B）板替换出现问题的 QSI 板，倒换后现象消失，通话正常，又换回原来的 QSI 板做主用，依然单通。

⑦ 联系设备原理，分析问题。

5 号接口框 10 槽位的 QSI 板存在问题，做主用时引起本框模块单通，而预升级时刚好 12 槽位的 QSI 板做主用，问题没有暴露出来。

QSI（高速信号接口板）为话路、链路的合路/分路板，两块 QSI 板承担主备用工作，必须配置。每块 QSI 板配置两对 393Mb/s 光纤连接到 CNET 框的 SNU 板，1 对主备 QSI 板连接 4 对 393Mb/s 光纤到 1 对主备 SNU 板。QSI 在 LIM 框混插时的机框配置如图 2.36 所示。

QSI 板是接口框的核心板，是接口框同中心模块其他设备相连的枢纽。在发送方向，它将从本框中各种业务接口板接收下来的数据进行码速变换，汇接到两对 393Mb/s 的高速光纤，传送给中心交换网 CNET；同时将信令数据进行收敛，传送到通信控制模块 CCM。在接收方向，将中心交换网送来的高速信号进行码速变换，送给本框各业务接口板；同时也将通信控制模块送来的信令数据进行分发，送给本框各业务接口板。此外，QSI 板负责将本框所有板

的状态信息上报给后台，并接收本框的数据配置。

PWS	OBC0主	OBC0备	E160	E161	STU0#		QSI主	QSI备	OBC1主	OBC1备	E162	E163	STU1#		PWS

图 2.36　QSI 板在 LIM 框的机框配置

7. C&C08 程控交换机接入故障综合案例

故障现象：某甲地接入网号 74125～74130 摘机无信号。该号段原属乙地，后因需要从乙地调至甲地。调号后因故障而不能使用。除该号段外，甲地其余号段都正常。

该接入网自端局到用户驻地的物理连接如图 2.37 所示。

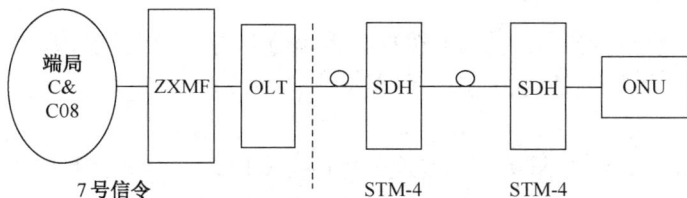

图 2.37　自局端交换机到用户驻地接入系统图

① 该系统包含以 C&C08 和 MF（多功能信令架）为核心的交换网设备，以 OLT（光线路终端）、SDH 和 ONU（光网络单元）为主的光传输设备。

再分析业务接入的两部分原理：在局端，C&C08 和 MF 组成的交换业务，先将用户号码通过虚模板放出，然后再由 OLT 进行实际分配。在光传输方向，OLT 分配信息经 SDH 光网络传送，将号放至 ONU 的 ALC 板上。因此故障的排查思路可以针对这两个方面进行。

② 首先检查传输，因为通过同一传输通道下去的本地区其他号段都正常，排除了传输的问题。然后检查接入和交换部分，把 74125 转移至 75286 上，用另外一个电话拨 74125，75286 响铃。这说明在 MF 侧，与 74125 相关的部分是好的（换 74125～74130 中任一号试验都是如此），因此问题出在接入网上。

③ 在 ONU 端，2M 信号流经传输下至 ONU 用户单元，先经传输处理板 TPU 解复用后送至 ALC，先后更换 TPU 板和 ALC 板分别试验，故障依然存在。验证 ONU 用户单元正常。

④ 分析问题出在 OLT 端或其上连设备。

⑤ 进入 OLT 网管，重新装载用户数据，故障还是存在，并且总显示"将用户号码转换成逻辑地址出错"。

⑥ 最后通过重装局数据，系统全盘再启动处理后，故障终于排除，系统恢复正常运行。

8. C&C08 程控交换机设备典型故障综合案例

某固话运营商采用 C&C08 设备组网。

早期安装的为 AM32 型号，新近安装的 AM128 型号，其中 AM32 作为本地汇接和长途中继，在所处的网络中有重要的位置。AM128 作为重要关口局，与长途局和其他运营商之间的关口，维护起来难度很大。

【案例 1】

郑州局智能网开局时作为本地网 201 使用，后来随着业务的扩大，升级为全省的智能网 96201，在本地网改省网的过程中，首先是对各个局向如开封，洛阳、长治、许昌、南阳等地开长途中继，网络架构如图 2.38 所示。

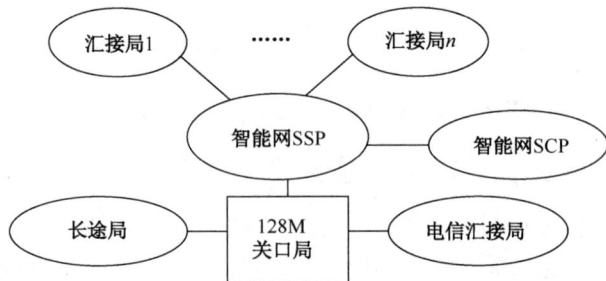

图 2.38　C&C08 固话组网结构框图

故障现象：当开封铁通通过 96201 拨打其他地方都好，但是拨打开封本地电信时，无法接通，拨后总提示"无法到达对方"。

故障分析处理：

在对开封的链路上跟踪 7 号信令，发现开封拨打本地时，送来的主叫号码前加区号 0378，当 SSP 将路由指回开封时，开封铁通汇接局将被叫开封电信号码指向电信，电信回 CLF 拆线。

后经开封铁通与开封电信联系，告知，智能侧下发给开封电信的主叫号码为开封本地时，不允许带区号，否则不给接通。于是在 SSP 侧通过做中继承载，将开封叫开封本地时，主叫号码做删区号处理，故障解决。

【案例 2】

故障现象：

分局程控反映 835****用户，拨打移动用户，手机上来显为 0835****，没有区号 371，拨打联通手机来显正常为 0371835****。

分局程控室维护人员反映说，一个星期前是正常的，而且最近没有改动过局数据。

故障分析处理：

根据故障现象，为便于分析，将相关业务节点的连接画出框图，如图 2.39 所示。

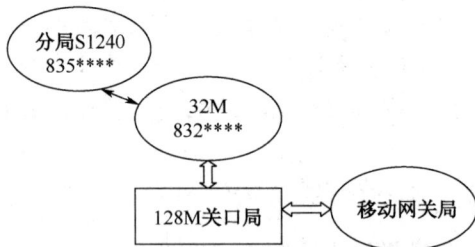

图 2.39　本地网程控交换机组网结构框图

① 用本局用户拨打移动、联通手机，来显均正常为 0371835****，因为分局拨打手机是从局汇接的，怀疑是分局送来的信令问题。

② 跟踪 128M 关口局对移动网关局的 7 号信令链路，让分局程控 835****字冠拨测，我

局用 832****字冠进行拨测，然后比较两种发给移动的 IAI，发现分局送出的为 835****，主叫地址性质指示码为国内（有效）号码，而我局 832****送出的主叫地址性质指示码为市话用户号码。

③ 为确认该号码为分局送出，跟踪到分局的信令，发现国内（有效）号码的确是分局 S1240 送来的，通知分局程控送来的主叫地址性质指示码有误，分局修改数据后正常，那么为什么分局程控拨叫联通来显正常，且分局说两种字冠制作的方法是一样的，而且叫移动的来显以前都正常，只是从一周前发现不对的。与联通联系，得知联通是根据主叫号码的位长来判断是否加区号的，不判断主叫地址性质是否正常。所以虽然分局送联通的主叫号码地址性质不对，但来显仍正常。

④ 与移动联系，得知移动一周前做过设备升级，以前对主叫的处理也是根据位长，而现在是根据主叫地址性质指示码来判断是否加区号的。当为国内（有效）号码时，认为已经加过区号，因此只补了一个 0，变为 0835****，而 AM32 汇接局 832****字冠送的主叫地址性质指示码为市话用户号码，所以补 0371，来显正常。

至此问题彻底查清。事后分析处理整件事的处理过程，认为当出现某局向个别字冠无法拨通或来显不正常时，如果另外一些局向拨打此字冠正常，可以通过跟踪信令来比较两个局所发出的主被叫以及性质指示是否正常来解决问题。

习题 2

1. 为什么要引入交换？主要有哪些交换方式？各有哪些主要特点？
2. 简述电话交换机发展的过程。
3. 简述交换技术演变的趋势。
4. 简述数字交换的基本原理，试分析同步时分复用与统计复用的特点。
5. 画出程控交换机的硬件基本组成框图。
6. 简述程控交换机的运行软件组成。
7. 什么是话务量、呼损？为什么话务量、呼损的统计与设备的维护有关系？
8. 试为程控用户交换机做工程设计：

工程选用 ALCATE 用户交换机，该机型用户电路板 16 线/块，数字中继电路板 30 线/块。要求系统公共部分按照常规配置，用户容量为 600 线，以数字中继方式入网。并要求交流停电后保持运行 8 小时（该机型功率为 0.48W，直流供电电压为 48V）。

① 设计用户电路板、中继电路板配置数量。
② 设计整流电源的功率。
③ 设计蓄电池的配置容量。
④ 画出机房内程控交换机以及主要外围设备的系统组成框图。

9. 简述程控交换机维修的主要特点和维修思路。
10. 根据理解，画出程控交换机设备硬件、软件故障的维修流程图。
11. 简述处理设备硬件故障的特点，通常采用什么方法在机框架中迅速判断故障点？
12. 简述软件故障的主要原因，通常采用什么有效方法处理软件故障？怎样进行处理？

第 3 章

三网融合设备与维修

➤ 了解下一代网络（NGN）、软交换、IMS 概念的含义及应用情况。

➤ 了解软交换相关设备及各设备所能实现的功能。

➤ 熟悉 NGN 网络中主要协议的应用。

➤ 掌握 IP PBX 组成结构和在办公通信中的运用特点。

➤ 了解 NGN 软交换设备和 IP PBX 常见问题分析处理技术。

➤ 介绍下一代网络的定义、引用的意义及网络特征。

➤ 介绍软交换概念的含义及应用情况。

➤ 介绍下一代网络的业务分类、主要协议的应用。

➤ 介绍软交换相关设备及各设备所能实现的功能。

➤ 介绍 IP PBX 设备以及实际应用。

➤ 介绍 NGN 软交换设备和 IP PBX 设备的工程案例。

➤ 介绍 NGN 软交换设备和 IP PBX 设备的常见故障分析处理技能。

3.1 NGN 和软交换的发展

3.1.1 NGN 和体系结构

1. NGN 网络定义

社会的信息化发展，传统网络面临的负荷在不断增大，人们对通信的需求不仅局限于传统的语音业务，需要更强大的多样性业务平台，能融合语音、数据、视频、多媒体业务。在这一发展背景下，基于软交换技术的下一代网络（Next Generation Network，NGN）技术应运而生。

ITU—T 最新定义，NGN 是基于分组的网络，能够提供电信业务，利用多种宽带能力和 QoS 保证的传送技术，其业务相关功能与其传送技术相独立。

NGN 是一种综合、开放的网络构架，可以在统一的分组网络上融合通信、信息、电子商务和交易等业务，满足多样化、个性化业务需求，在继承的基础上实现与各种业务网络（PSTN/ISDN、PLMN、IN、Internet）之间的互通，在全网内快速提供新的语音、数据、图像融合业务。

从广义上讲 NGN 是指下一代融合网，泛指大量采用新技术，以 IP 为中心，同时支持语音、数据和视频、多媒体业务的融合网络。狭义 NGN 指以软交换为控制层，兼容语音网、数据网、视频网三网的开放体系架构。NGN 示意图如图 3.1 所示。

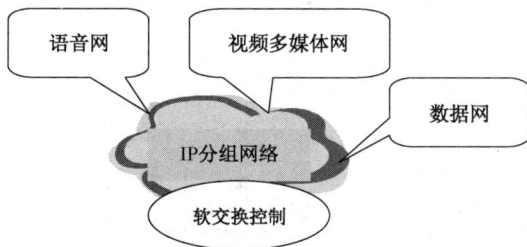

图 3.1　NGN 示意图

从狭义上讲，NGN 指以软交换为控制层，兼容语音网、数据网、视频网的开放体系架构。软交换是指软交换机，它为 NGN 提供实时业务的呼叫控制和连接控制功能，是 NGN 呼叫和控制的核心。本书所讲的内容主要是针对狭义 NGN 而言的。

从业务上看，NGN 是指下一代业务网，支持语音、视频和多媒体业务。对电信网而言，指软交换体系。对数据网而言，指下一代 Internet 和 IPv6。对移动网而言，指 IP 3G 和后 3G。

从技术特征看，希望 NGN 具有传统电话的普遍性和可靠性；具有 Internet 的灵活性，具有以太网的运作简单性，具有 ATM 的低延时，具有光网络的带宽，具有蜂窝网的移动性，具有有线电视网的丰富内容。

2．NGN 的网络特征

用户需求、运营商网络需求及技术进步促成了三网融合的大趋势，驱动了以分组网为核心，统一承载语音、数据、视频业务的网络迅速成熟。NGN 不是现有哪一种网络的简单发展和延伸，而是三网融合的产物。它不仅具有今天各种网络的功能，还将具有网络融合后产生的新功能。

从整体上看，NGN 网络具有以下特征。

① 是一个多业务融合的网络。语音、数据、视频等业务共享同一个网络资源，节省建网成本。

② 是一个基于开放式架构的网络。不同厂家的设备能互通，不同运营商的设备能互通。

③ 是一个能够灵活提供业务的网络。提供新业务只需要更改应用层组件，不需要升级其他设备。

④ 是可运营、可维护的电信级网络。能提供集中操作维护，多设备统一管理，提高客户响应时间，节省运营投入。

⑤ 在网络的体系结构方面，NGN 将从分组网演化而成。

NGN 是一个具有丰富内涵的术语，涵盖了目前网络发展的多个领域：以 ASON 为主的下一代光网络、以 IPv6 和 MPLS 为主的下一代 Internet、以软交换和 IMS 为主的下一代交换控制网和以 3G 和 B3G 为主的下一代移动网。

3．NGN 网络的一般结构

下一代网络在功能上可分为接入层、传输层、控制层和业务/应用层四层构架，NGN 网

083

络的一般结构如图 3.2 所示。

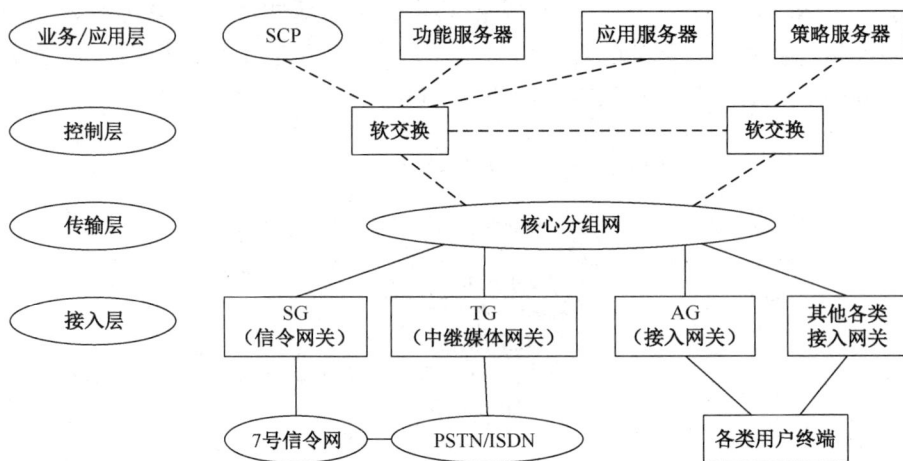

图 3.2　NGN 网络的一般结构

（1）接入层

其负责将各种不同的外部网络和终端设备接入软交换体系结构，将各种业务量集中后，利用公共的分组传送平台进行传送。接入层的主要作用是利用各种接入设备实现不同用户的接入，并实现不同信息格式之间的转换。

接入层的设备包括信令网关和媒体网关（MG 或 MGW）。媒体网关可分为中继网关（TGW）和接入网关（AGW）。

① 信令网关（SG）。

7 号信令网关的功能是完成 7 号信令消息与 IP 网中信令消息的互通，信令网关通过其适配功能完成 7 号信令网络层与 IP 网中信令传输协议 SIGTRAN 的互通，从而透明传送 7 号信令高层消息（TUP/ISUP 或 SCCP/TCAP）并提供给软交换（呼叫代理）。

SG 只进行 PSTN/ISDN 信令的底层转换，即将 7 号信令系统的应用部分的传送由从 7 号信令系统的消息传递部分 MTP 承载转换成由 IP 传送方式，并不改变其应用层消息。

② 媒体网关（MG 或 MGW）：Media Gatewny，简称 MG 或 MGW，实际上是一个广义概念，类别上可分为中继网关和接入网关。

a. 中继网关 TGW 负责桥接 PSTN 和 IP 网络，完成语音 TDM 格式和 RTP 数据包的相互转换，并经 MGCP 和 H.248 受软交换（呼叫代理）的控制，完成连接建立。

在 PSTN 侧，语音是经由中继线由交换机接入的，因此 TGW 必须能支持多种类型的中继线，例如 7 号信令中继、MFC 中继、模拟中继线等。还需要能提供中继接入所需的各种音信号，如 7 号信令的导通检验音、MFC 中继的多频信号音等，能检测和解释这些信号音并向呼叫代理报告。需要时，还可装备录音通知或交互式语音应答设备，在呼叫代理的控制下完成与 PSTN 用户的交互。

在 IP 侧，中继网关 TGW 将语音信息封装为 RTP 数据包。

b. 接入网关与住宅 IP 电话相连，负责采集 IP 电话用户的事件信息（如摘机、挂机等），且将这些事件经 IP 网传给软交换（呼叫代理），并根据软交换（呼叫代理）的命令，完成媒体消息的转换和桥接，将用户的语音信息变换为相关的编码，封装为 IP 数据包，以完成端到端 IP 语音数据传送。

接入网关的电路侧提供了比中继网关更为丰富的接口。这些接口包括直接连接模拟电话用户的 POTS 接口，连接传统接入模块、连接 PBX 小交换机的 PRI 接口等，从而实现铜线方式的综合接入功能。

c. SIP 终端：基于 SIP 的终端。可包括 SIP 硬终端和 SIP 软终端，后者是基于 SIP 的多媒体软件，运行在计算机平台上。

d. IAD 终端：是 Integrated Access Device 的简称。与接入网关相比，综合接入设备是一个小型的接入层设备。它向用户同时提供模拟端口和数据端口，实现用户的综合接入（实现语音和数据业务）。

（2）传输层

其主要完成数据流（媒体流和信令流）的传送，一般为 IP 或 ATM 网络。传送层又称核心交换层或承载连接层，对各种不同的业务和媒体（语音、数据、视频等）提供公共的宽带传送通道，采用分组交换技术对媒体进行交换和路由。

（3）控制层

控制层是下一代网络的核心控制设备，称为软交换（Soft Switch，SS）。该层设备一般被称为软交换（又称呼叫代理）或媒体网关控制器（MGC）。

软交换是基于分组网利用程控软件提供呼叫控制功能和媒体处理相分离的设备和系统。因此，软交换的基本含义就是呼叫控制功能从媒体网关（传输层）中分离出来，通过软件实现基本呼叫控制功能，从而实现呼叫连接与呼叫控制的分离，为控制、交换和软件可编程功能建立分离的平面。

软交换是多种逻辑功能实体的集合，它提供综合业务的呼叫控制、连接和部分业务功能，是 NGN 语音/数据/多媒体业务呼叫、控制、业务提供的核心设备。

软交换的主要功能如下：

呼叫控制功能、业务提供功能、业务交换功能、协议转换功能、互连互通功能、资源管理功能、计费功能、认证与授权功能、地址解析功能、语音处理控制功能。

（4）业务/应用层

在呼叫控制的基础上向最终用户提供各种增值业务，包括业务提供、业务生成、业务管理和维护、认证、计费等功能，利用低层的各种网络资源为用户提供丰富多彩的网络业务。

在下一代网络中，业务与控制分离，业务部分单独组成应用层。应用层的作用就是利用各种设备为整个下一代网络体系提供业务能力上的支持，主要设备包括如下内容。

① 应用服务器：又称 Application Server，主要作用是向业务开发者提供开放的应用程序开发接口 API。

② 用户数据库：存储网络配置和用户数据。

③ SCP：原有智能网的业务控制点。控制层的软交换设备可利用原有智能网平台为用户提供智能业务。此时软交换设备须具备 SSP 功能。

4. NGN 的主要业务

NGN 不仅提供现有的电话业务和智能网业务外，还可以提供与互联网应用结合的业务、多媒体业务等。另外，通过提供开放的接口，引入业务网络的概念，也就是说，将来业务开发商和网络提供商可以按照一个标准的协议或接口分别进行开发，快速提供各种各样的业务，使得新业务的开发和引入能够迅速实现。NGN 提供的业务主要如下。

① PSTN 的语音业务：基本的 PSTN/ISDN 语音业务、标准补充业务、CENTREX 业务和智能业务。

② 与 Internet 相结合的业务：Click to dail、Web 800、Instant Messaging、同步浏览、个人通信管理。

③ 多媒体业务：桌面视频呼叫/会议、协同应用、流媒体服务。

④ 开放的业务接口（API）：NGN 不仅能够提供上述业务，更重要的是能够提供新业务开发和接入的标准接口。这些接口包括 JAIN、PARLAY、SIP。

5. NGN 支持的协议

NGN 功能实体之间需要采用标准的通信协议，主要涉及如下协议。

① 呼叫控制协议：SIP、SIP-T 和 BICC。

SIP（Session Initiation Protocol）由 IETF 制定，用来建立、修改和终结多媒体会话的应用层协议，有较好的扩展能力。SIP-T（SIP for Telephones）将传统电话网信令转化为 SIP 消息，提供了用 SIP 实现传统 PSTN 网与 SIP 网络的互连机制。在 NGN 中，SIP 终端同软交换之间、软交换同应用服务器之间运行 SIP 协议；同时 SIP-T 已被软交换接受为通用的接口标准，以实现软交换之间的互连。

SIP 是在 SMTP 和 HTTP 基础之上建立起来的，用于生成、修改和终结一个或多个参与者之间的会话。这些会话包括 Internet 多媒体会议、Internet 电话呼叫等。为了提供电话业务，SIP 还需要不同标准和协议的配合，并实现与当前电话网络信令互连。

SIP 与基于 H.323 协议的 VoIP 电话系统相同，底层协议可以采用 UDP，也可以采用 TCP，SIP 采用 PCM 编码或各种压缩编码的语音信号经 RTP 封装后在 IP 网络上传送一个 SIP 会话。基于 SIP 的 VoIP 电话系统的协议栈结构，如图 3.3 所示。

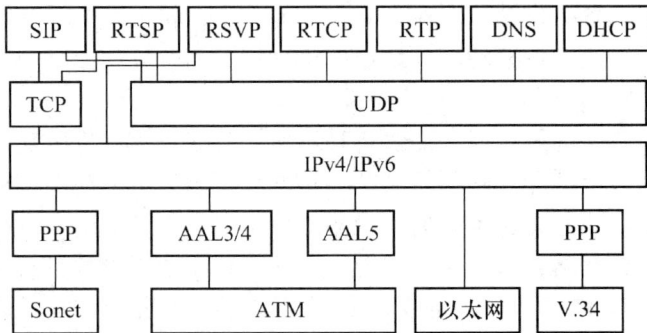

图 3.3　SIP 协议栈结构

BICC 协议由 ITU—T 制定，源于 N-ISUP 信令。

为了实现与现有网络的互通，软交换设备还须支持传统电话网和早期 VoIP 网络使用的 ISUP、H.323 等呼叫控制协议。

② 媒体网关控制协议：MGCP 和 Megaco/H.248 协议。

MGCP（媒体网关控制协议）是 IETF 的一个草案，是目前使用最多的媒体网关控制协议。

Megaco/H.248 协议由 IETF 和 ITU—T 联合开发，它是在 MGCP 的基础上发展而成的，它提供了控制媒体建立、连接、释放的命令与保证这些信令执行的机制。

MGCP 侧重的是简单性和可靠性，MGCP 本身只限于处理媒体流控制，将呼叫处理等智能工作卸载到软交换上,使媒体网关成为一个很简单的设备,简化了本地接入设备的设计,只负担必要的接入硬件和 MGCP 用户侧功能的成本,网关和互操作成本转移到了网络上。

图 3.4 所示是 MGCP 的实施示意图。MGCP 通过软交换实现对多业务 IP 网边缘上的数据通信设备(如 VoIP 网关、VoA 网关、Cable Modem、机顶盒等)的外部控制和管理。

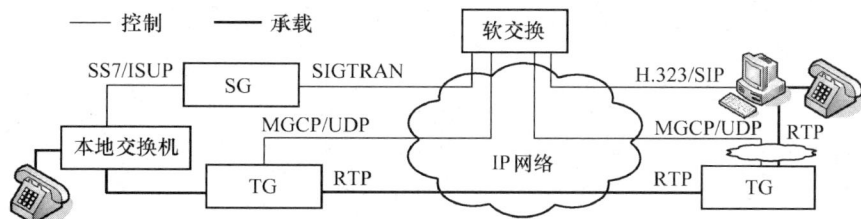

图 3.4　MGCP 的实施示意图

③ 基于 IP 的媒体传送协议:NGN 使用 RTP/RTCP 作为媒体传送协议。

④ 业务层协议:可使用的业务层协议和 API 包括 SIP、PARLAY、JAIN。

⑤ 基于 IP 的 PSTN 信令传送协议:基于 IP 的 PSTN 信令传送协议主要有 IUA、M3UA、M2PA,这些信令协议均基于 SCTP/IP 进行传递。

⑥ 其他类型协议:网络管理协议(SNMP)、资源配置管理协议(COPS)、认证计费鉴权协议(RADIUS)、网络时间同步协议(NTP)。

为实现传统智能网业务,软交换设备还需要支持 INAP(智能网应用协议)。

3.1.2　软交换技术基础

1. 软交换的概念

(1)IP 电话与软交换

从表面上看,最初的 IP 电话设备与传统电话一样,其交换都是由硬件来实现的,都是公认的硬交换。

后来发现 IP 电话的语音流和 IP 电话的呼叫控制二者之间并没有必然联系,因此无须将媒体流的传输与呼叫的控制在物理上放在一起,可以将 IP 电话网关进行功能分解。分解后网关只负责不同网络的媒体格式的适配转换,故称之为媒体网关(Media Gate Way,MGW)。

所有控制功能,包括呼叫控制、连接控制、接入控制和资源控制等功能由另外设置的独立的媒体网关控制器 MGC 负责。MGC 是与传统硬交换不同的"软交换"设备,这就是最初软交换(Soft Switch)概念的由来。这种思路实际上是回归了传统电信网集中控制的机制,即网关相当于终端设备,数量大而功能简单,MGC 相当于交换机,数量少而功能复杂。一个 MGC 可以控制多个网关。业务更新时只需要更新 MGC 软件,无须更改网关,这有利于快速引入新业务。

经过数年的探索,各电信设备制造厂商逐步认同上述分离控制的思想,积极开发各自的产品系列。不同制造商对 MGC 赋予不同的名称,例如呼叫服务器(Call Server)、呼叫代理(Call Agent)等。IETF 提出了 MGW-MGC 之间的控制协议草案。其后,ITU—T 和 IETF 合作研究,制定了统一的控制协议标推,这就是著名的 H.248 协议。

由于 MGC 的基础功能是呼叫控制,其地位相当于电话网中的交换机,但是和普通交换机不同的是,MGC 并不具体负责语音信号的传送,只是向 MGW 发出指令,由后者完成语音信号的传送和格式转换，相当于 MGC 中只包含交换机的控制软件，而交换网络则位于 MGW 之中。因此，人们把 MGC 统称为"软交换机"，以屏蔽不同厂商的名称差异，并推行软交换技术及其应用。软交换 IP 电话网结构如图 3.5 所示。

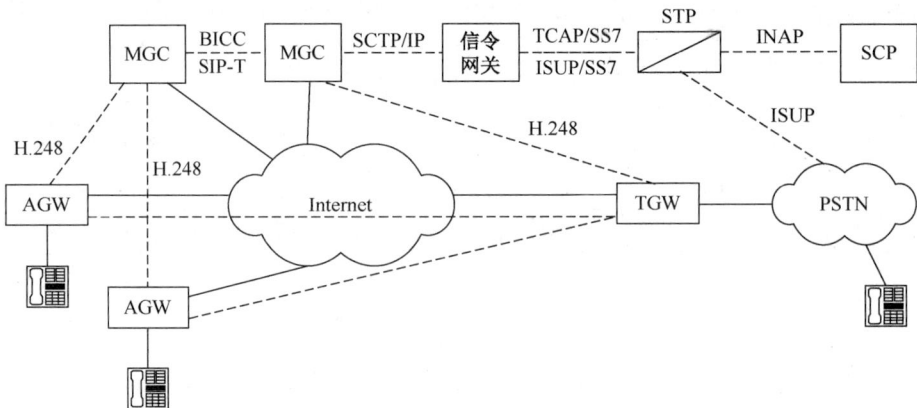

图 3.5　软交换 IP 电话网结构

连接终端的接入网关（Access Gate Way，AGW）和支持 PSTN 互通的中继网关（Trunk Gate Way，TGW），均通过网关控制协议 H.248 受 MGC 的控制。

① AGW 通过常规的 RJ-11 接口和电话机相接，负责：

a. 采集电话用户的事件信息（如摘机、挂机等），并上传 MGC；

b. 支持 RTP，以完成端到端 IP 语音的传送。

② TGW 负责桥接 PSTN 和 IP 网络，它能够：

a. 支持多种类型的中继线接入，如直连 7 号信令中继、MFC 中继、模拟中继等；

b. 能提供中继接入的各种音信号；

c. 装备录音通知或交互式语音应答设备；

d. 在 MGC 控制下完成与 PSTN 用户的交互。

（2）软交换的由来

软交换的概念最早起源于美国企业网应用。在企业网络环境下，用户可采用基于以太网的电话，再通过一套基于 PC 服务器的呼叫控制软件（Call Manager、Call Server），实现 PBX 功能（IP PBX）。

受到 IP PBX 成功的启发，将传统的交换设备部件化，分为呼叫控制与媒体处理，二者之间采用标准协议（MGCP、H.248），呼叫控制实际上是运行于通用硬件平台上的纯软件，媒体处理将 TDM 转换为基于 IP 的媒体流。

软交换（Soft Switch）技术应运而生，由于这一体系具有伸缩性强、接口标准、业务开放等特点，发展极为迅速，成为了 NGN 的核心技术。

（3）基于软交换技术的网络结构

软交换是下一代网络的核心设备之一，各运营商在组建基于软交换技术的网络结构时，必须考虑到与其他各种网络的互通。在下一代网络中，应有一个较统一的网络系统结构。软交换位于网络控制层，较好地实现了基于分组网利用程控软件提供呼叫控制功能和媒体处理相分离的功能。

软交换与应用/业务层之间的接口提供访问各种数据库、三方应用平台、功能服务器等接口,实现对增值业务、管理业务和三方应用的支持。其中:软交换与应用服务器间的接口可采用 SIP、API,如 Parlay,提供对三方应用和增值业务的支持;软交换与策略服务器间的接口对网络设备工作进行动态干预,可采用 COPS 协议;软交换与网关中心间的接口实现网络管理,采用 SNMP;软交换与智能网 SCP 之间的接口实现对现有智能网业务的支持,采用 INAP。

通过核心分组网与媒体层网关的交互,接收处理中的呼叫相关信息,指示网关完成呼叫。其主要任务是在各点之间建立关系,这些关系可以是简单的呼叫,也可以是一个较为复杂的处理。软交换技术主要用于处理实时业务,如语音业务、视频业务、多媒体业务等。

软交换之间的接口实现不同软交换之间的交互,可采用 SIP-T、H.323 或 BICC 协议。

(4)软交换技术的实现目标

软交换技术是一个分布式的软件系统,可以在基于各种不同技术、协议和设备的网络之间提供无缝的互操作性,其基本设计原理是设法创建一个具有很好的伸缩性、接口标准性、业务开放性等特点的分布式软件系统,它独立于特定的底层硬件/操作系统,并能够很好地处理各种业务所需的同步通信协议,在一个理想的位置上把该架构推向摩尔曲线轨道。

软交换的实现目标是在媒体设备和媒体网关的配合下,通过计算机软件编程的方式来实现对各种媒体流进行协议转换,并基于分组网络(IP/ATM)的架构实现 IP 网、ATM 网、PSTN 网等的互连,以提供和电路交换机具有相同功能并便于业务增值和灵活伸缩的设备。

2. 软交换的设备功能结构

(1)呼叫控制

软交换的重要功能之一,提供各种业务的基本控制功能,完成基本呼叫的建立、保持和释放,包括呼叫处理、连接控制、智能呼叫的检出和触发、资源控制等。接收来自业务交换功能的监视请求,并对其中与呼叫相关的事件进行处理;接收来自业务交换功能的呼叫控制相关信息,支持呼叫的建立和监视。

(2)媒体控制功能

识别媒体网关报告的用户摘机、挂机等事件,控制媒体网关进行资源连接、发送各种信号音等。直接与 H.323 终端及 SIP 终端进行连接,以提供相应的业务。

(3)业务提供功能

提供 PSTN/ISDN 交换机提供的全部业务,包括基本业务及传统的补充业务,与现有智能网配合提供现有智能网提供的业务,提供开放接口(如 Parlay API)接入第三方业务的能力。

(4)业务交换功能

提供类似智能网 SSP 的功能,与呼叫控制功能相结合,提供呼叫控制功能和业务提供平台之间进行通信所要求的一系列功能,包括业务控制出发的识别,管理呼叫控制功能与 SCF 间的信令,按要求修改呼叫/连接处理功能等。

(5)协议功能

① 呼叫控制协议:ISUP、TUP、BICC、SIP、SIP-T、SIP-I、H.323 等。

② 传输控制协议:TCP、UDP、SCTP/SIGTRAN。

③ 媒体控制协议:H.248、MGCP、SIP。

④ 业务应用协议:PARLAY、JAIN、SIP、INAP、MAP、LDAP、RADIUS、Diameter 等。

⑤ 维护管理协议：SNMP、COPS 等。

（6）互通功能

同时支持 H.323 协议和 SIP 协议体系结构，实现两种体系结构网络和业务的互通，为了沿用已有的智能业务和 PSTN 业务，软交换还应提供与 IN 及 PSTN/ISDN 的互通与其他软交换网络的互通，包括域间互通、网间互通。

（7）资源管理功能

软交换可以对网络带宽资源进行分配和管理，资源管理可以通过 SDP 协商。

（8）认证、授权和计费功能

对接入软交换系统的设备进行认证、授权，采集计费信息，向计费服务器提供呼叫详细话单。

（9）操作维护功能

① 配置管理：查看媒体网关，查看中继线及中继组配置、路由的配置。

② 客户服务：查看配置的电话号码，以及相应号码所开通的业务。

③ 系统监控：查看系统进程信息和中继资源信息。

④ 安全管理：不同用户可以授予不同权限告警系统：查看各类历史告警纪录。

⑤ 人机命令交互功能：通过 OAM 的人机命令终端，发送管理命令，并查看结果。

（10）地址解析及路由功能

① E.164 地址至 IP 地址的解析。

② SIP URI 至 IP 地址的解析。

③ 呼叫重定向功能。

④ 预设路由功能。

软交换设备的功能结构，如图 3.6 所示。

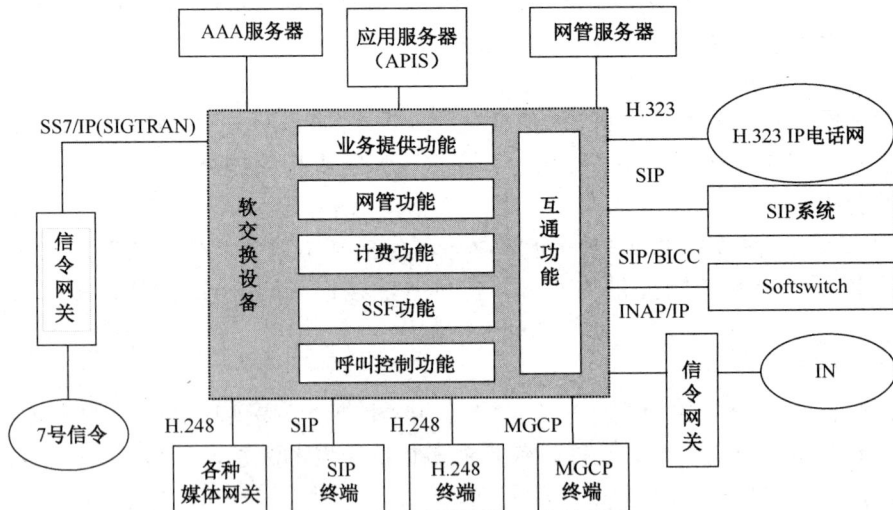

图 3.6　软交换设备的功能结构

3. 软交换网络的接口协议

软交换是一种开放和多协议实体，它与各种媒体网关、终端和网络等其他实体间采用标准协议进行通信，包括 MGCP、H.248、SCTP、M2UA、M3UA、ISUP、TUP、SIP、H.323、

BICC、RADIUS、INAP、SNMP 等。图 3.7 说明了软交换网络的接口协议。

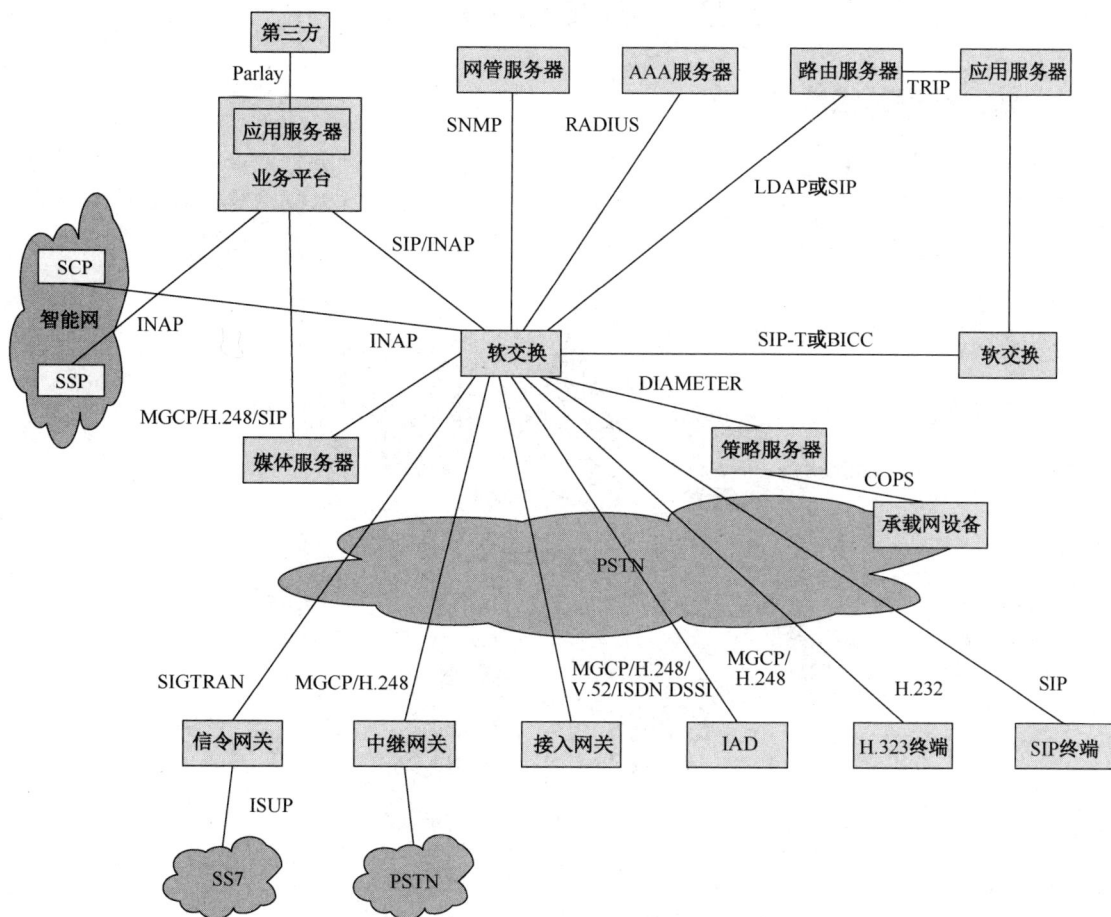

图 3.7 软交换网络的接口协议

① 软交换与中继网关（TG）之间的接口协议为 H.248。

② 软交换与接入网关（AG）之间的接口协议为 H.248 或 MGCP。

③ 软交换与 IAD 之间的接口协议为 H.248 或 MGCP。

④ 软交换与媒体资源服务器（MS）之间接口协议为 MGCP、H.248 或 SIP。

⑤ 软交换与信令网关（SG）之间的接口协议为 SIGTRAN 协议簇（通用信令传输协议 SCTP，PSTN 信令适配协议 M3UA）。

⑥ 软交换与 SIP/H.323 终端之间的接口协议为 SIP/H.323。

⑦ 软交换与软交换之间的接口协议为 SIP_T、BICC 或 H.323。

⑧ 软交换与应用服务器（AppServer）之间的接口协议为 PARLAY 或 SIP。

⑨ 软交换与位置服务器（Location Server）之间的接口协议为 TRIP。

⑩ 软交换与网管服务器（OSS）之间的接口协议为 SNMP 或 MML。

除了上述协议外，NGN 网络中还包括下述接口协议：

① 软交换与 AAA 服务器之间的接口协议为 RADIUS。

② 策略服务器与软交换之间的接口协议暂定为 DIAMETER，与承载网的接口协议为 COPS。

3.2 软交换的设备

3.2.1 软交换设备组成

软交换系统由多种设备组成，主要包括软交换设备、中继网关、信令网关、接入网关、媒体服务器、应用服务器等网络侧设备以及 IAD、SIP 终端等终端侧设备。其主要应用是利用软交换提供长途汇接和本地用户接入业务以及为企业用户提供综合通信解决方案。软交换系统如图 3.8 所示。

图 3.8 软交换系统基本组成示意图

目前比较普遍的看法认为，软交换系统主要应由下列设备组成。

① 软交换控制设备（Softswitch Control Device），是网络中的核心控制设备（也就是我们通常所说的软交换），完成呼叫处理控制功能、接入协议适配功能、业务接口提供功能、互连互通功能、应用支持系统功能等。

② 媒体网关（Media Gateway），完成媒体流的转换处理功能。按照其所在位置和所处理媒体流的不同可分为中继网关（Trunking Gateway）、接入网关（Access Gateway）、多媒体网关（Multimedia Service Access Gateway）、无线网关（Wireless Gateway）等。

③ 信令网关（Signaling Gateway）目前主要指 7 号信令网关设备。传统 7 号信令系统是基于电路交换的，所有应用部分都由 MTP 承载，在软交换体系中则需要由 IP 承载。

④ IP 终端（IP Terminal），目前主要指 H.323、SIP 终端两种，如 IP PBX、IP Phone、PC 等。

⑤ 业务平台（Service Platform），完成新业务生成和提供功能，包括 SCP 和应用服务器等。

⑥ 其他支撑设备，如 AAA 服务器、大容量分布式数据库、策略服务器（Policy Server）等，它们为软交换系统运行提供必要的支持。

3.2.2 媒体网关

媒体网关（MG）完成媒体流格式转换处理，如模拟语音信号通过语音压缩编码技术转换为数字信号。有多种媒体网关设备，完成不同功能，如接入网关、中继网关、无线网关等。

1. 接入网关（AG）

接入网关是大型接入设备，提供普通电话、ISDN PRI/BRI（基群速率接口/基本速率接口）、V5 等窄带接入，与软交换配合可以替代现有的电话端局。当接入网关作为呼叫的主叫侧时，与软交换机配合完成呼叫的启呼、用户拨号的 DTMF 识别、放提示音等功能；当接入网关作为 VoIP 呼叫的被叫侧时，与软交换机配合完成呼叫的终结、用户振铃等功能。接入网关在信令网关的配合下完成现有电话用户接入。除完成电话端局功能外，接入网关同时提供数据接入功能，可以提供 ADSL、LAN 等宽带接入方式。

接入网关的接口与协议：

① 用户侧接口，可以提供模拟 Z 用户接口、ISDN（基群速率接口 PRI/基本速率接口 BRI）、V5.2 接口、以太网接口、xDSL 接口（包括非对称数字用户线 ADSL、高比特率数字用户线 HDSL 等）。

② 网络侧接口，可以提供以太网接口、POS 接口或者 ATM 接口。

③ 接入网关还具备本地维护管理接口（如 RS-232）和网管接口。

④ 接入网关与软交换主要采用 H.248 协议，与网管系统的接口协议采用 SNMP。

2. 中继网关（TG）

中继网关在基于分组（可以是 IP 或 ATM）的 NGN 与电路交换网络（SCN）之间提供媒体映射和代码转换功能，即终止电路交换网络设施（中继线路、环路等），将媒体流分组化并在分组网传输分组化的媒体流，中继网关也在分组网去往 SCN 的方向执行类似的功能。

中继网关提供中继接入，可以与软交换及信令网关配合替代现有的汇接/长途局。其主要功能如下。

（1）语音处理功能

中继网关具有语音信号的编解码功能、回声抑制功能、静音压缩功能和消除时延抖动的输入缓存。中继网关具有语音编码的动态转换功能，即在网络拥塞时由高码速换到低码速，当网络条件较好时可以由低码速转化到高码速以提高语音质量。

（2）呼叫处理与控制功能

中继网关应具有 DTMF 检测和生成功能，能根据软交换机的命令对它所连接的呼叫进行控制，如接续、中断、动态调整带宽，能够检测出 PSTN 侧的用户占线、久振无应答等状态，并将用户状态向软交换机报告，能够根据软交换的指示生成回铃音和向用户播放正确的提示音。

（3）资源管理功能

中继网关的该功能包含两个方面：资源状态管理功能和资源分配功能。资源状态管理功能是指中继网关可以向软交换机报告由于故障、恢复或管理行为而造成的物理实体的状态改变，并能根据软交换的控制为任何连接释放当前正在使用或预留的资源。资源分配要求是指由于资源耗尽或资源的暂时不可用，中继网关应能够向软交换指示不能够执行所请求的行为。

（4）维护和管理功能

其主要包括对控制与连通性的保证和差错控制。控制和连通性保证是指：

① 中继网关能够检测到由于某种故障或拥塞造成的网关与软交换之间连接的中断，并应能在故障或拥塞消除后恢复连接。

② 保证网关与软交换设备中资源使用状态的同步。

③ 网关和软交换设备能够互相提供启动和重启动指示。

④ 网关在向软交换注册失败后可以向备份软交换注册。

⑤ 软交换发生故障后，网关可以保证处于运行态的媒体流继续保持。

差错控制是指：

① 网关能够向软交换报告底层连接的异常故障。

② 当网关由于异常事件终止某个终结点上的业务时，网关应向软交换报告该终结点被终止业务并通告原因。

③ 网关能够向软交换请求释放某个终结点并通告原因。

（5）IP 语音的 QoS 管理功能

其主要包括对收端输入缓冲的动态调整和向软交换汇报在特定关联中存在的终结点状态和使用消息。

中继网关支持的接口有：

① 语音网络侧接口，采用 El 数字中继接口或其他 ISDN PRI 接口。

② 分组网络侧接口，采用 10/100M LAN 接口、千兆位以太网接口。

③ 与网管中心接口，采用 10BaseT/100BaseT 接口。

中继网关支持的信令和协议：7 号信令，1 号信令，PRI，H.248，MGCP，H.323，SIP。

3.2.3 信令网关（SG）

在下一代网络中，信令网关（SG）是在 IP 网和 7 号信令网的边界接收或发送 7 号信令的设备。可向/从 IP 设备发送/接收 7 号信令信息，并可管理多个网络之间的交互和互连，以便实现无缝集成。其实质就是为了实现 PSTN 端局与软交换设备之间的 7 号信令互通，实现信令承载层电路交换与 IP 分组交换的转换功能。

1．IP 网络中的信令承载协议

（1）BICC 协议

随着数据网络和语音网络的集成，所融合的业务越来越多，PSTN 的 64kb/s、$N\times 64$kb/s 的承载能力局限性太大，分组承载网络有 IP 网络和 ATM 网络。ATM 承载能力很强，而 IP 分组网不具备运营级质量。为了在各类承载网络上实现 PSTN、ISDN 业务，ITU—T SG11 小组制定了独立于承载的呼叫控制（Bearer Independent Call Control，BICC）协议。

BICC 协议解决了呼叫控制和承载控制分离的问题，使呼叫控制信令可在各种网络承载，包括 SS7 MTP（7 号信令消息传送部分）网络等。BICC 协议由 ISUP（7 号信令 ISDN 用户部分）演变而来，是传统电信网络向综合多业务网络演进的重要支撑工具。

目前 BICC 协议由 CS1（能力集 1）向 CS2、CS3 发展。CS1 支持呼叫控制信令在 SS7 MTP、ATM 上的承载，CS2 增加了在 IP 网上的承载，CS3 则关注 MPLS、IP QoS 等承载应用质量，以及与 SP 的互通问题。

（2）SIGTRAN 协议

SIGTRAN（Signaling Transport，信令传输）的任务是建立一套在 IP 网络上传送 PSTN 信令的协议。SIGTRAN 协议包括流控制传送协议（Stream Control Transmission Protocol，SCTP）、MTP2 用户适配（MTP2 User Adaptation，M2UA）、MTP3 用户适配（MTP3 User

Adaptation，M3UA）、SCCP 用户适配（SCCP-User Adaptation，SUA）、MTP2 用户对等适配（MTP2 Peer-to-Peer Adaptation layer，M2PA）等。

SCTP 是一个传输层协议，支持多条路径并发传输，可替代 TCP、UDP，用于在 IP 网络可靠地传输 PSTN 信令；SCTP 在实时性和信息传输方面更可靠，更安全。TCP 不能提供多个 IP 连接，安全方面也受到限制；UDP 不可靠，不提供顺序控制和连接确认。除了传输 PSTN 信令外，SCTP 还可以传输 SIP（SIP 也可使用 UDP、TCP 传输）。

M2UA 支持 MTP2 互通和链路状态维护，提供与 MTP2 同样的功能。

M3UA 支持 MTP3 用户部分互通，提供信令点编码和 IP 地址的转换。

SUA 支持 SCCP 用户互通，相当于 TCAP over IP。

M2PA 支持 MTP3 互通，支持本地 MTP3 功能，支持 M2PA SG（信令网关），可以作为信令转接点 STP。

（3）信令承载协议体系

在 IP 网络中，信令可以通过 TCP、UDP、SCTP 等传输层协议进行传输。UDP 是数据报方式，其优点是简单、易于实现，但不保证数据的正确传输，对于有些信令不适合。TCP 是面向连接方式，在正常的网络状况下可以保证数据的正确传输，但在网络故障、拥塞等情况下性能较差，没有冗余通路。SCTP 是一个新型协议，支持经过多条路径向同一目的地传输，可靠性和实时性都较高，适合信令传输的要求。

各种信令传输使用的承载协议结构如图 3.9 所示。H.323 协议使用 TCP，H.248 可以使用 TCP 或 UDP，SIP 则可以选择使用 TCP、UDP、SCTP，BICC、7 号信令用户部分可通过 SIGTRAN 适配层经过 SCTP 传输。

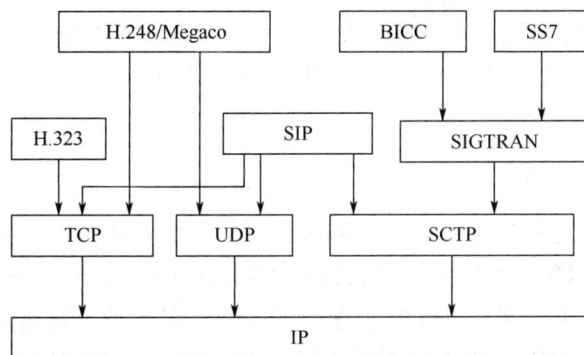

图 3.9　信令承载协议结构

2. 信令网关的接口

信令网关的功能就是完成基于电路中继的 7 号信令系统和基于分组网（IP 承载）的 SIGTRAN 信令系统的转换。

信令网关主要接口包括窄带 El 接口和宽带以太网接口，支持的协议包括窄带 MTP、SCCP、OMAP 等，增加了 IP 侧的 SCTP、M3UA、M2PA 等协议。

在 PSTN 电话网一侧，信令网关必须支持 7 号信令的多种格式，包括传统的窄带和宽带 7 号信令，支持传统的 T1/E1/J1 接口。

在 IP 网络一侧，必须支持不同的物理传输介质及高速宽带和 IP 信令接口，即 SCTP 和 SIGTRAN（M2PA，M3UA，SUA 等）。

3.2.4 SIP 终端与 SIP 服务器

分组网络上的多媒体通信系统只有 H.323 和 SIP（Session Intiation Protocol）两种，这两个框架协议是平级的。H.323 采用集中的管理和处理方式而 SIP 将网络设备的复杂性向网络边缘推。随着技术的演变，SIP 得到了广泛应用。

SIP（会话初始化协议）是一个应用层的控制协议，用来建立、修改和终止多媒体会话（或者会议）。SIP 具有简单、扩展性好以及和现有的 Internet 应用紧密的特点。

SIP 网络系统采用客户-服务器工作方式。SIP 网络系统包含以下两类组件：用户代理（User Agent，UA）和网络服务器（Network Server，NS）。用户代理是呼叫的终端系统元素，而网络服务器是处理与多个呼叫相关联信令的网络设备，下面分别进行介绍。

1. 用户代理

用户代理（UA）是一个和用户交互的 SIP 实体，又称 SIP 终端，可以为用户提供语音、视频及增值业务。

根据 SIP 用户代理在会话中扮演角色的不同又可分为用户代理客户机（User Agent Client，UAC）和用户代理服务器（User Agent Server，UAS）两种。其中前者用于发送呼叫请求，后者用于响应呼叫请求，SIP 终端通常需要包括 UAC 和 UAS。

根据实现方式的不同，SIP 终端又可分为 SIP 硬终端和 SIP 软终端。SP 硬终端在一个独立硬件设备中实现 SIP 业务功能，它可以直接接入局域网，为用户提供语音业务和增值业务。SIP 软终端是将 SIP 终端软件加载在 PC 上，配合耳机和麦克风为用户提供语音业务，如果配上摄像头，还能为用户提供视频通信业务。

SIP 终端可将语音信号压缩并编码为数字流。每一个 SIP 终端具有一个 IP 地址。在软交换的控制管理下，SIP 终端可以实现话机与话机之间、话机与其他接入网关及 IAD 用户之间、话机与固定电话网之间的互通。

2. 网络服务器

网络服务器（NS）的主要功能为地址解析和用户定位，分为代理服务器（Proxy Server）、重定向服务器（Redirect Server）和注册服务器（Register Server）三种。

SIP 代理服务器是基于 SIP 进行呼叫控制的设备。它既是客户机又是服务器，主要功能为路由选择和呼叫转发，负责将 SIP 用户请求和响应转发到相应的下一跳代理服务器。SIP 代理服务器又分为有状态的（Stateful）和无状态的（Stateless）两类，有状态的代理服务器会记录经其转发的呼叫状态信息，而无状态的代理服务器一旦将消息转发后就丢弃其状态信息。通常核心 Proxy 需要处理大量的呼叫，不保留呼叫状态可大大提高系统的处理能力。

SIP 重定向服务器主要用于地址解析。其功能是通过响应告诉客户下一跳服务器的地址，然后由客户根据此地址向下一跳服务器重新发送请求。与代理服务器不同，重定向服务器并不产生自己的请求。

SIP 注册服务器接收终端的注册请求，记录终端的 SIP URI（统一资源标识）和 IP 地址。注册服务器通常与代理服务器或重定向服务器位于同一物理实体中。用户终端在启动后向 SIP 注册服务器注册，用于记录其当前位置信息。如果用户正在漫游，当其 IP 地址发生变化时，用户终端要将登记在注册服务器中的相应信息进行更新。其他用户呼叫该用户时，相关的服务器先通过该用户所属注册服务器查找其 IP 地址，这样就可实现用户的动态寻址，支持用户移动性。

在下一代网络结构中，代理服务器和重定向服务器在确定下一跳时可以使用定位服务器（Location Server）。定位服务器用于提供定位服务，帮助 SIP 重定向和代理服务器获得被叫方可能的位置信息。定位服务器提供软交换服务器之间的连接路由信息，这在大型网络中可以简化软交换服务器的路由配置。软交换服务器与定位服务器可以采用简化 TRIP（电话路由信息协议）或 SIP 进行路由信息的交换与解析。

3.2.5 应用服务器

1. 应用服务器的概念

软交换可以提供和支持多种业务，除 PSTN 和 ISDN 基本和补充业务由软交换自身提供以外，其他很多种业务都是软交换在业务层设备的帮助下实现的，业务层提供这种业务帮助的设备可以是智能网的 SCP，也可以是基于 IP 网络的应用服务器。

应用服务器是在软交换网络中向用户提供各类增强业务的设备，它负责业务逻辑的执行、业务数据和用户数据的访问、业务的计费和管理等。

应用服务器在软交换网络的基本位置如图 3.10 所示。

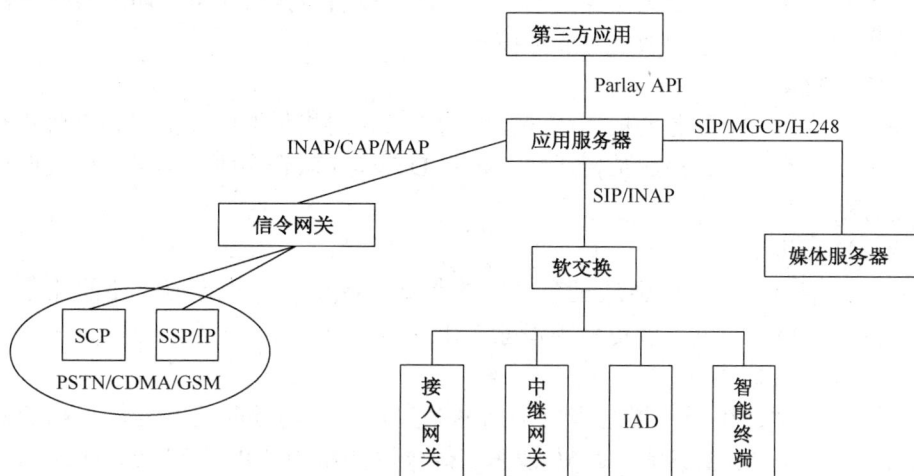

图 3.10　应用服务器在软交换网络的位置

在图 3.10 中应用服务器除了处理软交换的 SIP 业务请求，为软交换网络的用户提供增强业务外，应用服务器还可以提供智能网业务，以及可以提供 API 调用第三方的应用。应用服务器提供智能网业务有两种情况，一种情况是应用服务器与具备 SSF 功能的软交换通过 INAP 互通，为来自软交换的智能网呼叫提供服务；另一种情况是应用服务器通过信令网关与现有的智能网 SSP/IP 设备互通。如果业务需要，应用服务器也可以与业务控制点（SCP）进行互通。当应用服务器提供 API 接口调用第三方业务应用时，API 可以是 Parlay API 或其他 API。当应用服务器提供 Parlay API 时应具有 Parlay 网关的功能，完成 Parlay API 与底层各种协议之间的映射。

2. 应用服务器的功能

应用服务器在软交换中主要提供业务控制功能、媒体控制功能、业务数据功能、协议适配功能、计费功能、应用执行环境功能、操作维护管理等功能，此外还可选地提供 API 接口功能、Parlay 网关功能等。

应用服务器为软交换网络中的增强业务提供应用执行环境，通过协议适配功能对呼叫分配合适的协议，然后由业务控制功能根据业务逻辑执行的需要对业务进行控制，并通过业务数据功能调用业务执行过程中所需要的业务数据和用户数据。在业务控制的过程中如果需要，应用服务器会对媒体服务器的媒体资源进行控制，为呼叫提供各种媒体资源，并通过计费功能提供必要的业务管理、维护、统计等功能。如果某些业务由不属于软交换网络所有者的第三方业务提供商提供，那么可以通过 Parlay 网关和 API 接口安全地调用第三方应用。

（1）业务控制功能

业务控制功能是指应用服务器对于来自软交换或来自 PSTN 中 SSP（通过信令网关）的业务请求，能够根据收到的信息确定需要调用的业务逻辑，并按照业务逻辑的要求控制业务的执行，并通过与呼叫控制实体（软交换或 SSP）的交互完成业务控制和呼叫控制功能。应用服务器应能够实现对软交换发起的 SIP 业务请求和 INAP 智能业务请求的控制。当实现 SIP 业务请求时，应用服务器根据 SIP 请求中的信息，调用相应的业务逻辑进行执行，根据执行需要应用服务器给软交换发送新的目的地址或者为呼叫分配媒体资源或监视软交换的后续呼叫事件。

除了上述软交换向应用服务器发起的业务请求，应用服务器还可以通过与其互连的 Web 服务器在用户的控制下向软交换发起业务请求。

（2）媒体控制功能

媒体控制功能指应用服务器根据业务逻辑的需要，对媒体服务器的媒体资源进行控制，例如，产生和发送信号音、播放录音通知、收集 DTMF（双音多频）信号，以及向会议业务提供会议资源桥。

（3）业务数据功能

业务数据功能指应用服务器通过其内部的数据库提供业务执行所需要的业务和用户数据，并对数据进行核实、删除或更新等管理工作。

（4）协议适配功能

协议适配功能指应用服务器对来自不同网络实体的不同呼叫能够提供正确的协议与之适配，包括对来自软交换的 SIP、INAP 或来自媒体服务器的 SIP、MGCP、H.248 的适配。

（5）计费功能

计费功能指应用服务器具有各种业务所需要的计费信息，并具有对各种业务呼叫进行计费的功能，完成计费数据的产生、存储和传送。应用服务器除了提供按时长计费的方式外，对于 SIP 呼叫还应可提供按流量计费或组合计费，并且可以根据需求把费用记到与主、被叫号码关联的账号上。对于通过第三方实现的业务，应用服务器还应具备配合第三方计费并与其结算的计费功能。

（6）应用执行环境

应用执行环境的功能为应用服务器中的业务逻辑程序提供执行环境。业务在应用执行环境中执行并产生支持应用执行的一系列功能实体动作，实现对网络能力的使用。

（7）Parlay API 和 Parlay 网关功能

当业务由第三方的业务提供商提供时，本地的应用服务器应该通过 Parlay API 向第三方的应用服务器提供业务接口，并通过 Parlay 网关功能实现 SIP/H.248/MGCP/INAP 协议到 Parlay API 的映射翻译。

（8）操作维护管理功能

应用服务器应提供本地的操作维护管理功能，并具有与网络中的操作维护管理系统进行通信的接口，完成对业务和设备的操作维护和管理。

3.2.6 媒体服务器

1. 媒体服务器的概念

媒体服务器在软交换或者应用服务器的控制下，结合业务逻辑提供各种业务所需的媒体资源，是业务实现过程中不可缺少的组成部分，广泛的应用包括：基本语音、IP Centrex、IP会议、预付费业务、通知服务、voice E-mail、统一通信等各种业务类型。媒体服务器是一个被动的设备，总是在其他设备对它的控制下工作的，根据控制媒体服务器的设备不同，有三种主要的工作方式。

① 在软交换设备的直接控制下，提供业务所需媒体资源，常用于软交换设备直接提供的业务中，为基本呼叫和补充业务提供拨号音、忙音、回铃音、等待音和空号音等基本信号音。

② 在应用服务器的直接控制下，提供业务所需媒体资源，如在会议业务中提供混音、通知等媒体处理服务。这种方式可由应用服务器控制软交换，再由软交换设备控制媒体服务器。

③ 取代智能网中的智能外设（IP）设备，在 SCP 的控制下，提供业务所必需的媒体资源。

媒体服务器在软交换网络中的位置如图 3.11 所示。

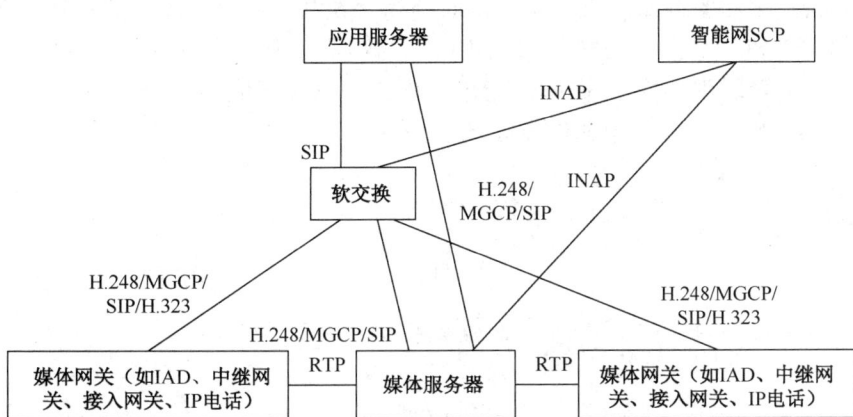

图 3.11 媒体服务器在软交换网络的位置

2. 媒体服务器的功能

（1）资源功能

媒体资源服务器的专用资源功能包括：从支持双音多频 DTMF 的话机上接收 DTMF 信号（看看你身旁的电话机，它的背部是不是有 T/P 开关，那个 T 就表示它支持 DTMF）、音信号的产生（例如拨号音、忙音等）、媒体语音通知、将多个 RTP 流音频混合的混音功能、不同语音编解码的转换功能、将若干个独立语音字段连接起来构成一条完整语音通知的语音合成功能。

（2）通信功能

媒体服务器具有与网络中的软交换设备、应用服务器、SCP、媒体网关及 IP 电话、网管中心等实体通信的接口。

（3）管理维护功能

媒体服务器具备本地、远程的管理维护接口，提供对媒体资源及设备本身的维护、管理，包括媒体资源的编辑、数据配置、状态监控、故障管理等内容。

3. 媒体服务器的接口与协议

媒体服务器与外部的物理接口采用 10/100Mb/s 以太网接口或者是 ATM STM-l 接口。

如上文所述，为了实现与其他设备的互通或接收其他设备的控制，媒体服务器需要支持：RTP/RTCP、MGCP、H.248、SIP、H.323、INAP、SNMP。

3.2.7 策略服务器

1. 策略服务器的产生背景和作用

在目前的基于软交换的下一代网络结构中，核心控制层面与传送承载层面相互独立，没有定义接口标准，但是随着业务与应用的日益增长，特别是不同质量等级的业务需求日益增加，NGN 将不能满足业务的要求。为此，就需要一种在核心控制层面与传送承载层面进行协调沟通的设备。策略服务器（Policy Server）就是一种这样的设备。

策略服务器负责用户的安全、QoS 与业务方面的策略控制，它是业务层面与承载层面的桥梁，把来自业务层面的控制策略下发到承载层接入点，如宽带接入服务器 BAS 来实施策略控制。具体来说，策略服务器的作用是能同时与软交换和承载网设备（宽带接入服务器 BAS 和三层交换机等）进行交互，使承载网设备可以感知软交换所管理用户的 NGN 业务质量要求，从而在接入汇聚层进行相应操作，使 NGN 的传送承载网成为一个感知 NGN 业务的承载网。策略服务器在软交换网络中的位置如图 3.12 所示。

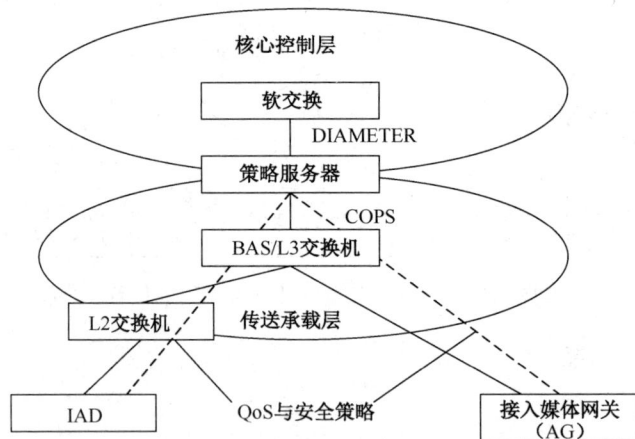

图 3.12　策略服务器在软交换网络的位置

2. 策略服务器的接口协议

目前倾向于使用 COPS（公共开放策略服务协议）作为策略服务器与承载网设备之间交互的协议标准，以使各厂家设备良好互通。而软交换与策略服务器之间的协议尚未统一，目前倾向于采于 DIAMETER。

3．策略服务器的主要功能

（1）动态 QoS 策略设定

带宽是一种重要的网络资源，在接入汇聚层存在带宽收敛，需要在这个层面对 NGN 承载网的资源进行调度，以保证用户业务的 QoS。通过感知 NGN 业务承载网，在接入汇聚层可按用户及业务进行动态 QoS 策略配置，为用户提供差异性业务，保证用户的 SLA（服务等级协议）。策略服务器（PS）可以下发 QoS 策略给 BAS 或三层交换机，BAS 或三层交换机还可进一步通过协议下发 QoS 策略给下挂的 L2 交换机，从而最终保证用户所选业务的 QoS。

（2）接入用户数的控制

对于 NGN 视频等占用带宽资源较多的业务，如果承载网对 NGN 业务没有感知，就会存在信令通，但媒体流质量得不到 QoS 保障，或者新加入的用户对已有用户造成冲击。软交换不仅可以通过策略服务器（PS）可以下发 QoS 策略给 BAS 或三层交换机，还可从策略服务器（PS）处获得目前承载网的带宽占用情况，从而决定是否允许新用户的业务接入，如果带宽资源不足，直接拒绝用户的接入。这样可让正在使用业务的用户在保证业务质量的情况下，充分利用带宽资源。

（3）防带宽盗用

NGN 业务资费模式与数据业务资费模式是不同的，并不是在接入时分配地址就开始计费，而是通过软交换使用业务时进行计费。但 NGN 业务的特点又要求用户永久在线。如果不对 IAD 接入进行控制，IAD 用户可能利用 NGN 进行带宽盗用，如盗用带宽进行专线应用，会严重影响运营商的营业收入，严重影响 NGN 承载网的性能。

对这个问题的解决方法之一是让 NGN 承载网成为一个对 NGN 业务感知的网络。策略服务器（PS）控制承载网的 BAS 或三层交换机设备，在 IAD 用户上网认证时，配置初始 ACL（访问控制列表）及带宽。ACL 控制 IAD 用户只能访问软交换，带宽限制用户发送信令流量，避免恶意用户瞬间发出成千上万的 MGCP/H.248 信令包（例如摘机），大量占用软交换资源的危险。在用户开始呼叫后，软交换触发策略服务器（PS）通知 BAS 或三层交换机重新设定 IAD 用户的 ACL 和带宽，该 IAD 用户可以访问与 NGN 中的相关部件，这样用户就可以与网中其他设备进行互通。带宽可以根据用户的业务进行设定，以满足用户业务的需要，同时避免用户超过业务的带宽盗用。通话结束后，软交换触发策略服务器（PS）通知 EAS/BAS/L3 交换机恢复 IAD 用户的 ACL 和带宽限制。

3.2.8 AAA 服务器

1．AAA 服务器的概念

要建立一个安全的网络环境，必须提供一定的验证手段。目前，提供这种功能的最佳途径就是通过认证、授权和计费（AAA）服务器，由它来完成终端的认证、Web 用户认证、计费等功能。

2．AAA 服务器的功能

AAA 服务器在物理上可以由具备不同功能的独立的支持 RADIUS 协议的服务器构成，即认证服务器、授权服务器和计费服务器。认证服务器保存用户的认证信息和相关属性，当接收到认证申请时，支持在数据库中对用户数据的查询。在认证完成后，授权服务器根据用户信息授权用户具有不同的属性。

3．AAA 服务器的接口

下一代网络也采用了 RADIUS 这一成熟的标准来实现软交换和 AAA 服务器的通信。RADIUS 是一种 C/S 结构，AAA 服务器作为服务端，向软交换提供相当于认证、计费等功能，软交换就是它的客户端。此外，软交换与 AAA 服务器之间也可以采用 DIAMETER 协议来替代 RADIUS 协议。

3.2.9 综合接入设备（IAD）

综合接入设备（IAD）是适用于小企业和家庭用户的接入产品，可提供语音、数据、多媒体业务的综合接入。在网络结点接口（NNI）侧，IAD 的接口类型可以是数字用户线路（Digital Subscriber Line，DSL）、10/100M 以太网接口、1000M 以太网（GE）接口，随着技术的发展还会出现 2.5G（2×GE）端口或 10GE 端口。在用户网络接口（UNI）侧，IAD 的接口类型有 10/100M 以太网、GE 接口、Z 接口（模拟用户接口）。

对于语音通信，目前主要采用的技术有 IP 电话（Voice over IP，VoIP）和 DSL 电话（Voice over DSL，VoDSL）。VoIP 接入技术是指 IAD 的网络侧接口为以太网接口；VoDSL 接入技术是指 IAD 的网络侧采用 DSL 接入方式，通过 DSL 接入复用器（DSL Access Multiplexer，DSLAM）接入网络。

IAD 可以根据端口容量的大小提供不同的组网应用方式。对于小容量的 IAD 可以放置到最终用户的家中；对于中等容量的 IAD（一般为 5～6 个用户接口加 1 个以太网接口），可以放置在小型的办公室中；对于大容量的 IAD（一般为十几至几十个用户接口），可以放置在小区的楼道和大型的办公室中。

IAD 的优势在于数据业务在网络中有很好的通过性，而为了保证语音业务的质量就要求 IAD 具有一些相对复杂的机制。

为了保证端到端语音业务的实施，IAD 必须具有以下功能机制。

1．呼叫处理功能

首先，IAD 在发送端要能识别出用户终端发出的双音多频信号，将其转化成相应的数字，封装在信令中，传给上级软交换设备；在接收端要能恢复成规定的信号传给用户终端。其次，IAD 要完成上级软交换设备下达的相关呼叫控制命令，如动态语音编解码算法调整、摘/挂机等各类事件的监测，产生并向用户终端发送各种信号音及铃流，释放已建立连接所占用的资源等。最后，IAD 还要具有上报功能，向上级软交换设备上报资源状态、故障事件等。

2．媒体控制功能

这是一种对资源合理管理的机制，可以根据上级软交换设备的指令，对资源进行预留。可以根据资源状况（即网络的忙闲情况），提供不同的编解码方式。当网络带宽资源不足时，可根据软交换的控制将高速编码算法转换成低速编码算法，实施流控，缓解网络压力；当网络带宽资源充足时，可以根据软交换的控制将低速编码算法转换成高速编码算法，提高语音质量。

3．语音处理功能

众所周知，IP 网存在两个问题——时延大、有丢包。时延大会带来回声，少量丢包会带来语音质量下降，所以，在接收端 IAD 要具有回声抑制功能和产生舒缓背景杂音功能。另外，在 IP 网络中，分组可能会通过不同路径到达目的端，这样会不可避免地造成端到端的时延不一致，即时延抖动，影响通话质量。所以在接收端还要设置接收缓冲区，尽可能消除时延抖动对语音质量的影响。为了能提高带宽利用率，在发送端 IAD 要具备静音检测技术，并对静音进行压缩传输。

4．话音 QoS 管理功能

为了避免时延抖动对语音质量的影响，在设计接收端缓冲区大小的时候就必须考虑到时延抖动的最差情况，保证一定的缓存区大小。但如果缓冲区过大，则意味着端到端的时延增加，通信效率降低。所以要求 IAD 提供一种可以根据网络负载情况动态调整接收端缓冲区大小的机制，保证端到端的时延在网络当前条件下是最小的。另外，在 IAD 中适时地加入优先级机制，对不同业务标记不同优先级，为高等级业务预留相应带宽，也可提高业务的服务质量，还可在 IAD 中加入业务质量检测机制，对低于设定门限值的，及时上报网管。

此外，为了保障模拟终端的顺利接入，IAD 还要具有模拟用户电路功能，例如通过 Z 接口向用户终端馈电，实施过压保护、振铃控制、二/四线转换等。

在软交换的机制下，原来需要通过硬件设施实现的补充业务和增值业务，现在可以在 IAD 上以软件实现。这样将大大缩短新业务的开发和引入周期，同时也节约成本，在对客户和业务的管理上也更加灵活、方便，可谓一举数得。

3.3　IMS

3.3.1　IMS 概念

1．何谓 IMS

基于移动通信发展起来的 IMS（IP 多媒体子系统）主要定义了 IMS 的核心结构、网元功能、接口和流程、业务特性、接入方式等。IMS 同软交换一样，是在基于 IP 的网络上提供多媒体业务的通用网络架构，是比软交换更胜一筹的"软交换"。

NGN 和 3G R4 逐步成为近年来固定和移动运营商的焦点。为满足越来越突出的 IP 多媒体应用的普遍需求，3GPP 组织在完成了 CS 域语音业务及 PS 域基本数据业务应用的 Release 99 以及 Release4 阶段规范的制定工作后，在 R5 及 R6 阶段对 IP 多媒体应用研究提出的 IMS 架构和思路得到了多个国际组织的广泛认同。IMS 开放的业务环境、移动性、灵活的业务部署、一致的归属业务环境，将对运营商、业务提供者、设备制造商都产生重要的影响。

由 3GPP 标准所定义的 IMS 架构基础，全面解决了 IP 承载下提供多媒体业务所需要解决的漫游计费、QoS、安全保障等关键的可运营问题。

软交换和 IMS 技术：在核心控制层，采用软交换或 IMS 提供端到端的业务控制，前者是在 IP 电话网关功能分解的基础上提出的一种新的呼叫控制技术，是电信网发展史上的一块里程碑，后者由 3GPP 提出，是对软交换的继承和发展，结构更清晰，功能更完整。

2．IMS 的标准

对 IMS 进行标准化的国际标准组织主要有 3GPP 和高级网络电信，以及互联网融合业务和协议（TISPAN）。3GPP 侧重于从移动的角度对 IMS 进行研究，而 TISPAN 则侧重于从固定的角度对 IMS 提出需求，并统一由 3GPP 来完善。

3GPP 对 IMS 的标准化是按照 R5 版本、R6 版本、R7 版本这个过程来发布的，IMS 首次提出是在 R5 版本中，然后在 R6、R7 版本中进一步完善。R5 版本主要侧重于对 IMS 基本结构、功能实体及实体间的流程方面的研究；而 R6 版本主要是侧重于 IMS 和外部网络的互通能力以及 IMS 对各种业务的支持能力等。相比于 R5 版本，R6 版本的网络结构并没有发生改变，只是在业务能力上有所增加。在 R5 的基础上增加了部分业务特性，网络互通规范以及无线局域网接入特性等，其主要目的是促使 IMS 成为一个真正的可运营的网络技术。R7 阶段更多地考虑了固定方面的特性要求，加强了对固定、移动融合的标准化制定。R5 版本和 R6 版本分别在 2002 年和 2005 年被冻结，而 R7 版本也即将冻结。

IMS 体系结构如图 3.13 所示，一般分为 3 层：承载及接入层、控制层和应用层。

IMS 实体分为 6 种主要类型：会话管理和路由类（CSCF、GGSN、SGSN）、数据库（HSS）、网间配合元素（BGCF、MGCF、IM-MGW、SGW）、服务（应用服务器 AS、MRFC、MRFP）、策略支撑实体（PDF）和计费实体。

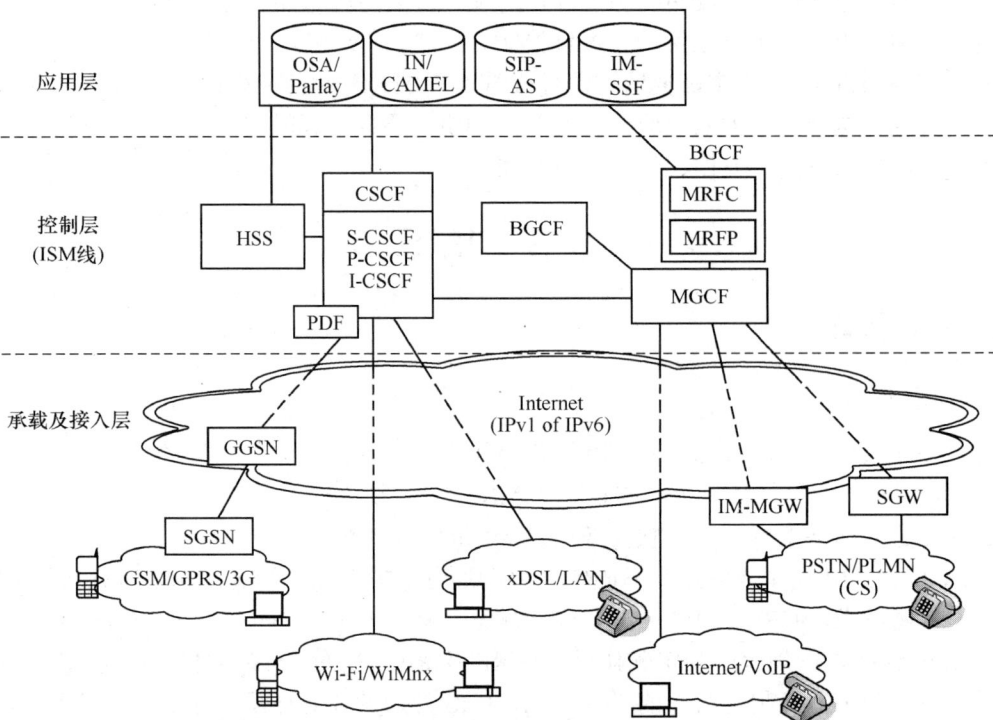

图 3.13　IMS 体系结构

3.3.2　IMS 与通信网络架构演进

IMS 之所以得到了国内外运营商的青睐，其根本原因还是来自于市场需求。IMS 作为一种开放的标准架构，能够创建永远在线且与接入和终端无关的网络，帮助运营商快速、便捷地引入用户期待的融合新业务，为客户创造价值，从而在竞争中脱颖而出。

"融合"是目前电信业的热点，下一代多媒体融合业务已成为通信市场的发展趋势。这一方面表现为用户对操作简单、安全、业务个性化、便携移动及有线与无线无缝融合通信方式的迫切需求；另一方面，"融合"也为运营商保持并提高其市场份额提供了巨大空间。

而目前的电信网络体系结构由多个相互独立的垂直业务体系组成，如 VoIP、可视电话、视频点播等，不同的网络为用户提供不同的业务。"点到点"形式的传统网络结构——"终端－网络－应用"不利于运营商简单、快速引入新业务，以及业务之间的互动。而下一代"融合"的演进方向是"多种终端－多种网络（统一的控制核心）－多种应用"的网络体系结构，不同业务能同时运行、交互，并且多媒体融合的业务与网络控制分离，连接到统一的会话控制及公共的网络资源。因此，基于 IMS 的融合体系架构正是适应这种融合需求而产生的。

从传统交换到软交换，再到 IMS，无不体现了控制和接入分离、呼叫控制和承载分离以及业务和控制分离的网络架构演进方向。作为基于标准的开放架构，IMS 采用 SIP 进行端到端的呼叫控制，使运营商能跨越不同终端和网络快速地提供融合的多媒体业务，创建永远在线、与接入和终端无关的网络。这种体系架构开放性好，标准化程度更高，适用于所有接入方式和业务的统一控制核心、统一的用户数据库，有利于固网和移动网的无缝融合，从而快速、高效地推出丰富的多媒体融合业务。网络架构的演进如图 3.14 所示。

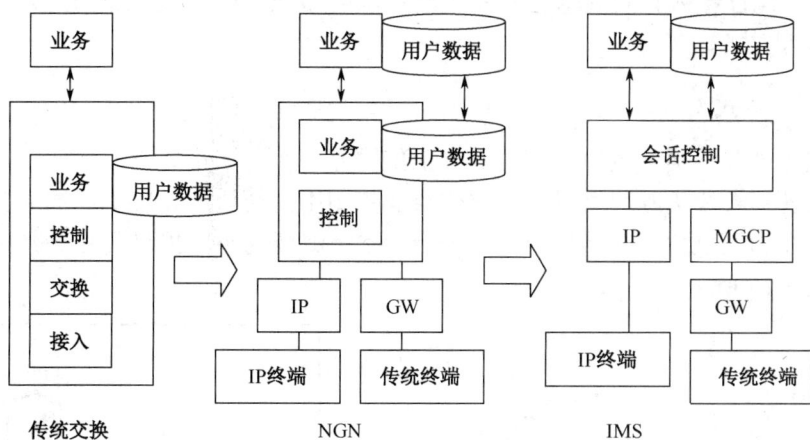

图 3.14 网络的架构演进

中国三大运营商依据自身网络资源状况，确立了网络融合的架构，提出了以 IMS 为核心的全业务运营战略，即采用 IMS 组建融合的核心网。使用 IMS 构建全业务运营核心网，不仅可以实现固定宽带接入；而且能实现融合业务全网共享，还可以实现已有移动增值业务由 IMS 触发，移动业务提升到全网共享。更重要的是，IMS 能充分整合现有网络，实现多网络融合，并支持未来的 WLAN/3G/LTE 等网络的接入，利于网络融合和未来演进。

随着 IMS 的成熟和稳定部署，必将大大促进全业务的应用和发展，可以想象，在不久的未来，各种应用终端，如 IAD、IP PBX、AG、IP 话机等 IP 终端，都将有大规模的普及和应用。

IMS 全部采用 SIP 作为呼叫控制和业务控制的信令，而在软交换中，SIP 只是可用于呼叫控制的多种协议的一种，更多地使用 MGCP 和 H.248 协议。

总体来讲，IMS 与软交换的区别主要在网络构架上，IMS 的网络架构相比于软交换更为先进，因为 IMS 比软交换进行了更充分的网络解耦。网络各个层面的不断解耦是电信网络发展的总体趋势，从传统电路交换网到智能网出现，再到软交换以及 IMS，无不符合这种趋势。网络的解耦使得垂直业务模式被打破，有利于业务的发展；另外，不同类型网络的解耦也为网络在不同层面上重新聚合创造了条件。这种重新聚合，就是网络融合的过程。由此可见，

IMS 的网络架构相比于软交换也更有利于实现固定与移动的网络融合。

在未来的发展中，软交换主要定位于继承传统的语音业务，同时可以适当地发展一些基本的 IP 多媒体业务。在此定位的基础上，软交换仍然可以在 PSTN 长途网、网络智能化改造等方面获得大量的应用。同时，基于业务发展及服务质量提高的需求，软交换网络架构也将不断向前发展。总之，只要人们理性地看待软交换，并以实用为原则，即使在 IMS 已经大行其道的今天，软交换仍然能够获得足够的发展空间。

3.4 基于软交换的接入网应用

3.4.1 软交换的典型接入方式

软交换网络具有强大的网络接入能力，提供了多种接入方案供不同环境下的用户接入，AG 接入方式和 IAD 接入方式（适合有双绞线资源的 DSL IAD 和以太网 IAD），以及智能终端、软终端接入方式。

1. AG 接入方式

接入网关提供各种接入接口，主要定位于集团办公用户、小区用户，使用前提是，在所接入区域已具备双绞线资源，可以用以取代企业集团用户交换机、PSTN 端局。如对于小区接入，只需要在小区以太网交换机旁安装一台 AG，就可为小区提供几百到几千双绞线用户的接入，如图 3.15 所示。

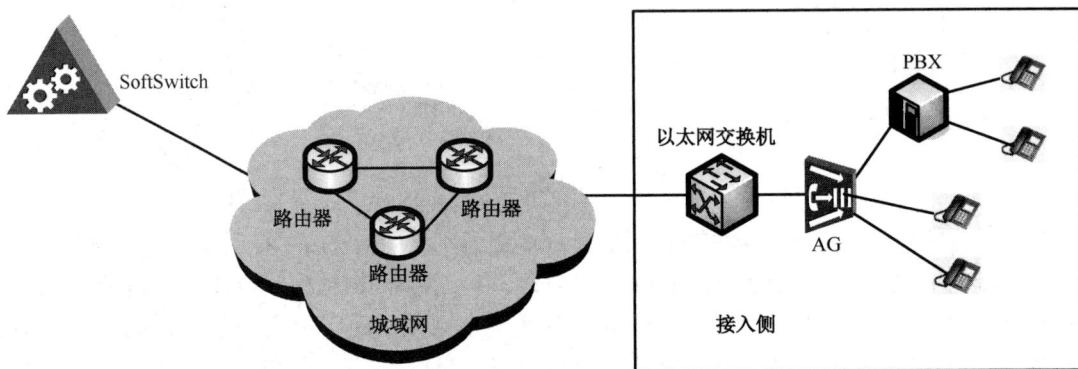

图 3.15 AG 接入方案

2. DSL IAD 接入方式

DSL IAD 是在 DSL（数字用户线）上用分组方式传送语音，DSL IAD 能在一条铜线上传输多路模拟电话信号和数据业务，提高用户线对的利用率，降低运营成本。如图 3.16 所示，用户利用 DSL IAD 与 DSL AM 相连，为用户提供语音业务和 Internet 接入，此接入方案适用于拥有双绞线资源的用户。

3. 以太网 IAD

适合放置在商业楼宇或小区的楼道，与楼道内以太网交换机并行提供语音与数据业务。

以太网 IAD 网络侧提供一个以太网接口，用户侧提供一个以太网接口与若干个 Z 接口，接用户 PC 与普通话机，提供数据与语音的综合接入，如图 3.17 所示。

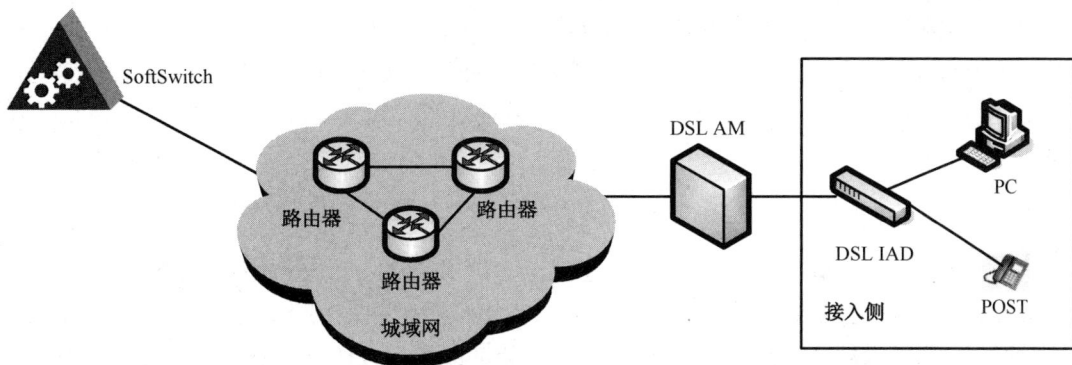

图 3.16 DSL IAD 接入方案

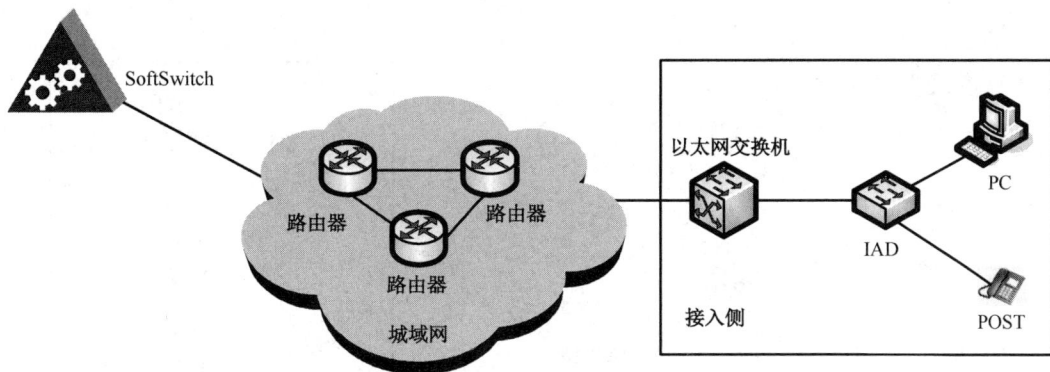

图 3.17 以太网 IAD 接入方案

以上的接入方式，语音的接续由软交换控制，通常软交换与以太网 IAD 的控制协议采用 H.248 或 MGCP。IAD 与 IAD 电话用户的互通，由软交换完成信令的处理与媒体的控制。IAD 用户与 PSTN 用户的互通，是在软交换的控制下，通过媒体网关实现媒体流的转换，由信令网关完成 IP 网与 PSTN 7 号信令的互通，最终完成呼叫的建立与释放。

4. 智能硬终端接入方式

对于城域网五类线已经到户的用户，可以利用现有的线路资源，只需要将这根五类线接 SIP 话机或者 H.323 话机，同时有些智能终端还可以提供另外的以太网口，相当于集线器的功能，这样就可以再接用户 PC，实现用户数据与语音的综合接入，如图 3.18 所示。

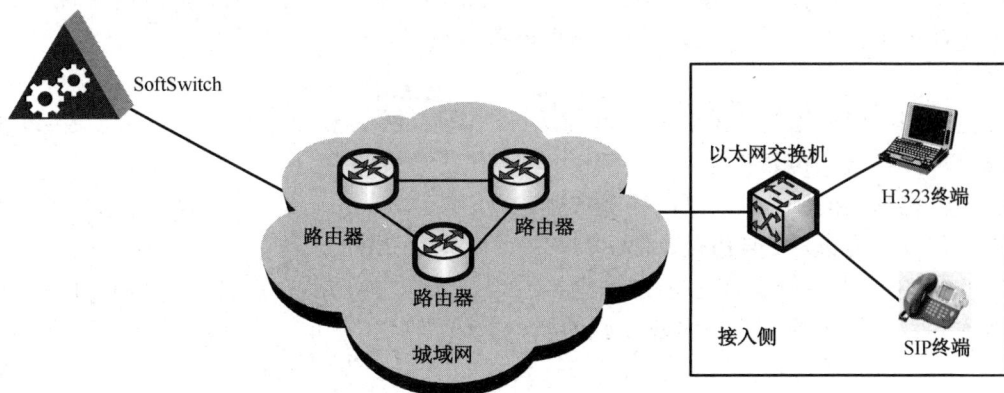

图 3.18 智能硬终端接入方案

智能硬终端方案，是指将 IP 语音终端直接接入运营商数据网，在终端将语音信号压缩并编码为 RTP 流，每一个智能终端分配一个 IP 地址。在软交换的控制管理下，智能终端可以实现话机与话机之间、话机与其他接入网关及 IAD 用户之间、话机与固定电话网之间的互通。

5. 软终端接入方式

该方式直接利用 PC 资源，利用厂家提供的 SIP 或者 H.323 软件安装到 PC 上，可以方便地实现语音与数据融合的业务。这种组网方式相当于把智能终端内置于 PC 中，只是在 PC 中通过软件完成硬智能终端的功能，其组网结构简单，无须改变原有数据网的线路及连线，无须额外增加终端语音设备的投资，网络结构如图 3.19 所示。

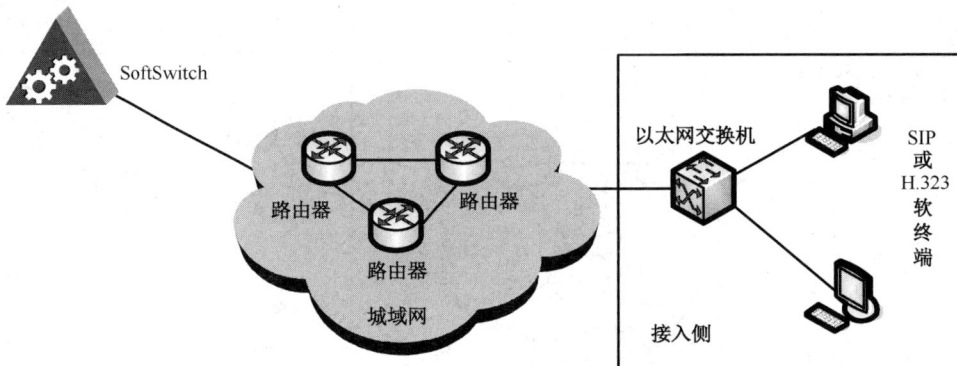

图 3.19　软终端接入方案

3.4.2　MPS2000-X 软交换系统与工程案例

1. MPS2000-X 软交换系统

MPS2000 平台是基于 NGN 架构的通信平台。

迈可行通信致力于整体解决方案，基于 MPS2000 统一通信平台可以为客户提供多种解决方案，如办公通信系统、政府应急指挥系统、军警作战指挥系统、厂矿企业生产指挥调度和呼叫中心通信平台等解决方案。

随着社会发展，技术进步，人们对沟通的要求也越来越高，有效的沟通可以极大地提高企业的竞争力；迈可行统一通信整合了各种通信手段，将各种通信工具无缝地结合在一起，使处于全球各地的员工、客户、合作伙伴可以自由流畅、有效地协同沟通。统一通信架构如图 3.20 所示。

支持终端：模拟话机、IP 话机、可视话机、电脑软终端、手机、集群终端、Wi-Fi 手机、小灵通、广播终端、传真机等。

容量：16～65536 用户，可以平滑扩容。

支持信令、协议：7 号信令、ISDN、SIP、H.323、MGCP。

MPS2000 统一通信平台支持传统程控交换机所有组网方式，并开创了基于 IP 网络的广域组网方式、无线组网方式、多媒体通信能力。如图 3.21 所示为广域组网方式架构。

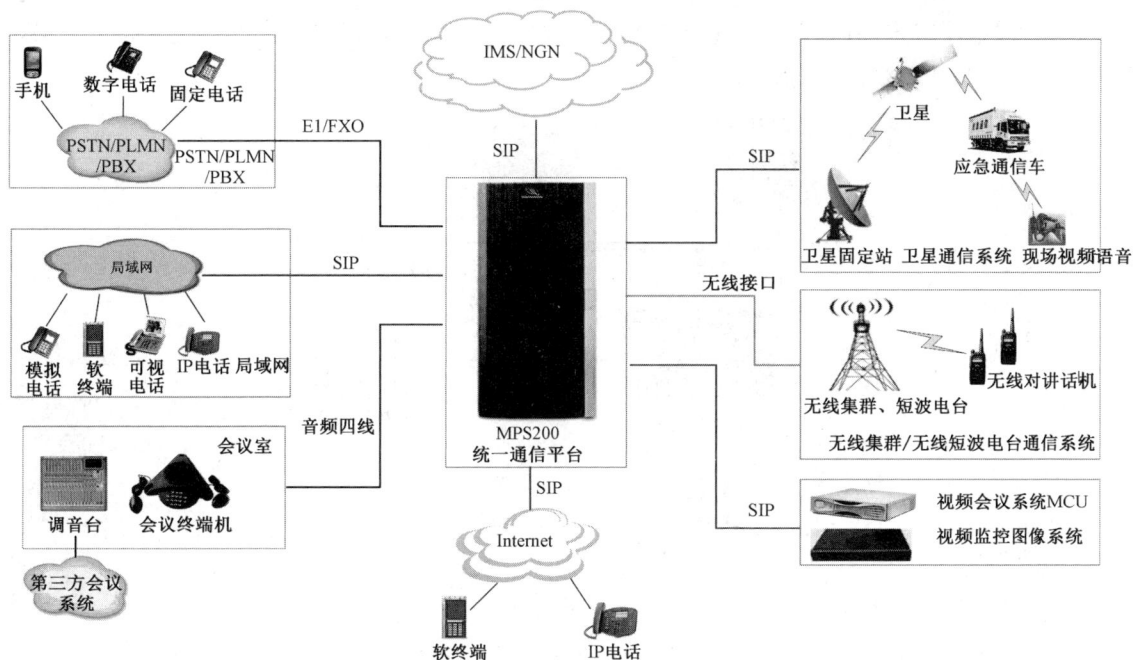

图 3.20 统一通信组成架构

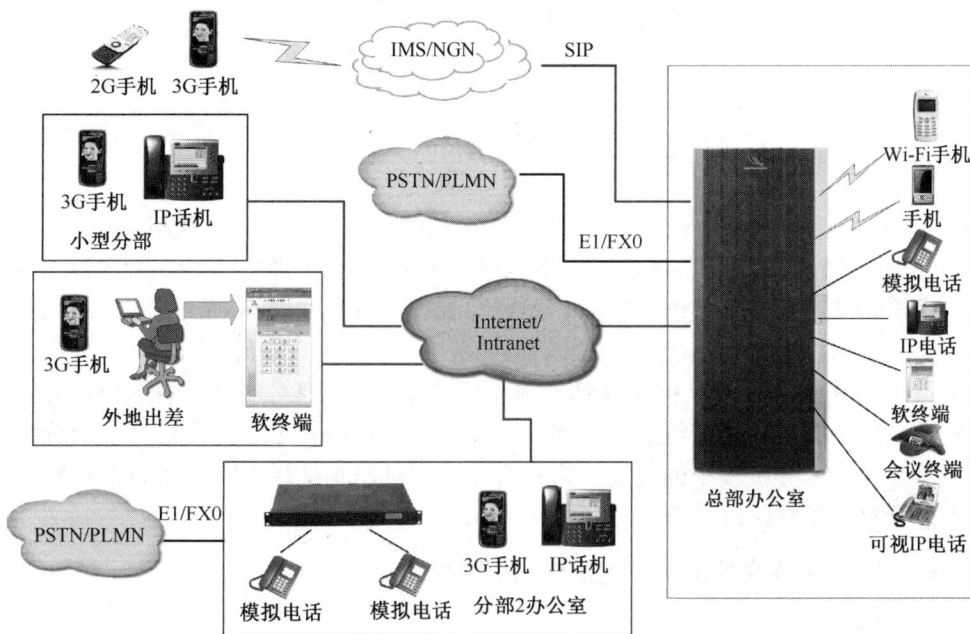

图 3.21 广域网通信组成架构

随着通信技术的发展和通信网络的演进，通信产品从提供单一功能的设备（如交换机、排队机、调度机、会议机），向支持多网络融合、多业务提供和多媒体技术的通信平台演进。

2．MPS2000-X 软交换系统在移动运营商接入工程的应用

（1）工程场景

迈可行的 MPS2000-X 软交换系统，为移动运营商解决由于不能发展固话，一直都无法

接入话吧和集团客户的问题。MPS2000-X 软交换平台，可为话吧、集团客户提供接入方案，组网方案如图 3.22 所示。

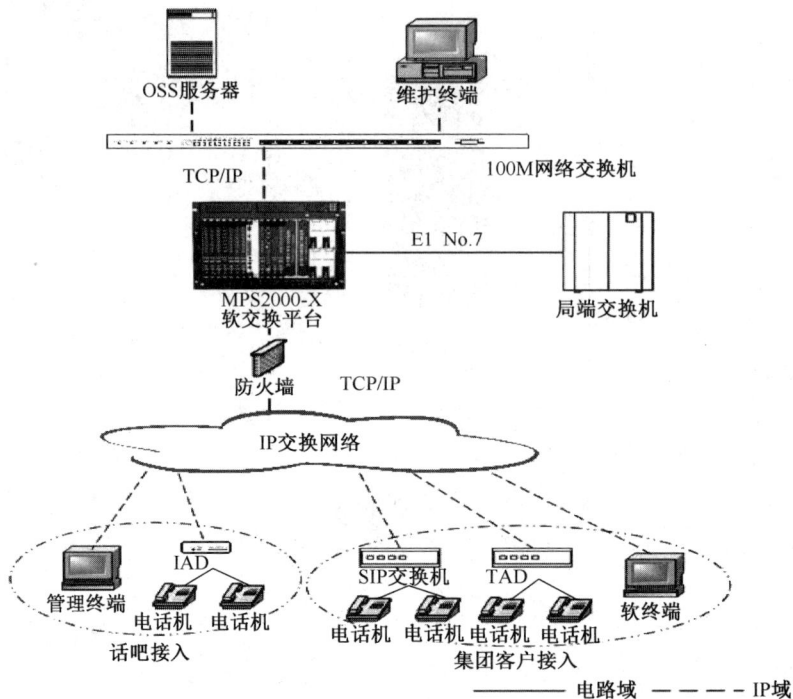

图 3.22　MPS2000-X 软交换系统

（2）工程应用

MPS2000-X 软交换平台通过数字中继采用 7 号信令与移动局端交换机互连，通过网络交换机和 OSS 服务器及维护终端组成局域网。OSS 服务器实现计费、统计、用户管理等运营支撑功能，维护终端用于对系统进行维护、配置和管理。MPS2000-X 通过防火墙后连入 IP 交换网络实现用户的接入，IP 交换网络可以是局域网也可以是 Internet。

每个话吧通过放置一个 IAD 实现话吧内电话的接入，管理终端可查看本话吧的所有电话的忙闲状态、通话记录、话费统计等；每个集团客户通过放置 SIP 交换机（适合分机较多的企业）或 IAD（适合分机较少的企业）来实现企业内部电话的接入，对于习惯计算机办公的员工也可以直接采用软终端实现电话的呼入呼出。

3．MPS2000-X 软交换系统在远距离通信工程的应用

（1）工程场景

洛阳-驻马店成品油管道全长约 425km，为建设成品油管道的远距离通信工程，选用 MPS2000-X 软交换组网。该工程的软交换系统，主要用于解决各站场（油库）内部、站场与站场、站场与调度控制中心、省石油公司之间的语音通信。

（2）工程应用

该工程的组网方案如图 3.23 所示。

本工程在郑州调度控制中心、省石油公司各设一台 MPS2000-X 软交换；各站场（油库）设语音网关，阀室配置 IP 话机，构成电话通信系统。电话用户分别接入各站语音网关；郑州调度控制中心软交换设备通过公网数据电路（2M 专线）与省石油公司软交换设备互连，

业务分担并互为热备。各站电话未来可通过郑州调控中心、省公司进入中石化专网。
MPS2000-X 软交换系统与各分站网关在本工程光传输网络中采用 TCP/IP 的 10/100M 以太网络组网连接。

郑州调度控制中心、省石油公司软交换系统容量暂定为 500 门。在洛阳首站出 E1 中继至洛阳炼油厂通信站，实现专网接入。各站场配备 E1、PSTN 中继，根据各地电信情况选用中继方式。

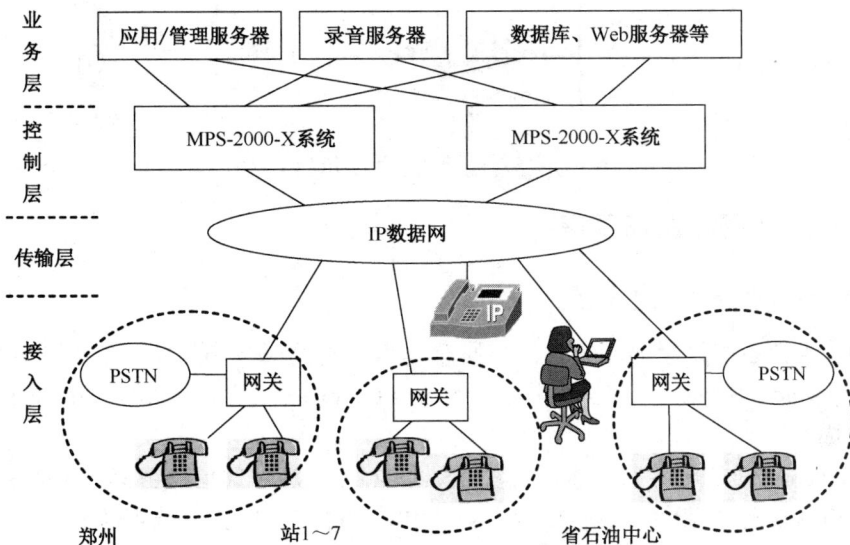

图 3.23　远距离通信工程的组网方案

4．MPS2000-X 组建智能电话会议系统

（1）工程场景

公安局主要职责是：预防、制止和侦查违法犯罪活动；维护社会治安秩序，制止危害社会治安秩序的行为；管理交通、消防、危险物品和特种行业；管理户政、国籍、入境出境事务和外国人在境内居留等有关事务；管理集会、游行、示威活动；监督管理计算机信息系统的安全保卫工作；指导和监督国家机关、社会团体、企业事业组织和重点建设工程的治安保卫工作，指导治安保卫委员会等群众性组织的治安防范工作，内设指挥部、政治部、后勤保障部、纪律检查委员会、经侦总队、治安总队、刑侦总队、出入境管理局、交巡警总队、消防局、法制办公室 11 个机构。

为了充分发挥警方打击犯罪、保护人民、服务现代化建设的职能，某公安预建立一套以现代化通信和计算机技术为依托的电话会议系统。在对众多厂家及应用点进行实地考察后，某公安局选择了迈可行 MPS2000 软交换系统。

（2）工程应用

MPS2000 软交换系统，容量为 2 个 E1，提供四线接口连接调音台。

根据公安局具体需求，在公安局所搭建了 MPS2000 软交换系统，MPS2000 软交换系统的稳定可靠性和方便、易用、功能完善的会议功能，使警方工作效率得到了进一步的提高。该工程的组网方案如图 3.24 所示。

111

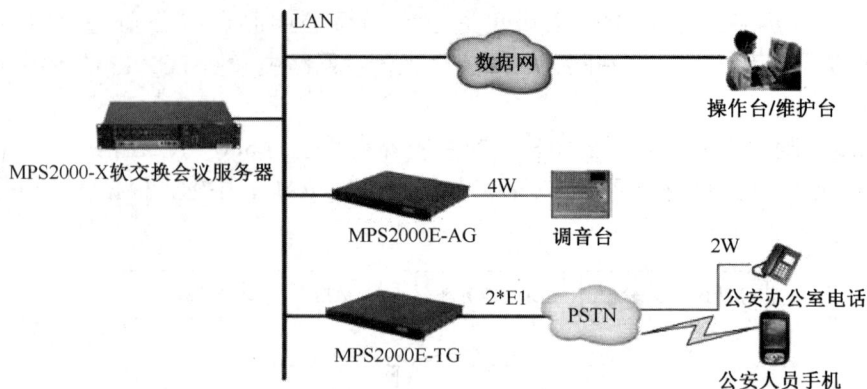

图 3.24 电话会议系统通信工程的组网方案

3.4.3 Avaya IP 语音通信系统

1．Avaya IP 语音系统组成

Avaya IP 语音系统采用分层结构，将原有单点结构的语音通信服务器结构分成基于结构化的三部分：Media Server（通信服务器），Media Gateway（通信网关），Media Terminal（通信终端）。

Media Server（通信服务器）：提供 S8700、S8500、S8300 通信服务器，支持全部将近 500个语音功能和 Avaya 全部呼叫中心功能，支持 IP、ATM、T1/E1 和光纤连接，支持多种容量的通信网关，最多可支持 250 个分支节点，36000 分机，8000 中继。

Media Gateway（通信网关）：提供 MCC，SCC，CMC，G650 和 G700/G350 通信网关，各种通信网关支持不同系统容量（从 8 端口到 2000 端口）。每种通信网关均提供内部交换网络，有效地减少了对数据网络的带宽需求。

Media Terminal（通信终端）：提供模拟/数字电话，IP 硬件电话，IP 软件电话，移动电话联动。

2．Avaya 酒店融合通信系统应用案例

融合通信系统架构：

Avaya 作为语音融合通信应用领域的领先者，为现代化酒店及酒店服务提供全面的语音通信及其应用的解决方案。采用媒体服务器 Avaya S8710 / G650 媒体网关为主要设备的架构组成，其融合通信系统架构如图 3.25 所示。

酒店融合通信系统基本功能：

酒店客房电话功能、为客房提供 IP 电话及增值应用，客房电话一键式服务。

为酒店办公行政人员提供传统 TDM&IP 电话及应用。

为总机和前台提供高级数字话务台及基于 IP 的纯软话务台应用。

为酒店内部的移动办公人员以及高级宾客提供移动语音解决方案，如 EC500 手机联动功能和基于 WiFi 无线局域网技术的移动语音终端。

酒店资产管理 & 计费系统的整合。

话务台终端及其应用。

酒店语音信箱功能。

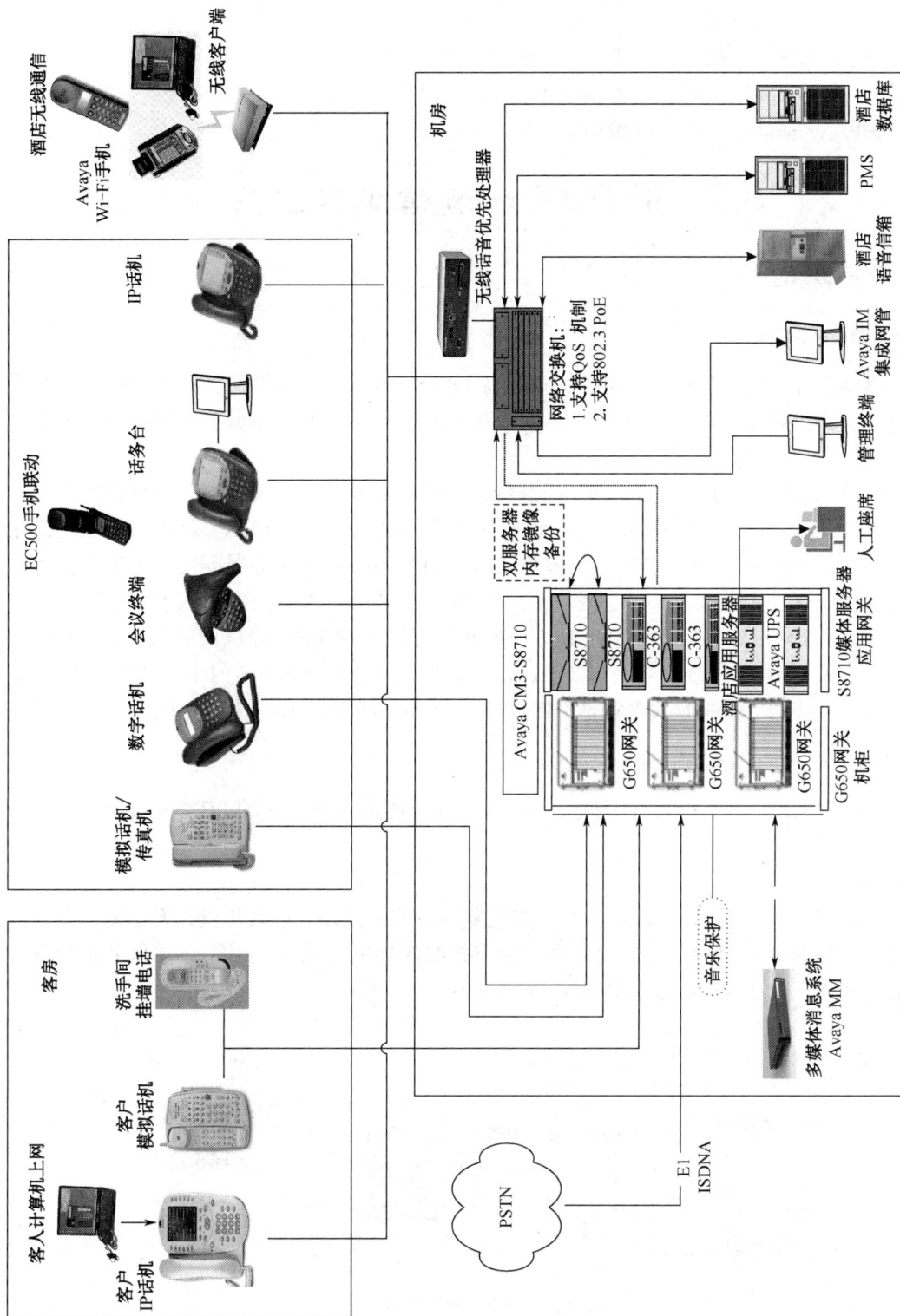

图 3.25 Avaya 酒店融合通信系统架构

融合通信系统作用如下。

① 增加新的创收渠道。

② 通过多媒体通信增进客人感受、增强客人忠实感。

③ 提升运营效率和酒店连锁管理水平。

④ 提高网络基础设施投资的价值。

3.5 IP PBX 和通信工程应用

3.5.1 IP PBX 的构架

1. 何谓 IP PBX

IP PBX 是一种基于 IP 的企业电话交换设备（PBX），IP PBX 可以完全将语音通信集成到集团单位的数据网络中，从而建立能够连接分布在全球各办公地点和员工的融合语音和数据的通信网络。

IP PBX 系统是一个融合通信系统，通过传统电信网和互联网，仅需要单一设备即可为本地用户提供语音、传真、数据和视频等多种通信服务；通过多台 IP PBX，跨国或跨地区的企业可以非常快捷地构架企业自己的语音和数据网络。IP PBX 系统的部署不仅可以提高企业特别是跨国或跨地区企业员工的工作效率，同时也为企业节约了大量的通信成本。

IP PBX 可分为混合 IP-PBX 和纯 IP 的 IP-PBX。混合 IP-PBX 原厂商的代表包括 Avaya（亚美亚）、ALCATEL（阿尔卡特）、NORTEL（北电）、SIEMENS（西门子）、SIMTON（三通）等；纯 IP-PBX 原厂商的代表包括 CISCO（思科）、ASTERISK（星号）等。

2. 从 PBX 到 IP PBX 的架构演进

IP PBX 的应用大体上总共有两种应用模式，首先讨论一下传统的 PBX 和 IP PBX 的网络架构。

（1）第一种架构

传统 PBX 架构的电话系统功能简单，布线复杂，扩展性差，设备昂贵，无法适应企业规模的扩张，无法跨地域组网，不能建立多点分布式的内部电话系统，不能充分利用现有的 IP 网络资源发展。传统 PBX 架构如图 3.26 所示。

图 3.26 传统 PBX 架构

当企业选择建立自己的 IP PBX 系统时，不得不考虑已经使用或部分使用了的 PBX 系统以保护原有的投资，这就是第一种架构。

例如，某企业在引入 IP PBX 之前，其电话网和数据网是各自独立的，两者互不相关。企业的数据业务通过内部的局域网和向运营商租用数据专线实现，电话呼叫都通过传统 PBX 进行，如果企业内部电话用户想要拨长途电话，需要使用电信运营商提供的 IP 长途业务，并且每拨一次 IP 长途电话还要支付本地电话费。IP PBX 可以将电话网和数据网完美地结合在一起，企业的长途电话可以直接通过自己的路由器接入 VoIP 网络，免去了本地电话费。该模式主要应用于已经具备传统 PBX 和内部数据网的大型企业，引入 IP PBX 并不会改变原有的网络结构和布线，原有设备可以全部保留，毫不浪费投资，如图 3.27 所示。在图中，IP PBX 和 PBX 的连接方式是通过 E1 接口连接起来的。

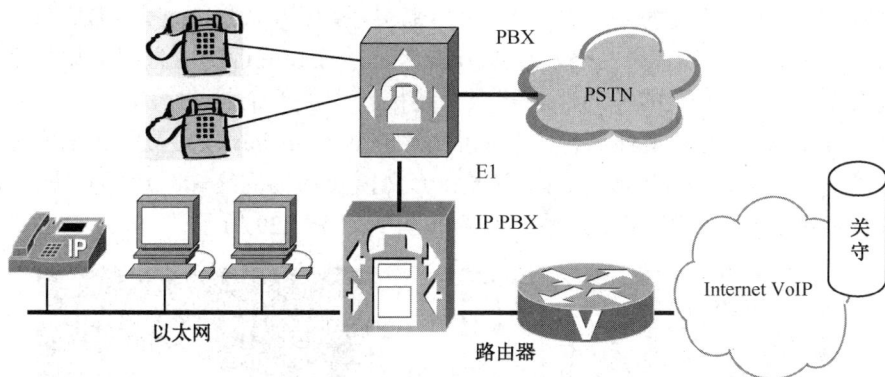

图 3.27　PBX 和 IP PBX 组成的电话网络

（2）第二种架构

由于 IP PBX 兼具语音交换和 IP 网关的双重功能，所以可以完全取代传统 PBX 而独立运行，机构内部的电话都可以连接到 IP PBX 上。IP PBX 一方面通过中继线（FXO 或 E1）与 PSTN 相连，将本地电话呼叫送至 PSTN，另一方面与内部以太网和路由器相连，将 IP 长途呼叫送至 VoIP 网络。该模式主要应用于中小企业、智能小区、智能大楼、话吧、校园网等领域，这就是第 2 种方式，如图 3.28 所示。

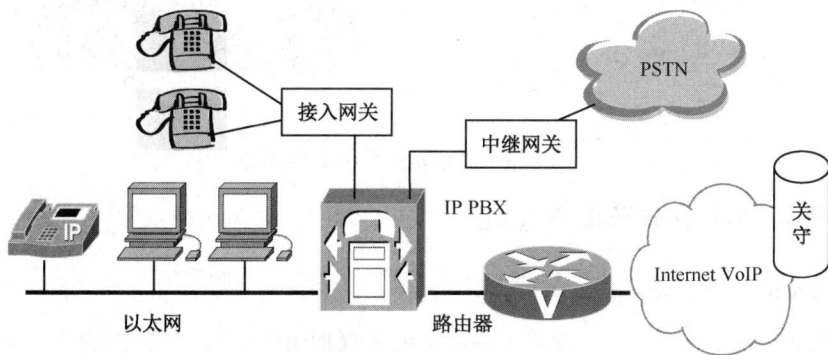

图 3.28　IP PBX 组成的电话网络

以上两种应用模式中，其 IP 长途呼叫既可以通过运营商的 VoIP 网络进行，也可以通过自己的基于内部 VPN 的 VoIP 网络进行。所谓运营商的 VoIP 网络，即公用长途 IP 网（如网通网、联通网和电信网等），它们提供网络服务。所谓内部 VPN 的 VoIP 网络，即集团公司已经在 Internet 上建立了内部自己的内部 VPN 网络，在该网络中有自己的 VoIP 网络和网守，这样，整个集团公司进行内部长途通话时，可以直接通过已经建立的 VPN 进行 IP 通话，从而实现内部通话零话费。它们之间的区别就是谁来提供 IP 呼叫服务的问题。

（3）思科 IP PBX 的设备架构

思科 IP PBX 的设备架构类似第二种。核心呼叫控制和管理系统 IP PBX 即 Cisco CallManager（软件）＋Cisco MCS（硬件），出一个 10/100/1000M 的 RJ45 口。两种体系架构的主要变化在于：

PBX 是基于单一物理设备完成呼叫的接入、语音交换和控制等所有功能，而思科 IP 通信将上述三个功能子系统通过专门的设备或系统来完成并将其分布到整个企业 IP 网络中，如呼叫控制通过独立的专门软硬件系统思科 CallManager（即 IP PBX）来实现，而语音交换则由过去 PBX 的交换模块变为企业整个 IP 网络来实现，接入系统由过去 PBX 系统的中继板卡和用户板卡变为各种可分布在网络任何地方的语音网关和就近的以太网交换机连接实现。

过去在 PBX 内部实现的呼叫信令和语音连接转为基于企业整个 IP 网络平台进行传送，但呼叫信令与语音 IP 包通常分离传送，从而思科 CallManager 只负责呼叫信令服务，所有的呼叫语音流并不接入思科 CallManager 系统，而由需要通话的终端系统间根据路由器的 IP 路由表选择最佳路由直接完成连接。系统构架的演变如图 3.29 所示。

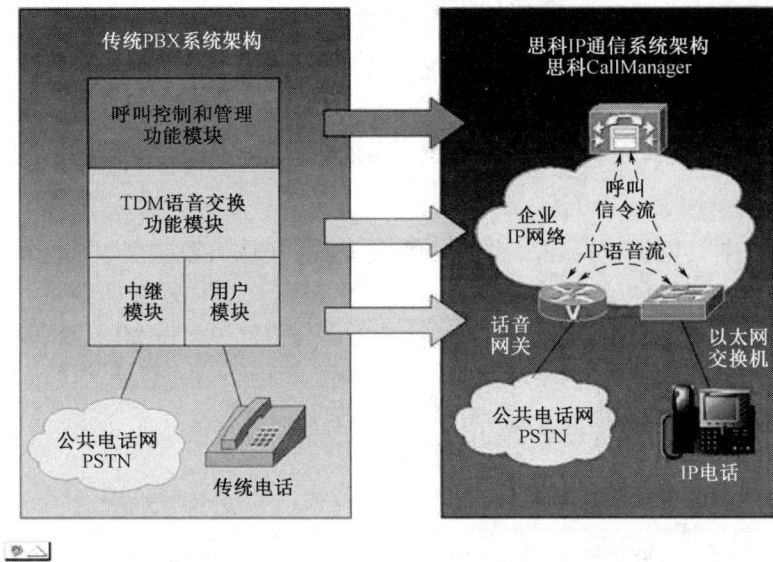

图 3.29　思科系统构架的演变

3.5.2　IP PBX 基本组成与工作原理

1．IP PBX 的设备组成

IP PBX 按照组成结构区分，有纯 IP PBX 和混合型 IP PBX。由于需要面对现实的网络，近年来混合型的 IP PBX 成为了应用主流设备，其组成框图如图 3.30 所示。

IP PBX 的主要组成部分：

① 软交换控制平台：呼叫管理器或交换软件用于呼叫控制、信令和管理。

② 通信网关：实现异构网络的业务、信令转换。

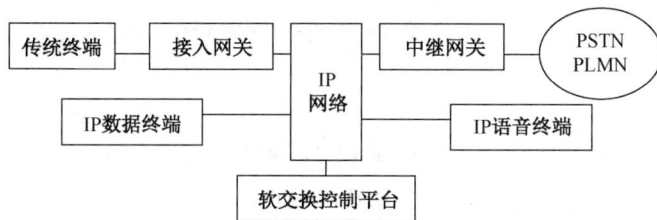

图 3.30　IP PBX 的组成框图

　　a. 中继网关（TG）。

　　模拟中继网关（ATG），支持 IP PBX 连接到 PSTN、PLMN 或 PBX 上。

　　数字中继网关（DTG），支持数字 T1/E1 与 PSTN 或转换代码间的连接性，支持会议。

　　b. 接入网关（AG）：会聚语音网关。通过 IP 或 SIP、H.323 适合电话设备，支持用户连接到标准 POTS 电话上；复杂的接入网关还包含综合接入设备（IAD）。

　　③ IP 终端：IP 电话或其他 IP 设备，它们是终端用户设备，可直接连接 IP 网络，它替代了传统的电话装置。

2. IP PBX 基本的工作原理

　　PBX 是基于 TDM 技术的传统电话交换系统，IP PBX 是基于 VoIP 技术的设备，支持更简单的用户管理和高级应用程序。通过 IP PBX，局域网成为共享数据包网络上的 IP 电话和呼叫管理器（Call Manager）间的连接平台，这样使得数据应用和语音网络得到统一，同时也解决了有关 LAN 数据包优先级问题，从而满足了用户对多业务和音频质量方面的需求。

　　（1）IP PBX 的核心设备

　　IP PBX 系统的核心是服务器，它与代理服务器类似。SIP 客户端可以是软件电话（Soft Phone）或者基于硬件的话机（IP Phone），它向 IP PBX 服务器注册登记，当其希望进行呼叫时，便向 IP PBX 请求建立连接。

　　IP PBX 具有所有电话/用户的姓名地址录及其相应的 SIP 地址，因而能够通过自身或 VoIP 运营服务商提供的 VoIP 服务来连接内部呼叫或发送外部呼叫。通过一个基于会话初始化协议（SIP）的系统，VoIP 客户端可以是安装在计算机上的"软电话"，或是独立的硬电话设备，VoIP 客户将其 SIP 地址注册到服务器上，而服务器则维护着一个数据库，里面存有所有的客户及其地址。

　　（2）IP PBX 的交换功能

　　① 内部交换。

　　当一个用户拨打电话时，服务器会识别这个电话到底是一个内部电话还是外部电话。内部电话会直接转给该电话呼叫的 SIP 地址，或转给应当接听此电话的内部用户。外部电话则会被转到 VoIP 网关。

　　将 IP 电话连接到 LAN 中，可以通过集线器端口或交换机端口实现。IP 电话可以和呼叫管理器对话并自我注册。呼叫管理器存储所有对应电话号码的 IP 地址。当某个用户想呼叫另一个用户时，那么该用户需要知道被呼叫方的电话号码。呼叫管理器负责将电话号码转换为对应的 IP 地址，并通过 TCP 连接在被呼叫 IP 电话端产生铃音 IP 数据包。当被呼叫 IP 电话端接收到该数据后，便产生铃音。当用户摘取电话，呼叫管理器指示被呼叫 IP 电话方开始与主叫方进行通话，同时将自己从回路中移走。从这时开始，两个 IP 电话间的呼叫正式进行。在通话期间发生的任何变化，如按键或用户挂断电话等这些信息都会通过控制信道传送到呼叫管理器上。

② 外部交换。

企业可以拥有自己的 VoIP 网关，并结合到系统中，或使用 VoIP 服务提供商的网关。网关的用处就是将 IP 电话连上传统公众电话网（PSTN 或 PLMN）。VoIP 网关既可以连到模拟电话线上，也可以连到数字电话线上。

网关设备可能表现为专有设备的形式，或作为服务器中的一个扩展卡。和其他网关设备一样，它有两个或者更多的端口让它跨接多重网络。传统的 PBX 线路通过一个 FSX 网关连到 VoIP 网络或连到 Internet 上，或在另一个方向，PSTN 电话线可通过一个 FXO 网关连到一个 IP PBX 上。

（3）IP PBX 的典型移动性原理

由于 VoIP 技术是将语音以数据包的形式在 IP 网络中进行传送，因此采用 IP PBX 构建的 VoIP 平台上，用户具有可移动的特性，形象地说就是同一个用户在 A 地用的是 011 的号码，到了 B 地还是 011 的号码，号码随着人走，IP PBX 还支持语音信箱、多方会议、视频电话等传统 PBX 没有的功能，有助于移动办公和异地协同办公。

（4）IP PBX 的用户终端（分机）

IP PBX 一体化通信系统的一个普通电话分机或一个软电话分机都叫做 IP PBX 的一个分机，这里的分机包括很多种通信方式的终端，常见的有如下几种。

① 语音网关+模拟电话分机：一个普通的双音频电话，通过 2 芯电话线连接在语音网关的 RJ11 接口上，语音网关的一端为多个 RJ11 接口，另外一端为 RJ45 的网络接口，语音网关连到局域网网络交换机上通过 IP 方式与 IP PBX 进行通信。

② 模拟电话分机：直接从 IP PBX 的 RJ11 口接出的电话（如果有分机呼叫本电话分机，电话机显示屏上能看到对方分机的分机号码）。

③ 软电话分机：安装在带有声卡的台式计算机或笔记本电脑上的软件电话，用鼠标和键盘操作，用耳机或音箱听，用麦克风说（如果有分机呼叫软电话分机，软电话界面能看到对方分机的英文名称和分机号码）。

④ 本地网络电话分机：一个与 IP PBX 在一个局域网上的支持 SIP 的网络电话机（如果有分机接本电话分机，电话机显示屏上能看到对方分机的英文名称和分机号码）。

⑤ 远端或异地网络电话分机：一个与 IP PBX 在一个广域网上的支持 SIP 的网络电话机，也就是异地的网络话机（如果有分机接本电话分机，电话机显示屏上能看到对方分机的英文名称和分机号码）。

⑥ 外线分机：一个外线电话或手机，对 IP PBX 来说相当于一个远端电话分机。

3．IP PBX 主要的功能特点

① 内部实现"零"通话和传真；呼叫分支机构所在城市的电话只需要付当地市话费。

② 具有通话录音、电话会议、通话监听、详细话单、语音信箱等增值功能。

③ 管理方便，可以统一配置、管理和升级。

④ 组网方式灵活、FXS/FXO/E1 接口灵活，与企业原有 PBX 兼容，拨号规则简单。

⑤ 智能路由，根据主叫和被叫号码智能判断并选择合适的路由。

⑥ 具有一号通功能、传真服务器、内置企业级邮件系统、小型呼叫中心的功能等。

4．IP PBX 主要的网络接口

IP PBX 主要的接口特点是丰富、灵活，以移动网络 IP PBX 主要的网络接口为例，其示意图如图 3.31 所示。

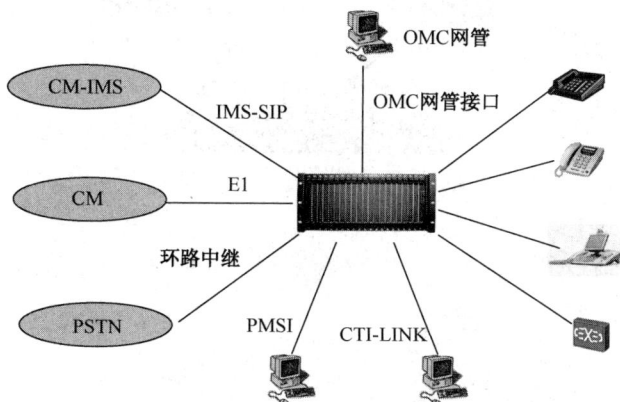

图 3.31　IP PBX 的网络接口示意图

3.5.3　IP PBX 的通信解决方案

1．IP PBX 典型办公通信解决方案

（1）办公通信需求

某总公司由多个厂房与分公司组成，总公司原有 PBX 接入其模拟话机用户。由于该公司语音电话发展需要，需要将总部交换机电话延伸到各分公司和厂房，要求实现内部通话免费、来电显示和号码直拨（无须二次拨号）功能，以满足公司内部通信需求。

（2）IP PBX 办公通信解决方案

针对实际情况，选用迈可行的设备为其提供 IP PBX 解决方案。

网络传输条件是，总部通过租用运营商的光纤拥有一个公网 IP 地址，各分公司采用拨号上网。

① IP PBX 通过 FXO 与总公司原有的松下程控交换机相连，使 IP PBX 带的用户和原交换机带的用户实现互连互通。IP PBX 通过路由器接入 Internet。

② 各分公司根据实际分机数配置相应地接入网关或 IP 话机。接入网关和 IP 话机通过 Internet 注册到位于总公司的 IP PBX 上，实现了总部电话和分公司、厂房电话之间的通信、号码直拨、来电显示等功能。

③ 此外，IP PBX 提供统一网管、远程监控功能，便于集中维护、管理。

该典型的 IP PBX 办公通信解决方案组网结构如图 3.32 所示。

2．融合一体的 IP PBX 综合解决方案

（1）设备介绍

SH-3000 是上海华亨的 IP PBX 融合通信设备，可为用户提供音视频融合一体的综合解决方案。系统采用模块化设计、灵活插板方式，集成传统 TDM PBX 交换机 E1 中继接入和模拟分机用户各项功能，支持 PRI、1 号、7 号、SIP/H.323 各种信令方式，同时可连接传统 PSTN 网络和运营商 VoIP 软交换平台，基于现有的宽带数据网络实现语音、传真、数据在同一网

络中传送，实现安全高效的企业内部融合通信。

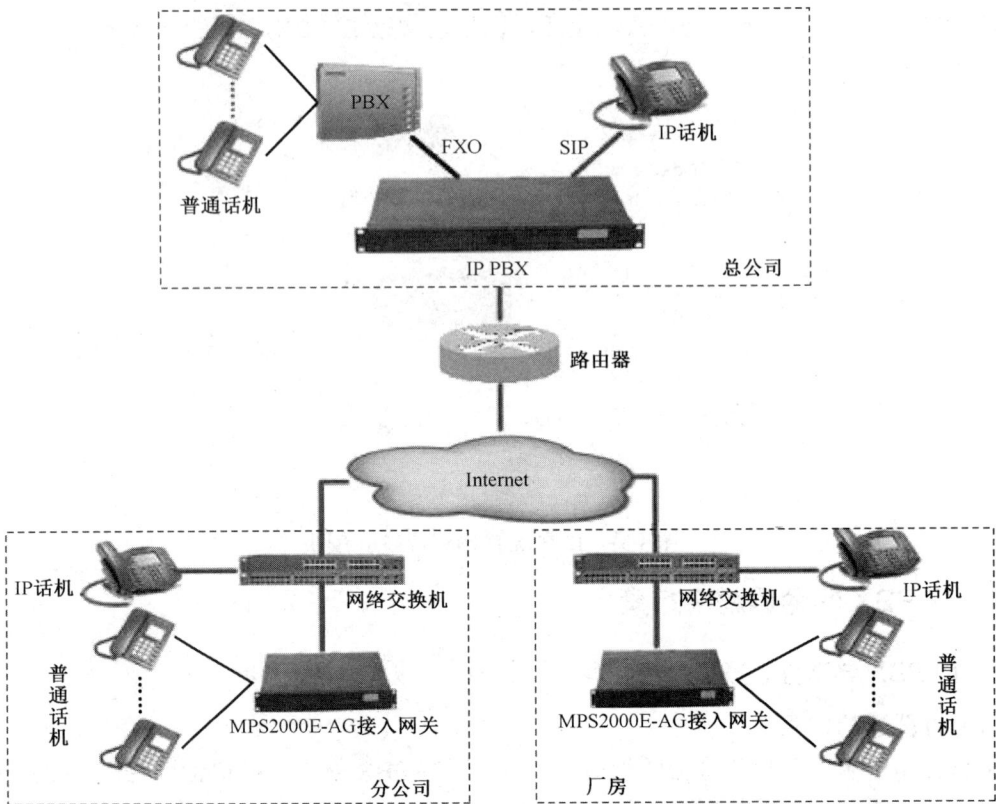

图 3.32　典型的 IP PBX 办公通信解决方案组网结构

（2）SH-3000 IP PBX 的应用

SH-3000 IP PBX 在综合业务接入的用户端，根据用户分机容量不同，业务需求不一等情况，选择 IP PBX 以及 AG、IAD 多类不同设备的混合接入方式，为用户办公通信提供标准的 IMS 电话、传真、图像、数据等融合一体的 IP PBX 综合解决方案。该解决方案的网络与设备组成框图如图 3.33 所示。

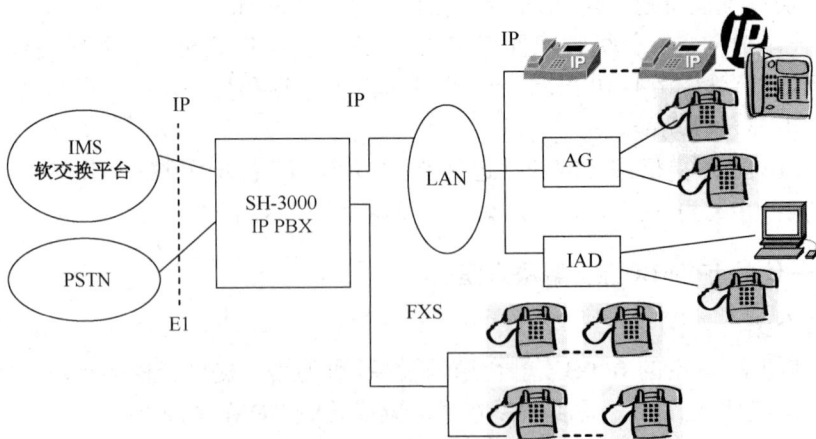

图 3.33　融合一体的 IP PBX 综合解决方案框图

中继端接入方式：

图 3.33 中 SH-3000 IP PBX 为网络核心，通过 SIP 中继以接入 IMS 网络。这是 TISPAN 标准组织提出的、在 IMS 网络下接入 IP PBX/PBX 的一种方式，IP PBX 采用 SIP 信令，注册到 IMS 网络中；其下用户通过 IP PBX 代理隐式注册到 IMS，不需要每个用户都向 IMS 注册，即可享受 IMS 网络提供的业务，同时 IP PBX 通过专用 IAD 接入设备支持接入模拟用户，也可以通过 IP 方式接入 IP 电话或者软终端，IP PBX 下的 IAD 和 IP 电话用户可以享受 IMS 提供的业务。

SH-3000 IP PBX 通过 E1 中继接入 PSTN 网络，实现传统网络外部通信。

用户端接入方式如下。

① AG 接入：AG 接入网关是华亨电信针对于集团企业、分支机构、用户扩容新建推出的实用型接入产品。产品功能齐全，界面友好，维护管理方便，配置简单，支持与华亨 IP PBX 融合通信产品统一的网管配置、业务配置、告警和故障监控管理。在用户保留原有内部电话布线，保留模拟话机，拨号方式和拨打习惯都不变的情况下，实现 IMS 软交换平台下用户的 VoIP 通信。同时为原有 PBX 用户的改造，分机电话的扩容，充分利用了 IP 网络资源，实现语音、传真、数据业务在统一网络中传送，节省了企业的通信投资成本。

② IAD：IAD 是华亨公司独立开发设计的用户端 VoIP 语音接入设备，通过提供的 FXS 和 LAN 端口的不同，满足不同用户的个性化需求。

IAD 是一类能同时提供语音、数据、多媒体等多种业务的综合接入产品。该产品位于 IMS 网络中的接入层，连接上端的 IMS 软平台或 IP PBX 设备，将各种网络用户终端统一接入，使语音、数据等业务在 IP 网络中统一实现。该产品支持 H323/SIP 等多种协议，可以提供完善的电话语音网关服务，可以连接普通模拟电话、IP 电话、PC 软电话、本地局域网络，并通过上连 RJ45 端口连接至宽带网络。本系列设备小巧简单、性能稳定、安装配置方便，是广受用户欢迎的 IMS 通信终端。

③ FXS：面向用户的模拟接口信令有三种，FXS、FXO 和 E&M。

FXS（Foreign Exchange Station）可理解为计算机通信中的 DCE（数据通信设备）接口，通常为电话交换机的用户端口，用来连接具有 FXO 端口的端设备，如电话机或集团电话。

FXO（Foreign Exchange Office）可理解为计算机通信中的 DTE（数据终端设备）接口，通常为端设备，连接具有 FXS 端口的电话交换机设备，如 PBX 或市话局。

FXS 和 FXO 通过两芯电缆构成环路的断开和闭合与电流信号来完成电话的呼叫控制。

E&M（RecEive and TransMit）是一种模拟中继信令，主要用于 PBX 到 PBX 和 PBX 到市话局的互连。与 FXS/FXO 不同，E&M 端口之间直接互连，将两台 PBX 连在一起，通常也称捆绑中继接口（Tie Trunk）。

3．大型企业集团 IP PBX 解决方案

（1）大型企业集团办公通信需求

大型企业集团在全国各地拥有多家分公司和办事处，总部已经拥有传统 PBX，整个公司已经通过 Internet 建立了内部 VPN 连接。需要 IP PBX 通过 VPN 建设大型企业集团的办公通信系统，提升自身办公通信能力，同时节省开支。

（2）大型企业集团办公通信 IP PBX 方案

大型企业集团在全国各地拥有多家分公司和办事处，在公司总部，由于电话用户较多且已经部署了传统 PBX，所以引入 IP PBX 作为传统 PBX 的补充，将数据网和电话网有机地结

合起来，企业的内部电话互通、与本地 PSTN 互通以及企业外长途来话，都通过传统 PBX 进行交换，这样就最大限度地利用了传统 PBX 的能力，有力地保护了投资。而拨至分支机构所在地的长途电话都被转到 IP PBX，通过路由器送至 VoIP 网络，这时要求 IP PBX 可以处理较大容量的并发呼叫。

在其他分公司和分支机构（办事处），基于不同的电话用户数，可以采用不同种类的 IP PBX，接入所有的电话用户，然后与 IP 网和 PSTN 同时相连，内部电话互通、与本地 PSTN 互通以及企业外长途来话，都通过 IP PBX 进行本地交换，而拨至其他机构所在地的长途电话都通过路由器送至 VoIP 网络。

由于整个集团公司已经在 Internet 上建立了内部 VPN 网络，因此可以建立自己的 VoIP 网络和网守。这样，整个集团公司进行内部长途通话时，可以直接通过已经建立的 VPN 进行 IP 通话，从而实现内部通话零话费。

如果某分支机构想拨打其他机构所在地的市话网电话时，也可以绕开昂贵的传统 PSTN 长途线路，通过内部 VoIP 网络，连接至对端机构的 IP PBX，再转入当地市话网，从而省下了长途话费。

大型企业集团 IP PBX 典型组网形式如图 3.34 所示。

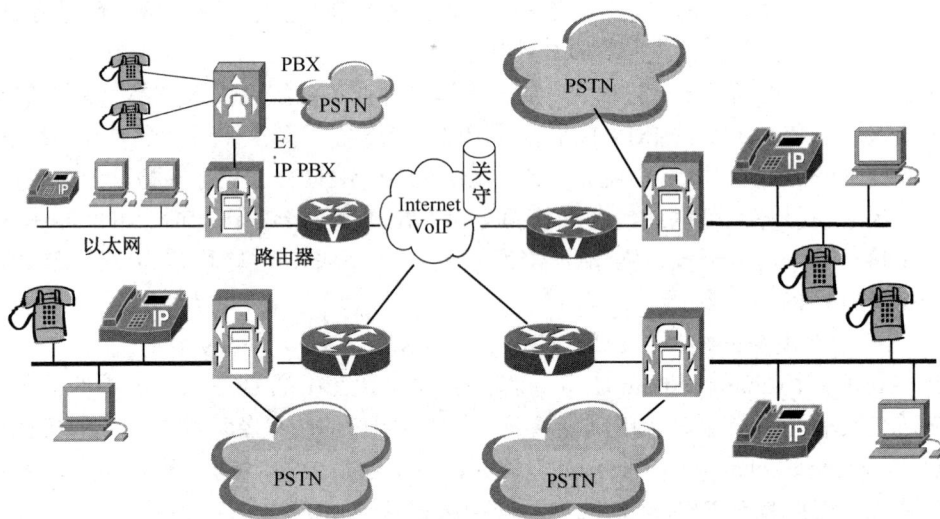

图 3.34　大型企业集团 IP PBX 典型组网形式

4．IP PBX 在移动综合接入过程中的解决方案

（1）小规模独立新建 IP 接入方案

小规模独立新建 IP 接入方案如图 3.35 所示。

图 3.35　小规模 IP 组网方案

方案说明：

一般用户新建容量在 100 以下，可优先考虑 IAD 方案。

单台 IAD 容量一般有 1/2/4/8/16/32，可以根据需要进行组合，为了管理方便，一般尽量采用同种型号，如 32 端口。

大端口 IAD 一般部署在企业机房，连接配线架。小端口 IAD（如 4 口以下）一般部署在企业办公区，直接出模拟线连接电话机。

IAD 支持星形连接和级联混合组网，当用户需要扩容时，可以通过 IAD 的冗余下行 LAN 口进行级联，不需要额外增加网络交换机或占用相应端口，可有效降低部署成本。一般级联不超过 4 级。

（2）大规模独立新建 IP 接入方案

大规模独立新建 IP 接入方案如图 3.36 所示。

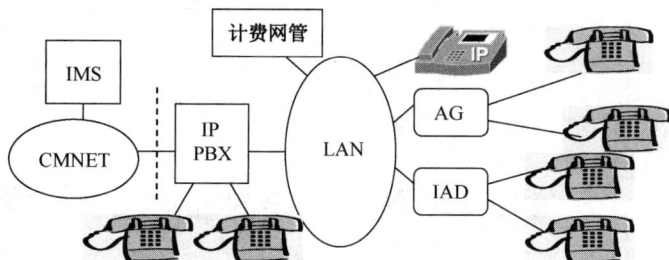

图 3.36　大规模独立新建 IP 接入方案

方案说明：

① 用户规模超过 100，或用户计划有较大扩容可以考虑用 PBX 方案。

② 企业侧部署 IP PBX，上行通过 IP 接入 SBC。IP PBX 支持模拟用户直接接入。

③ 对于部署在不同楼层或附近楼宇的相对密集的部门，可以通过 IAD 或 AG 在企业内部局域网进行接入，远程节点容量不超过 256 采用 IAD，256 以上可采用 AG。

④ 根据企业业务需求，选择提供计费和话务台。一般默认提供本地网管。

（3）大规模新建-分布接入方案

大规模新建-分布接入方案结构图如图 3.37 所示。

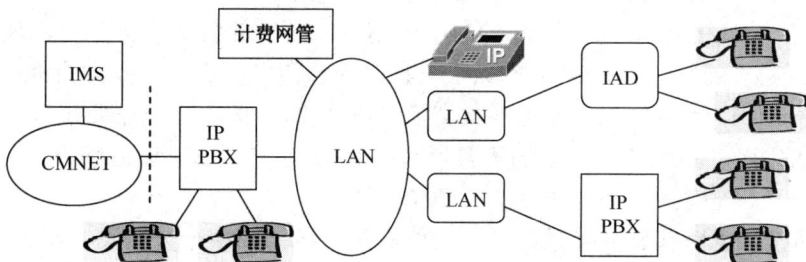

图 3.37　大规模新建分布 IP 接入方案结构图

方案说明：

① 用户有多个分支机构且相聚较远，当企业内部有数据专网时适用该方案。

② 如果企业没有专网，可以按局点分解成多个大、小规模新建方案，通过 IMS 提供统一 Centrex 业务。

③ 一般在总部集中出局。如果分布跨省，则可考虑从分部接入当地移动专线，提供本地通话业务。

（4）移动端局建设与接入方案

铁通的固话业务由各个端局将号码资源转移到 IMS，接入层各设备直接以 SIP 注册在接 IMS 上。移动端局建设与接入方案结构图如图 3.38 所示。

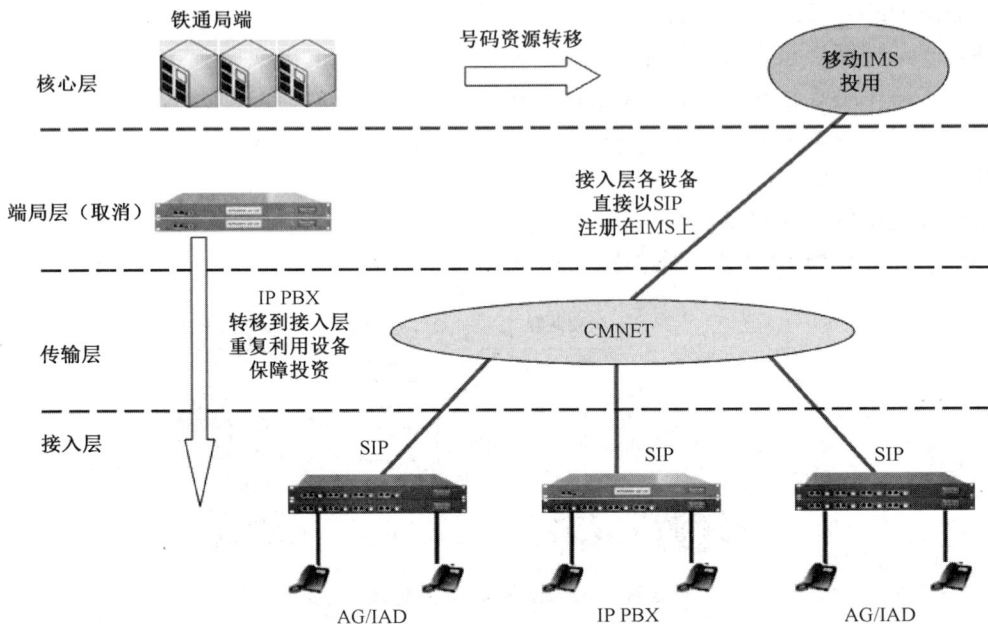

图 3.38　移动端局建设与接入方案结构图

3.6　软交换、IP PBX 设备故障分析处理

3.6.1　软交换、IP PBX 设备维修概论

1. 软交换、IP PBX 设备故障维修特点

以软交换为核心的 NGN 技术一出现，就受到了全球运营商、设备供应商和软件开发商的高度重视，一些新的业务不断出现。采用 NGN+IP PBX 的解决方案，可以增强 IP PBX 组网和业务通信能力，同时也为 NGN 增加了一种接入手段，便于运营商向企业提供托管服务，易于和企业建立合作伙伴关系。因此，软交换、IP PBX 设备的维护需要统筹，用 NGN 整合现有的 IP PBX，用以确保通信设备的正常运行。软交换、IP PBX 设备维修的主要特点如下。

（1）以 IP 全网的架构思路分析故障出现的环节

IP 全网的架构思路在软交换系统和 IP PBX 的设备维修中十分重要，维修人员需要了解 IP 网络架构的各个环节之物理连接、接口协议，以便判断故障的部位。分析故障出现的环节思路图如图 3.39 所示。

（2）针对各类 IP PBX 的故障特点维修

① 注意互通问题。近年来市场上出现了很多 IP PBX 产品，也得到了很多应用，但由于各种产品并非完全按照标准，在维修中要注意在互通上还有一定的问题。而且在业务提供接口上还没有公认标准，支持的第三方厂家及业务不多，往往为了实现跨地区的大型企业内部电话互通，不得不建立有复杂呼叫路由的多套系统，管理起来复杂。

② 注意操作平台。IP PBX 按照操作平台有两种常见的选择，一种是采用专用操作系统，

系统包含在一个简单的机箱内，这种结构的特点是稳定性好，故障率低，但在终端用户分布广时系统的扩展性受到考验。

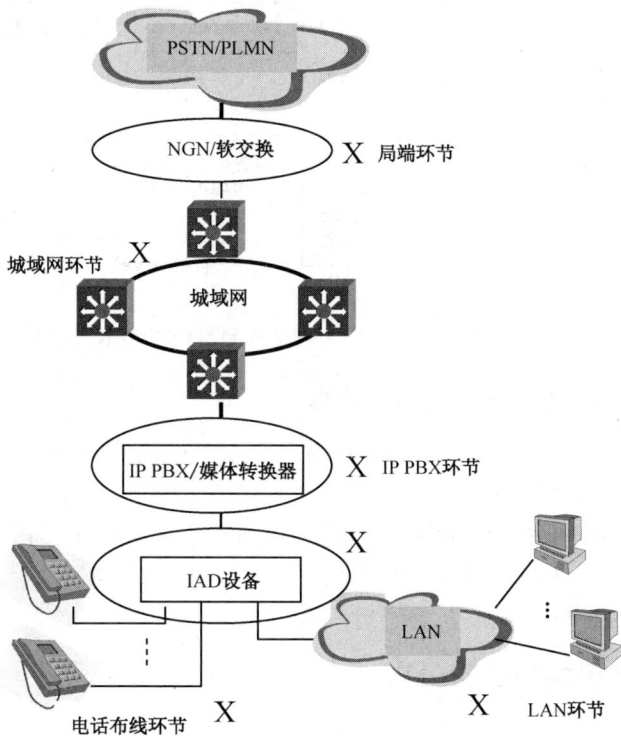

图 3.39　IP 全网的架构思路分析故障出现的环节

另外一种是基于 Windows 平台，系统扩展性好，界面友好，但这种系统稳定性差，解决系统可靠性的方法是采用备份技术，即利用互为备份的两个 IP PBX 来工作。

③ 注意终端类型。IP PBX 按照接入的终端类型也可以分成两类，一类产品是直接通过局域网利用 IP 电话接到桌面，故障检查简单；另一类产品除了可以连接 IP 电话外，也可以直接连接传统的模拟电话或数字电话，故障检查复杂。

（3）IAD 设备的维护与故障排除是维修的重点

IAD 设备是 NGN 网络接入端最常见的利用率最高的综合业务设施，也是软交换系统、IP PBX 与用户端连接的最重要的多业务接入设备。因此，IAD 设备在软交换系统、IP PBX 的故障维修中故障率高，是维修的重点部位。

2．软交换、IP PBX 设备故障基本维修思路

软交换、IP PBX 设备故障维修需要维修人员在熟悉 IP 全网架构基础上掌握所维修的具体设备的性能，一次维修的成功往往是各种维修经验的综合运用。

① 软交换系统、IP PBX 的故障维修如同计算机控制的其他现代通信设备一样，遇到故障从硬件和软件两个方面分析处理。

② 软交换系统、IP PBX 的故障维修涉及的网络问题和通信协议比较多，因此系统的运行环境比较复杂，往往出现一些硬件问题和软故障，对于硬件故障宜采用各个环节逐步排查的方法；对于软故障，在维修时采用各种级别的系统再启动是处理这类故障的有效方法。

如图 3.40 所示为维修思路，仅供参考。

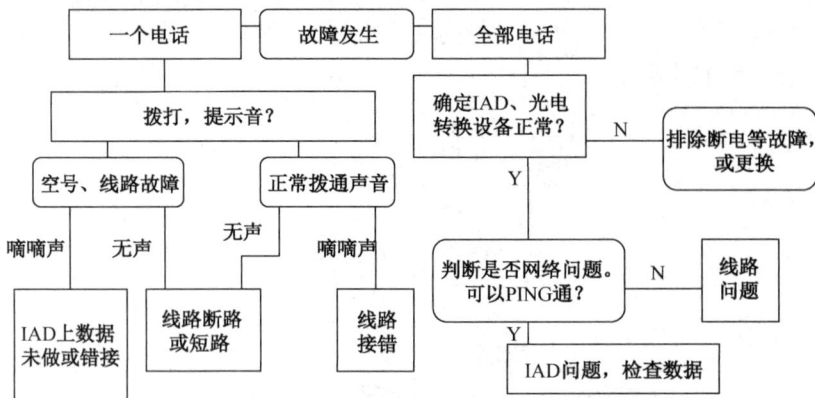

图 3.40　软交换、IP PBX 设备故障维修思路参考框图

3. 软交换系统、IP PBX 的设备维护要点

要想确保软交换系统、IP PBX 系统的正常运行，实现这一类办公通信服务的可靠性，在维护中特别注意如下维护要点：

① 系统的备份。应利用冗余呼叫处理硬件和网关，确保系统正常。

② 系统各个部位的通信电源，运行需要随时可用的备用电源。

③ 要实施最严格的安全制度、补丁管理和病毒防护。

3.6.2　IAD 设备常见故障分析处理

IAD（综合接入设备）能同时提供模拟用户线和以太网接口，分别用于普通电话机的接入和计算机设备的接入。

IAD 设备能同时交付传统的 PSTN 语音服务、数据包语音服务以及单个 WAN 链路上的数据服务（通过 LAN 端口）等。IAD 将跨越单个共享访问链路的多个语音和数据信道集中到载波或服务供应商 POP 上。其中访问链路可能指 T1 线路、DSL 连接、有线电视网络（CATV）、宽带无线链路或 Metro-Ethernet 连接。

通常 IAD 的安装以客户端为前提。但有时客户端也选择由服务供应商安装的 IAD。这种情况下，服务供应商在使用过程中能控制接入链路特性并能管理操作程序。

1. 发现故障的环节

IAD 设备是全网中的末端重要设施，以 IP 全网的架构思路分析各个环节之物理连接、接口协议，现在以电话业务为例，判断故障的部位。

① 首先检查电话线布线环节，若异常，则继续检测。

② 检测在 IAD/IP PBX 环节上的问题，若无误，则继续检测。

③ 检测城域网环节，若无误，则继续检测。

④ 检测局端环节。

2. 故障现象与故障原因

（1）摘机听不到拨号提示音

① IAD 与电话机之间的线路有故障。

② IAD 供电有故障。

③ IAD 的某个通信端口有故障。

（2）摘机或拨号后听到忙音

① 用户端接入城域网有故障，网络不通。

② IAD 无法注册到 NGN（配置不正确，或账号信息不正确）。

③ 数图或拨号规则配置不正确。

（3）呼出提示"呼叫受限，请勿越权使用"

① 用户物理号未与逻辑号绑定。

② 用户是预付费类型，未充值。

（4）呼出提示"您所拨打的号码不存在"

① 数图或拨号规则设置不合理。

② 设备阻抗配置不正确，导致检号丢失。

（5）外线呼入提示线路故障

① IAD 供电故障。

② 用户端无法接入城域网。

③ IAD 未注册上 NGN。

（6）语音质量差

① 电话线环路不稳定，布线质量差。

② 音质差，WIMAX 未配置 QOS 或带宽问题。

③ 语音业务与数据业务未做 VLAN 隔离或 QoS 设置。

3．故障排除方法举例

（1）电话摘机没有拨号提示音——IAD 设备的 FXS（POTS）口不供电

检查设备电源指示灯是否亮，否则：

① 检查设备电源插座是否接触良好，可以拔出后重新插上；

② 检查电源线是否老化、损坏，更换电源线试试看；

③ 检查电源开关功能是否完好，重新开关电源试试看；

④ 如果上述尝试都无效，可能是设备电源损坏，可更换一台设备。

（2）IAD 设备的电话端口问题——设备通信端口因素

检查设备的其他端口是否表现相同，否则：

① 用其他电话呼叫该端口，尝试能否恢复端口通信功能，否则尝试下一步；

② 绕开设备通信端口与办公坐席之间的馈线，将电话机直接插在故障端口上，尝试能否恢复端口通信功能；

③ 如果通信端口直接电话机可以恢复通信，则怀疑用户馈线故障，用线路测试仪排除线路故障——是否短路、断路；

④ 如果通信端口直接电话机也无法恢复通信，可尝试更换一台设备。

（3）IAD 设备部分端口注册不上——设备配置因素、排除局端账号开通因素

部分端口注册不上（用户体验：无法拨通外线，听到催挂音；外线呼入提示"您所拨打的电话线有故障"等），做如下处理：

① 排除设备配置因素——登录设备配置界面，检查故障端口的相关配置（账号、密码、电话号码）是否正确，否则纠正错误配置后，重新确认。

② 排除局端账号开通因素——使用其他终端，在其中配置该用户的账号信息（账号、

密码、电话号码），检查账号信息是否正确，否则联系局端工程师确认。

（4）IAD 设备所有端口注册不上——网络因素、设备配置因素、用户账户因素

所有端口都注册不上，检查设备配置因素、用户账户因素，若无误说明是网络连接问题，则进行如下处理：

① 将 PC 连接到用户网络端口上，确认城域网接入是否有问题；

② 在确保城域网没问题时，检查 IAD 设备的网口连接是否正常；

③ 在物理线路连接没问题时，查看网口指示灯是否亮，若不亮，尝试换根网线；

④ 检查设备网络参数配置是否正确；

⑤ 若以上方法均无法恢复，可能是设备硬件存在故障，尝试更换一台设备。

（5）IAD 设备连接的电话通话声音断续、模糊——网络传输因素

电话接通后，通话声音断续、模糊，检查物理连接无误，则做如下处理：

① 先确认城域网对语音业务和数据业务是否做了隔离措施，如通过 VLAN 隔离，或 ToS 标签区别报文优先级。

② 用 PC 诊断、检查网络传输是否顺畅，比如用 Ping 命令检查 ICMP 包是否丢失、回应时间是否稳定、是否达到或超过 500ms 等。

3.6.3 典型 IP PBX 设备故障的维修

1. Alcatel-Lucent OXE 设备

IP PBX 是开放式通信模式，IP 互通复杂的网络容易导致网络的病毒侵袭，尤其是面向语音通信服务器的网络攻击等，任何先进的通信设备，都难免出现这些运行故障，这是 IP PBX 常见故障中最典型的问题，因此，为确保系统的安全运行，对于 IP PBX 网络安全的维护十分必要，同时对于这类网络软故障的及时分析处理尤其重要。我们以 Alcatel-Lucent OXE 设备为例，介绍故障的维修。

（1）Alcatel-Lucent OXE 设备

Alcatel-Lucent OXE 是构建在客户-服务器体系结构和标准的开放系统之上的新一代 IP PBX，融合 TDM 与 IP 交换方式，具有语音交换，还综合了数据通信、文本和视频图像传输等非话业务。主要设备包括：通信服务器，由一个处理平台和通信服务器软件构成；一套媒体网关；一套 IP 客户端。

业务通信解决方案可以是开放式通信模式的标准构件，其整体结构示意图如图 3.41 所示。

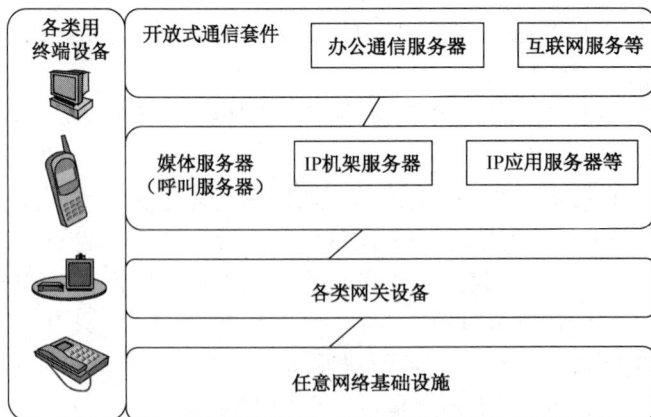

图 3.41　OXE 系统的整体结构示意图

（2）Alcatel-Lucent OXE 设备的运行问题分析处理

IP PBX 系统为办公人员提供各种业务接入手段,分别通过企业的 IP 网络互连,通到 PSTN 网络的 E1/PRI 或模拟中继，以提供企业到 PSTN 网络的直达路由出口，或者作为 VoIP 的备份。OXE 设备的网络系统基本组成如图 3.42 所示。

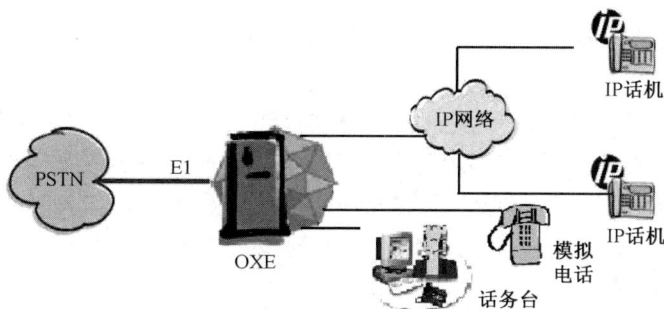

图 3.42　OXE 设备的网络系统基本组成

在 IP PBX 设备的运行中可能由于来自网络尤其是 IP 网络以及某些干扰的影响，导致系统局部或全台性发生运行故障。

对于这类影响系统运行安全的故障，通常有如下方法分析处理。

① 依靠系统自身的维护功能处理。

作为面向 IP 网络的语音通信服务器，交换机为了抵御来自数据网络的各种攻击，内置安全防护机制，采用如下手段：

a. 削减 Linux 标准版操作系统中与 IP 语音通信无关的部分。

b. 缩减 Linux 分布式系统所需的 TCP 端口，从而减少面向数据网络的开放接口，减少网络病毒寻找软件门户漏洞的可能性。

c. 采用可适应的 Linux 应用程序，屏蔽易受网络攻击的服务内容。

d. 由于采用 Linux 系统，可以充分利用开放型源代码的优势，在开发/应用过程中，使用扫描软件，寻找通信服务器、IP 话机、IP 媒体网关及应用软件等的网络漏洞，采取及时补防等措施。

② 人工防护、维修。

a. 在网络环节，利用已有的 IP 网络防火墙或过滤机制，可以进一步降低网络攻击的可能性。

b. 一般来说，面向语音通信服务器的网络攻击，主要通过远端维护的方式进入。为了避免匿名接入，建议通过用户已有的防火墙设置访问接入/语音流量端口（IP 媒体网关，IP 话机，应用入伍，管理平台），控制接入权限。

c. 从网络攻击的角度看，主要通过 Telnet 方式接入，而大部分 IP 端口设备（IP 媒体网关，IP 话机等）都能够默认关闭 Telnet 服务。若有用户试图通过 IP PBX 的设备访问其他网络设备（PC、服务器等），可以通过 IP 媒体网关控制板或 IP 话机实现限制服务。

d. 此外为了避免 VoIP 受到数据网络内其他业务的干扰,建议能够把 VoIP 业务的设备（语音通信服务器、IP 媒体网关、IP 话机等）设置在一个特定的 VLAN 内。

e. 不管是直接访问 OXE 交换机，还是通过网管软件管理，都需要按照"用户名＋密码"的方式分级鉴权登录。对于非法用户的访问（用户名/密码不正确），OXE 交换机可以通过自动闭锁系统访问的方式，保护系统，阻止非法登录。

f. 对于所有发生过的登录信息、命令操作信息，都会在系统日志中记录，作为历史记录供调用。所有正确的系统参数和数据都会存放在 CPU 中相应的硬盘扇区，而且可以导出备份，供系统恢复时使用。

2. 纯 IP 的 PBX 系统典型故障维修

以 Cisco IP 电话为代表的纯 IP PBX 架构如图 3.43 所示，属于新一代先进的设备。鉴于组成的构架特点，其故障维修主要是常见语音故障检测与排除问题。

由于 Cisco IP 电话机依赖于底层数据网络进行通信，因而数据网络的故障会影响到电话机的操作，因而在检测与排除语音故障时也应该考虑数据网络的故障检测与排除对象。以下给出了常见的语音故障检测与排除对象和相应的建议解决方案，作为参考。

图 3.43 纯 IP PBX 架构

（1）语音故障检测与排除对象——IP 呼叫服务器问题

主要检查 CDP、DHCP、TFTP 以及 NTP 等 IP 服务的配置信息。

① CDP 是一个 Cisco 专用协议，运行在所有 Cisco 产品的第二层，用来和其他直接相连的 Cisco 设备共享基本的设备信息，独立于介质和协议。

黑客在勘测攻击中使用 CDP 信息，这种可能性是比较小的。因为必须在相同的广播域才能查看 CDP 组播帧。所以，建议在边界路由器上关闭 CDP，或至少在连接到公共网络的接口上关闭 CDP。

② DHCP 是动态主机配置协议。Cisco 路由器既能作为 DHCP 客户端，也能作为服务器。

③ TFTP 是一个传输文件的简单协议，TFTP 的安全意味着应该经常对 IP 源地址进行安全方面的配置。

④ NTP（Network Time Protocol）是用来使计算机时间同步化的一种协议，它可以使计算机对其服务器或时钟源做同步化。

（2）语音故障检测与排除对象——QoS（服务质量）问题

检查路由器和交换机的 QoS 配置信息，确认已正确分类了语音流量，分配了最低带宽并给予了给定优先级的处理方式。

（3）语音故障检测与排除对象——安全问题

确认语音和数据 VLAN 是否已隔离，并检查语音媒体流和信令流的加密和认证配置。

（4）语音故障检测与排除对象——安全问题

对模块化的 Cisco Catalyst 交换机机箱（如 Cisco Catalyst 6500 机箱）来说，该交换机的供电不一定足以为其所连接的 Cisco IP 电话机提供电源，因而应检查交换机的电源容量和当前的利用率情况

3. 混合型 IP PBX 故障的维修举例

（1）电话用户终端故障的维修举例 1

根据一部电话还是部分或全部电话有问题进行分析处理：

① 如果是一部电话出问题，则故障范围可以缩小到该端口的物理连接或设置问题，比较容易故障定位和排除。一般是本部电话从 IAD 电话线到客户电话机出现故障，例如，电话线路断路、短路，也可能是该电话自身配置错误；再例如，设置拨打权限为内线，不能拨打市话和长途等。

② 如果是多部话机同时出问题。

a. 需要分析这些故障用户的共性，如都是在同一卡板上的端口，则基本上可以判断属于卡板问题或这一组的物理连接问题。

b. 若涉及综合接入设备的语音用户，一般可能是这个 IAD 的所有电话都不能拨打，那么一般是从 IAD 到媒体处理器或 IP PBX 这一部分发生故障，例如，IAD 电源问题、光电收发器或网络断路等，可以逐步检查，最后排除故障。

一个单位部分或全部电话不能使用，如所有电话拿起可听到忙音，IAD 指示灯或网卡灯不正常等现象，可做如下分析处理：

第一，检查网线有没有接好；

第二，检查电源，IAD 所有指示灯不亮是电源问题；

第三，使用 Ping 命令处理。

最后根据检查结果采用相应的处理方法。

（2）电话用户终端故障的维修举例 2

根据一部电话是电话都打不通还是部分功能没有进行分析处理：

① 如果电话是既不能打入又不能打出，即所有功能都没有，检查物理连接是否正确，一般来说是从 IAD 到客户电话机出现故障。

另外，安装初期较容易出现以下情况。

a. 电话线接错了，出现有忙音，但无法拨打，或可以拨打但号码不对等问题。

b. 电话线断路现象：电话一点声音都没有，在 IAD 出线处接电话机正常。

c. 电话线短路现象：电话一点声音都没有，在 IAD 出线处接电话机正常（需要将后面电话线断开）。

② 如果是某部分功能不能完成，例如，只能打内线不能拨打外网，一般来说是配置问题，须检测用户数据的设置并修正。

（3）电话用户终端故障的维修举例 3

IAD 问题引起的故障分析处理：

IP PBX 的 IAD 所连接的电话发生问题，现象为做主叫和被叫都不正常，做主叫时可以拨号但被拨打方接收不到，而打进本号码就提示：网络繁忙，请稍候再拨。

检查 IP PBX 设备与 IAD 设备的物理连接是否正常，用户数据的设置是否有误？可以在 IP PBX 设备端进行直接检验用户做主叫和被叫是否正常，若正常，则进行下一步检查。

若上述检查无误则检查 IAD 设备的供电是否正常，可在 IAD 设备的下连端口检验用户做主叫和被叫是否正常，若有问题，则可以判断 IAD 设备本身损坏。在进行二级维修中，故障部位通常是接口芯片、缓冲驱动器等这些直接与外部打交道或工作繁忙的器件。

（4）电话用户终端故障的维修举例 4

IP PBX 的电话用户终端发生通话单向、通话中断等现行分析处理：

① 经过 Ping 检测，两端互相 Ping 的情形仍良好，因为 Ping 用 TCP 封包传送。所以分析发生这一类故障的主要原因为：

当网络得传输质量较差时，单方向 UDP 封包遗失严重，使得网络电话会有单向拨不通、单向通话或语音断断续续、质量不佳的现象，甚至导致两端逾时而通话中断。

② 维修方法。

a. 改善网络的传输性能。

b. 可调整参数，如调大抖动缓冲时间和关闭静音抑制，用以提高语音的质量。

3.6.4 MPS2000 软交换系统的故障分析处理案例

1. MPS2000 软交换系统应用案例

本项目 MPS2000 软交换系统应用案例是为重庆商务大酒店提供用户改造的综合解决方案。用户大楼分商务楼层和酒店区，酒店区实际 PBX 用户 1000 线，商务楼实际 800 线，接进酒店区和接进商务楼区各需要 4E1 并保留电信业务接入。要求接入网点利用 8E1 中继接入，实现 VPMN 功能。

根据客户的现状和需求分析，采用 SIP GW 来做跨接方案，配置 8 个 E1 中继，把用户原有 PBX 下挂到 SIP GW 上，在不改变用户呼入、呼出规则，保留用户原公网号码资源的基础上，同时接入中国移动 IMS 网络，实现 VPMN 应用及丰富的 IMS 多媒体通信应用。

每个分机拥有原来电信公网号码、中国移动新分配直拨号码，以及内部短号等。当电话在通话状态时，自动将用户对应的外线置忙或者播放来电等待语音，以免外线有电话呼入时，造成话机无人接听的状态。通过移动的 IMS 网络，可以把企业的固话和手机组成综合的 VPMN，实现企业内部通信用。VPMN 短号互拨，不仅给企业通信带来灵活性和便捷性，也能有效地控制企业通信成本。

用户大楼分商务楼层和酒店区，其中酒店区为 1000 线，商务楼区为 800 线，保留原有 PBX 和电信的接入，故本次项目采用跨接解决方案使用 SIP GW 对其实施，配置两个 8E1 中继，其中一个 8E1 中继接入原有电信业务，另一个 8E1 中继对原有 PBX 实施对接，使得原有 PBX 下挂到 SIP GW 上，按照用户要求不改变用户呼入、呼出规则，保留用户原公网号码资源的基础上，同时接入中国移动 IMS 网络，实现 VPMN 应用及丰富的 IMS 多媒体通信应用。设计的网络结构如图 3.44 所示。

每个分机拥有原来电信公网号码、中国移动新分配直拨号码，以及内部短号等。当电话在通话状态时，自动将用户对应的外线置忙或者播放来电等待语音，以免外线有电话呼入时，造成话机无人接听的状态。

跨接应用可根据用户实际情况逐步实现话务分流，包括分号码段、分时段选择。同时注册两条路由，当某一路由故障时，自动切换到备用路由上。

通过移动的 IMS 网络，可以把企业的固话和手机组成综合的 VPMN，实现企业内部通信。VPMN 短号互拨，不仅给企业通信带来灵活性和便捷性，也能有效地控制通信成本。

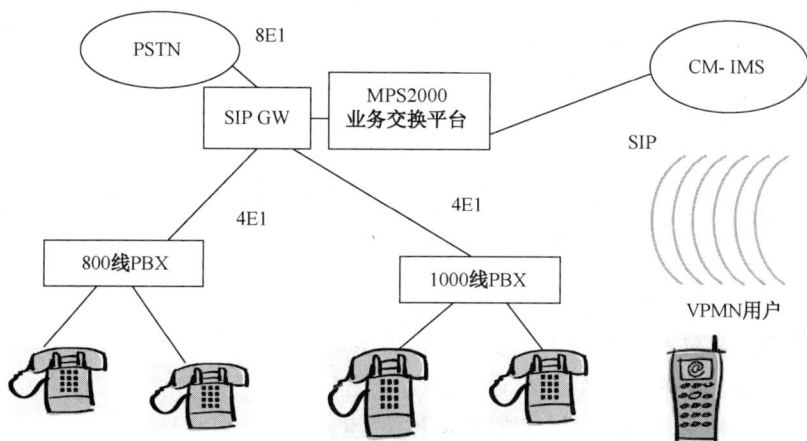

图 3.44　设计的网络结构

2．应用案例故障分析处理

本项目运行状况基本可行，既保留了原来的电信业务，也发挥了新系统的优势，为用户带来了便捷、灵活的通信服务。但从装机调试和运行状况看来，也存在不少运行问题。

（1）系统运行的兼容性问题

MPS2000 软交换系统开通初运行的业务功能很强大，但系统组网运行不够稳定，用户求援的呼声很大，维护量也大。分析认为，除系统本身需要完善外，主要问题是网络协议的适应能力差，是一个兼容性问题。

软交换的体系结构、开放的接口，具有明显的优势，但是随之就出现了大量的技术问题。如设备的兼容性问题，有的协议尚未做到真正兼容，部分标准还在发展之中；不同厂家的软交换技术标准的选用及协议的兼容性方面还难以做到相互兼容。当前除了 H.248/MGCP/SIP 等基本呼叫控制协议外，大量接口和流程还没有国际规范等，对于软交换系统的开发、推广还面临技术的挑战。

（2）系统运行的可靠性问题

MPS2000 软交换系统开通运行，偶发运行错乱、热启动甚至死机等现象。经技术人员检测、分析、处理、归纳，需要在今后工程中引以借鉴。

① 机柜的主机安装位置设计不合理，较大功率的电子设施没有必要的散热空间，导致设备长期连续运行过度发热，引起系统工作不正常。

② MPS2000 软交换整个机房系统的接地不够规范。

③ 机房外部高压电力线干扰。

④ 安装调试的系统数据存在一些问题。

⑤ 用户在初运行期间有大量的误操作，系统积累了比较多的数据库错乱等。

（3）网关 SIP GW 典型问题

由于采用 SIP GW 来做跨接方案，配置 8 个 E1 中继，把用户原有 PBX 下挂到 SIP GW 上。在初运行期间发生因为 SIP GW 网关设备而导致的电话中断，800 线盒 1000 线的 PBX 内部通信正常，但是中继全部瘫痪。但是很快抢修恢复正常。分析处理从软件和硬件两个方面着手：

① 检查 SIP GW 网关设备的设置，其中主要检查 TDM 与 SIP 之间的业务、信令转化设置数据是否无误。若无误则考虑是硬件问题。

② 经过检查 SIP GW 网关卡板，发现设备过度发热，判断为电路板卡问题。更换新的 SIP GW 网关卡板，恢复正常运行。

习题 3

1. 说明 NGN 网络的一般结构，各个层的功能是什么？
2. 软交换系统由哪些设备组成？设备的功能是什么？
3. 什么是媒体网关（MG）？有哪些常用的 MG？
4. 信令网关（SG）的功能是什么？
5. 什么是 IMS？它与软交换有什么关系？
6. 软交换的典型接入方式有哪些？
7. 什么是 IAD 接入？它的主要特点是什么？
8. 什么是 IP PBX？它与 PBX 的主要区别有哪些？
9. 简述 IP PBX 的基本原理和组成结构。
10. 简述 IP PBX 的功能特点。
11. 简述混合型的 IP PBX 组网方式并画出网络架构图。
12. 简述软交换系统、IP PBX 的故障的特点和维修思路。
13. 怎样对纯 IP 的 PBX 系统典型故障进行维修？
14. 简述 IAD 设备常见故障的分析处理。
15. IP PBX 系统中的电话用户终端故障有哪些特点？怎样进行分析处理？

第 4 章

计算机网络设备与维修

○ 学习目的及要求

➤ 了解计算机网络基本概念。
➤ 了解计算机网络设备和组成原理。
➤ 掌握计算机网络设备维修的基础知识和常见故障分析处理方法。

○ 内容提要

➤ 介绍了计算机网络的基础知识。
➤ 介绍了 LAN、VPN 以及 WLAN、VLAN 的组成设备和网络架构。
➤ 介绍了 LAN、VPN 设备的维修特点和常见故障的分析处理。

4.1 计算机网络与设备

4.1.1 计算机网络概述

随着国民经济发展，人们进一步提出了高速数据业务、宽带业务等要求，特别是由于计算机技术和多媒体技术的迅速发展，用户对于高速数据和宽带通信的需求与日俱增。作为信息技术基础的计算机网络，是当今世界上最为活跃的技术因素之一。

20 世纪 70 年代末期出现的计算机局域网（Local AreaNetwork，LAN），在 80 年代获得了飞速发展和大范围的普及，90 年代步入了更高速的阶段。目前 LAN 的使用已相当普遍，现在的局域网已经深入我们的日常生活中，在当今瞬息万变的网络经济大潮中，局域网新技术不断涌现。电子邮件、企业资源管理和电子商务应用已经改变了企业运营的方式；新一代的网络技术层出不穷；语音/视频/数据一体化应用正改变着通信网络的构架。

1. 什么是计算机网络

（1）计算机网络

计算机网络利用通信线路和通信设备，用一定的连接方法，将分布在不同地理位置，具有独立功能的多台计算机相互连接起来，在网络软件的支持下进行数据通信，实现资源共享。

一个计算机网络必须具备以下 3 个基本要素：

① 至少有两个具有独立操作系统的计算机，且它们之间有相互共享某种资源的需求。

② 两个独立的计算机之间必须用某种通信手段将其连接。

③ 网络的各个独立计算机之间要能相互通信，必须制定相互可确认的规范标准或协议。

（2）计算机网络的产生与发展

1969年美国国防部建立了世界上第一个分组交换网——ARPANET，即Internet的前身。1976年美国Xerox公司开发了用同轴电缆连接多台计算机的局域网，取名以太网。进入20世纪90年代，随着计算机网络技术的迅猛发展，计算机网络进入了一个崭新的阶段，这就是计算机网络互连与高速网络阶段。

目前，全球以Internet为核心的高速计算机互连网络已经形成，Internet已经成为人类最重要的、最大的知识宝库。

计算机网络的发展可以大致分为四个阶段：

① 面向终端的计算机网络阶段；

② 多机系统的互连阶段；

③ 标准化计算机网络阶段；

④ 网络互连和高速网络阶段。

2．计算机网络的分类

计算机网络通常按地理位置分类。

（1）局域网（LAN）

其范围通常小于10km，是目前计算机网络发展中最活跃的分支。

随着新技术的发展，在LAN基础上产生了虚拟局域网与虚拟专用网。

① 虚拟局域网（VLAN）是指利用网络软件和网络交换技术将跨越不同地理位置的一个或多个物理网段上的相关用户组成的一个逻辑工作组（逻辑网络）。VLAN是依赖网络软件建立起的逻辑网络，相当部分的VLAN是临时性的。

② 虚拟专用网（VPN）是指依靠Internet服务提供者（ISP）和其他网络服务提供者（NSP）在公共网络中建立的专用的数据通信网络。VPN可使用户利用公共网的资源将分散在各地的机构动态地连接起来，进行数据低成本的安全传输，这样既节省长途电话费用支出，又不再需要专用线路。

（2）城域网（MAN）

其局限在一座城市的范围，是指建立在大城市、大都市区域的计算机网络，覆盖城市的大部分或全部地域。

（3）广域网（WAN）

其为在城市或更大区间的范围内，一个大城市、一个国家或洲际间建立的网络，如互联网（Internet）。

计算机网络的互连如图4.1所示。

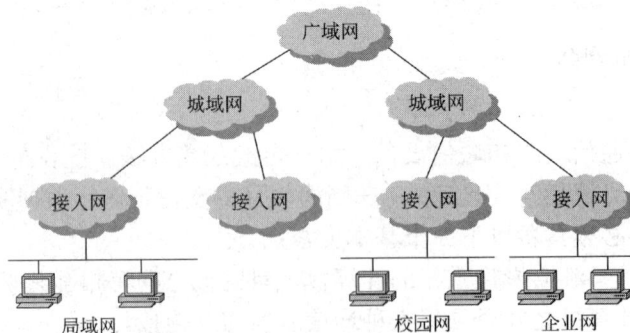

图4.1　各类计算机网络的连接框图

3. 计算机网络的组成

网络的基本要素（硬件）包括网络端点设备、网络连接与互连设备和网络传输介质，从系统功能角度看，计算机网络由资源子网和通信子网组成，如图 4.2 所示。

（1）资源子网

其包含硬件资源、软件资源和数据资源，由各计算机系统、终端控制器和终端设备、软件和可供共享的数据库等组成。其功能是负责全网面向应用的数据处理工作，向用户提供数据处理能力、数据存储能力、数据管理能力和数据输入/输出能力以及其他数据资源。

（2）通信子网

其由通信硬件和通信软件组成，其功能是为网中用户共享各种网络资源提供必要的通信手段和通信服务。

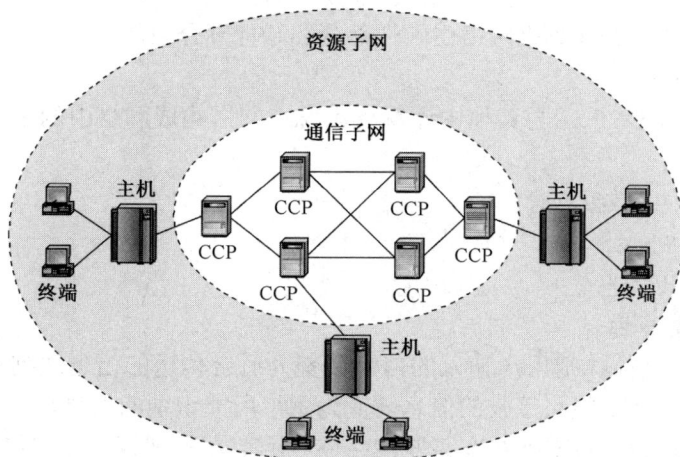

图 4.2　计算机网络组成框图

4. 典型的计算机网络的拓扑结构

计算机网络的拓扑结构如图 4.3 所示。

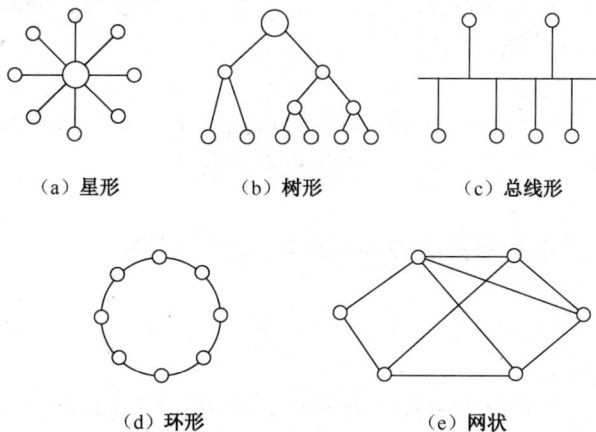

（a）星形　　　　（b）树形　　　　（c）总线形

（d）环形　　　　（e）网状

图 4.3　计算机网络拓扑结构

① 星形拓扑结构：是由中心节点和通过点对点链路连接到中心节点的各站点组成。结构的中心节点是主节点，它接收各分散站点的信息再转发给相应的站点。

② 树形结构：是星形的扩展，是分层结构；具有根节点和各分支节点；其几何形状像一棵倒置的树，故得名树形拓扑结构

③ 总线型：采用一条公共总线通过相应的硬件接口连接所有工作站和其他共享设备，结构简单，连接方便。

④ 环形结构：各主机或终端经过环接口连成一个封闭环状。

环形拓扑结构有两种类型，单环结构和双环结构。令牌环（Token Ring）网采用单环结构，而光纤分布式数据接口（FDDI）是双环结构的典型代表。

⑤ 网状：在网状拓扑中，网络节点与通信线路互连成不规则的形状，节点之间没有固定的连接形式。一般每个节点至少与其他两个节点相连。

5. 计算机网络的系统硬件和软件

从系统组成的角度看计算机网络由硬件部分和软件部分组成。

（1）硬件部分：

① 主计算机（HOST）：与其他主计算机系统连网后构成网络中的主要资源。主计算机的作用：

- 负责网络中的数据处理；
- 执行网络协议；
- 网络控制和管理；
- 管理共享数据库。

② 终端的主要功能：把用户输入的信息转变为适合传送的信息送到网络上；把网络上其他节点输出并经过通信线路接收的信息转变为用户所能识别的信息。

③ 通信控制处理机（CCP）：在某些网络中也叫前端处理机、接口信息处理机（IMP）等。CCP作用是承担通信控制和管理工作，减轻主机负担。通常由小型机或微型机担任。

④ 调制解调器：一种数据传输和信号转换设备，实现多路复用。

⑤ 利用多路复用器：实现在一条物理链路上同时传输多路信号，提高利用率。

⑥ 集中器：用于在终端密集的地方，可以节省通信线路，提高线路利用率。

⑦ 通信线路：是传输信息的载波媒体。有线媒体如双绞线、同轴电缆、光缆，以及无线媒体如微波、卫星、红外线、激光等。

⑧ 网络连接和互连设备。

- 网络连接设备：中继器、集线器及各种线路的电（光）连接器等。
- 网络互连设备：网桥、路由器、交换机和网关等。

（2）软件部分

网络软件：完成网络各种服务、控制和管理工作的程序。

① 网络操作系统（NOS）。

NOS是网络软件系统的基础，与网络的硬件结构相联系。常用的NOS有Windows、NetWare、UNIX、Linux等。

NOS的主要作用：除具有常规操作系统的功能外，还具有网络通信管理功能、网络范围内的资源管理功能和网络服务等。

② 网络协议软件（Protocol）。

网络协议软件是网络软件系统中最重要、最核心的部分。它是计算机网络中各部分通信所必须遵守的规则的集合。

网络协议软件的种类很多，不同体系结构的网络系统都有支持自身系统的协议软件。典型的网络协议软件有：TCP/IP、IEEE 802 标准协议系列、X.25 协议等。

③ 网络管理软件。

其提供网络的性能管理、配置管理、故障管理、计费管理、安全管理和网络运行状态监视与统计等功能。

④ 网络通信软件。

其使用户在不必详细了解通信控制规程的情况下，能很容易地控制自己的应用程序与多个站点进行通信，并对大量的通信数据进行加工和处理。主要的通信软件都能很方便地与主机连接，并具有完善的传真功能、文件传输功能等。

⑤ 网络应用软件。

其主要作用是为用户提供信息传输、资源共享服务和各种用户业务的管理与服务。

网络应用软件可分为两类：由网络软件商开发的通用工具（如电子邮件、Web 服务器及相应的浏览）和依赖于不同用户业务的软件（如网上的金融业务、电信业务管理、交通控制和管理、数据库及办公自动化等）。

4.1.2　计算机网络设备与组成结构原理

构成计算机网络的设备，因网络的需求不尽相同。如图 4.4 所示为典型的多节点网络，主要网络设备有中继器、网卡、集线器、网络交换机、路由器以及服务器等。

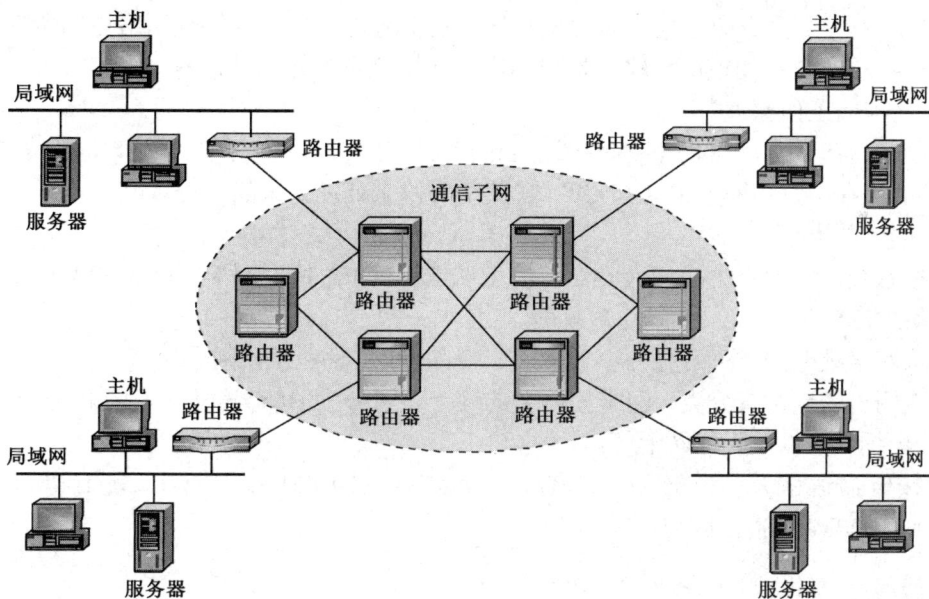

图 4.4　多节点网络

1. 中继器

（1）中继器的功能特点

中继器处于物理层，是连接网络线路的一种装置，在网络中担负放大信号、延伸传输介质的作用。集线器在 OSI 模型中也处于物理层，常用于两个网络节点之间物理信号的双向转发工作，负责在两个节点物理层上按位传递信息，完成信号的复制调整、放大，延长网络段的长度或将两个网络段连接在一起。

（2）中继器的收发原理

中继器的主要部件是收发器设备。其作用是完成不同的网络传输介质、传输形式之间的互连。

收发器的种类很多，包括光纤-双绞线收发器、同轴电缆收发器、卫星收发器、微波收发器等。

2. 网卡

（1）网卡的功能

网卡的功能是与网络操作系统配合工作，负责将要发送的数据转换为网络上其他设备能够识别的格式，如图 4.5 所示。

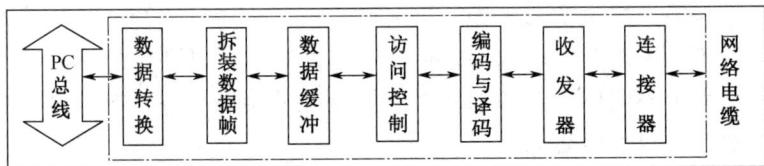

图 4.5　计算机网卡基本功能示意图

网络适配卡又称网络接口卡，简称网卡，提供了计算机和网络缆线之间的物理接口。

① 实现局域网中传输介质的物理连接和电气连接。

② 代表着一个固定的地址，对发送和接收的信号进行转换，执行网络控制命令。

③ 按照 OSI 协议物理层传输的接口标准，实现规定的接口功能等。

（2）网卡的工作原理

在网卡上有一定数目的缓冲存储器，当网上传来的数据到达本工作站时，首先被暂时存放在网卡的缓存中，由网卡来通知 CPU 在某个时候来处理新来的数据。

（3）网卡的类型

① 按总线的类型分类：分为 ISA 总线型网卡、PCI 总线型网卡、PCMCIA 总线型网卡、USB 网络适配器。

② 按网络类型分类：可分为以太网卡、令牌环网卡和 ATM 网卡等。

③ 按网卡的连接头分类：网卡按网卡的连接头可分为 BNC 连接头、RJ45 连接头、AUI 连接头、光纤网卡以及无线网卡等。

④ 按传输速率分类：分为 10Mb/s、100Mb/s、1000Mb/s 网卡以及 10M/100Mb/s、10M/100M/1000Mb/s 自适应网卡等。

3. 集线器（Hub）

（1）集线器的功能和原理

集线器是一种连接多个用户节点的设备。

集线器的工作原理：集线器作为以太网的中心连接设备时，所有节点通过非屏蔽双绞线与集线器连接。其在物理结构上是星形结构，在逻辑上仍然是总线型结构，并且在 MAC 层仍然使用 CSMA/CD 介质访问控制方法。集线器的基本结构如图 4.6 所示。

（2）集线器类别

① 按端口数量分类：集线器端口数量有 5～48 口等，常用的是 24 口集线器。

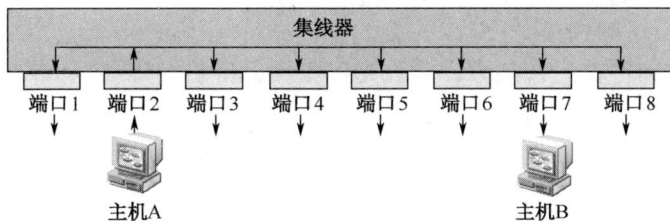

图 4.6　集线器结构原理示意图

② 按带宽分类：分为 10Mb/s、100Mb/s、10M/100Mb/s 自适应、1000Mb/s 和 100M/1000Mb/s 自适应等。自适应集线器又称"双速"集线器，其中内置了两条总线，分别工作在两种速率下。

③ 按可管理性分类：分为不可网管集线器（俗称"傻 Hub"或哑集线器）和可管集线器（也称智能集线器）。

④ 按扩展能力分类：集线器按扩展能力分为独立集线器、堆叠式集线器。

（3）集线器的选择

选择集线器一般要考虑数据传输速率、端口数、可扩展性、是否内置交换模块、是否提供网管功能等方面。

4．网络、网络交换机

（1）网桥（Bridge）

网桥也称桥接器，是连接两个局域网的存储转发设备，用它可以完成具有相同或相似体系结构网络系统的连接。网桥是数据链路层的连接设备，是为各种局域网存储转发数据而设计的，它对节点用户是透明的，节点在其报文通过网桥时，并不知道网桥的存在。相对于集线器而言，网桥是比较复杂的网络设备，两个网段分别连接到网桥的两个端口时，各网段中的广播信号并不会越过网桥，只有标明了发送给另一个网段的信号，才会通过网桥。

多口网桥的出现，每一个端口可以连接一个网段。但由于网桥技术比较复杂，造价很高。因此到 1993 年，局域网交换设备出现。交换机按每一个包中的 MAC 地址相对简单地决策信息转发，而这种转发决策一般不考虑包中隐藏的更深的其他信息。与多口网桥不同的是交换机转发延迟很小，操作接近单个局域网性能，远远超过了普通桥接互连网络之间的转发性能。

（2）交换机的主要功能

交换机的功能是对封装数据进行转发，大多工作数据链路层，在端口之间建立并行的连接，以缩小冲突域，并隔离广播风暴。交换机的特点是将一个局域网划分成多个端口，每个端口可以构成一个网段，扮演着一个网桥的角色，而且每一个连接到交换机上的设备都可以享用自己的专用带宽，如图 4.7 所示。

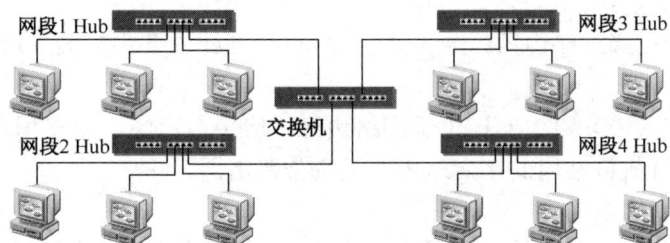

图 4.7　交换机连接网段的示意图

（3）局域网交换机的种类

① 按传输介质和传输速率划分，可分为以太网交换机、千兆以太网交换机、FDDI 交换机、ATM 交换机和令牌环交换机等多种。

② 按应用领域划分：可分为工作组交换机、部门级交换机和企业级交换机。

（3）局域网交换机的选择

① 端口的配置。

② 数据交换能力。

③ 包交换速度等因素。

因此，选择交换机时注意：可维护管理性、端口带宽及类型，以及系统的扩展能力、主干线连接手段、交换机总交换能力、是否需要路由选择能力、是否需要热切换能力、是否需要容错能力、能否与现有设备兼容等因素。

（4）三层交换机

① 三层交换机的工作原理。

三层交换是相对于传统的交换概念而提出的。传统的交换技术是在 OSI 网络参考模型中的第二层（即数据链路层）进行操作的，而三层交换技术是在网络模型中的第三层（网络层）实现了数据包的高速转发，可以简单地将三层交换机理解为由一台路由器和一台二层交换机构成。

② 三层交换机的用途：用于网络骨干和子网之间的连接等。

5．路由器

（1）路由器的功能

① 路由选择：根据所使用的路由选择协议构造出路由表，并能随网络拓扑的变化，自动调整路由表。

② 分组转发：路由器根据路由表把收到的 IP 数据报从路由器合适的端口转发出去。

③ 流量控制：路由器不仅具有缓冲区，且能控制收发双方数据流量，使两者更加匹配。

④ 协议转换：能对网络层及其以下各层的协议进行转换。

⑤ 网络管理：路由器负责连接不同的网络，网间分组都要通过它，在这里对网络中的分组、设备进行监视和管理是比较方便的。因此，高档路由器都配置了网络管理功能，以便提高网络的运行效率、可靠性和可维护性。

⑥ 分隔子网和隔离广播（边界路由器）功能。

（2）路由器的分类

通常按网络位置分类。

① 核心层路由器：位于网络中心，要求高速可靠（热备份/双电源/双数据通路等），用于实现企业级网络的互连。

② 分发层（企业级）路由器：中大型企业和 Internet 服务供应商（ISP）或分级系统中的中级系统。

③ 访问层（接入级）路由器：位于网络边缘，应用最广泛，主要用于中小企业和大型企业分支机构中。目前最常用的接入路由器是宽带路由器。

（3）路由器的基本组成

路由器是专门用来做路由的特殊用途计算机，也由硬件和软件两部分构成。

路由器的硬件主要由中央处理器（CPU）、存储介质和一些接口所组成。

路由器的软件主要是指网络操作系统，路由器正是通过软件功能来完成路由工作的。

路由器和普通计算机的差别也是明显的，路由器没有显示器、软驱、硬盘、键盘以及多媒体部件，然而它有 NVRAM、Flash 等专用部件。

（4）路由器的结构模块

路由器由四个模块构成，即输入端口、输出端口、交换结构和路由处理器。

① 输入端口模块：物理链路和输入包的进口处，通常由线卡提供，实现功能如下。

a. 实现数据链路层的封装和解封装。

b. 通过输入包目的地址等参数，查找路由表决定目的端口，路由查找可以使用硬件实现，或者在线卡上嵌入微处理器。

c. 提供 QoS（服务质量）。端口对收到的包分成若干预定义的服务级别。

d. 可能需要运行诸如 SLIP（串行线网际协议）和 PPP（点对点协议）这样的数据链路级协议或者 PPTP（点对点隧道协议）这样的网络级协议。

e. 对公共资源（如交换开关）的仲裁协议。

② 输出端口模块。

实现数据链路层的封装和解封装；实现复杂的调度算法以支持优先级，支持一些较高级协议等。

③ 交换结构部分模块。

迄今为止使用最多的交换技术是总线、Cross-bar。

④ 路由处理器模块。

计算路由表实现路由协议，并运行对路由器进行配置和管理的软件。同时，它还处理那些目的地址不在线卡路由表中的包。

（5）路由器的工作原理

① 路由器的基本工作流程。

路由器自接收帧到链路层的寻址，其基本工作流程如图 4.8 所示。

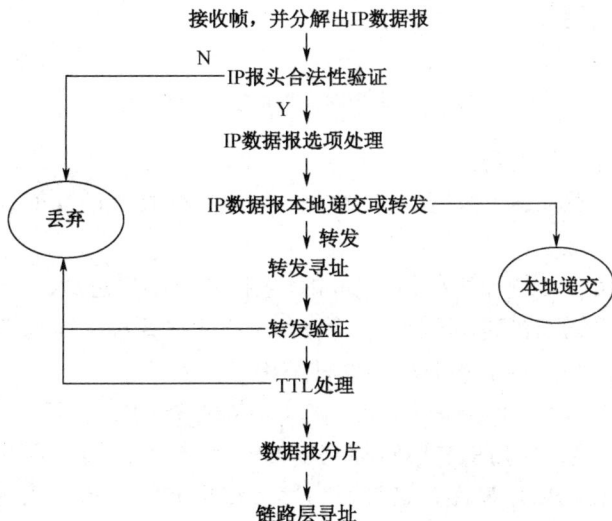

图 4.8　路由器的基本工作流程图

② 路由器的基本工作原理。

路由器工作在网络层即第三层，采用路由方式进行转发，实现并异构网络的互连，路由器的基本工作原理如图 4.9 所示。

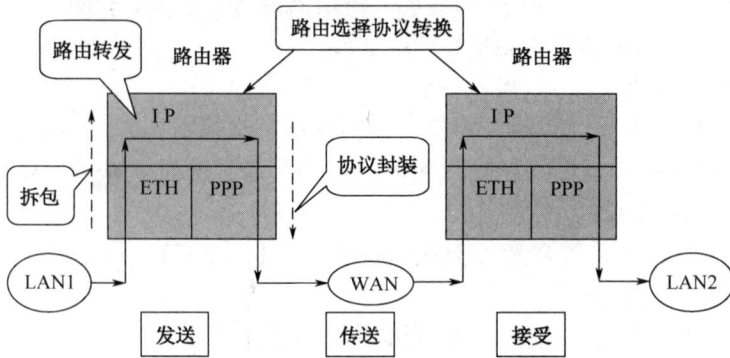

图 4.9　路由器的基本工作原理图

在计算机网络通信过程中，所传送的信息可能经过一个或多个路由器的转接，但是数据包的协议地址始终不变，而物理地址在不同子网中有不同的值，如图 4.10 所示。

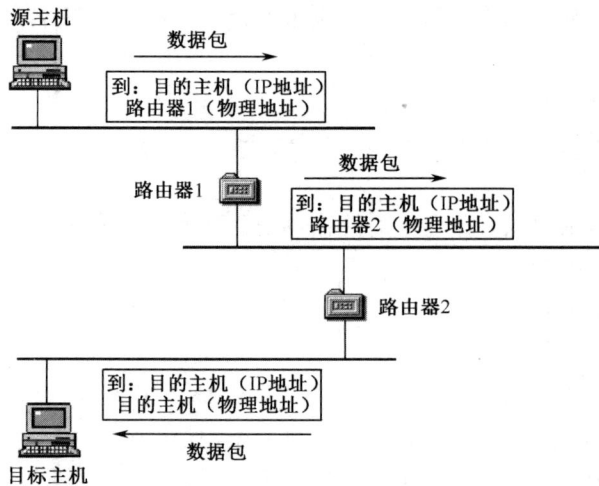

图 4.10　多个路由器的工作原理图

（6）路由器体系结构的发展

路由器由第一代单总线单 CPU 结构路由器，经过几代技术的演变，发展到第六代交叉开关/交换式体系结构路由器。

最初的路由器采用了传统计算机体系结构，包括共享中央总线、中央 CPU、内存及挂在共享总线上的多个网络物理接口。这种单总线单 CPU 的主要局限是处理速度慢，但优点是系统价格低，目前的边缘路由器基本上都是这种结构。

第二代为单总线主从 CPU 结构路由器，用主、从两个 CPU 代替了原来仅一个 CPU 的结构，提高了处理速度。第三代为单总线对称式多 CPU 结构路由器。第四代路由器至少包括三类以上总线和三类以上 CPU。显然，这种路由器的结构非常复杂，性能和功能也非常强大。第五代，共享内存式结构路由器，使用了大量的高速 RAM 来存储输入数据，并可实现向输出端的转发。

第六代为交叉开关/交换式体系结构路由器，与共享存储器设计方案相比，基于交叉开关的设计有更好的可扩展性，并且省去了控制大量存储模块的复杂性和成本，如图 4.11 所示。

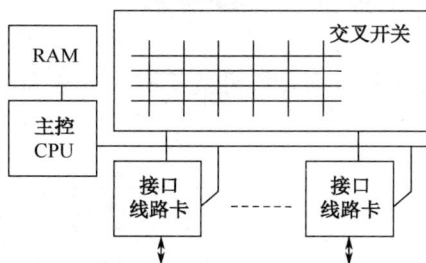

图 4.11　交叉开关/交换式体系结构路由器

6．服务器

（1）网络的节点设备

服务器是指管理和传输信息的一种计算机系统。服务器是一种高性能计算机，作为网络的节点，存储、处理网络上 80％的数据、信息，因此也称网络的灵魂。

（2）服务器的组成

服务器是网络上一种为客户端计算机提供各种服务的高性能的计算机，它在网络操作系统的控制下，将与其相连的硬盘、磁带、打印机、Modem 及各种专用通信设备提供给网络上的客户站点共享，也能为网络用户提供集中计算、信息发表及数据管理等服务。它的高性能主要体现在高速度的运算能力、长时间的可靠运行、强大的外部数据吞吐能力等方面。

服务器的构成与微机基本相似，有处理器、硬盘、内存、系统总线等，它们是针对具体的网络应用特别制定的，因而服务器与微机在处理能力、稳定性、可靠性、安全性、可扩展性、可管理性等方面存在很大差异。

（3）服务器的类别

按照体系架构来区分，服务器主要分为两类。

ISC（精简指令集）架构服务器：这是使用 RISC 芯片并且主要采用 UNIX 操作系统的服务器，如 SUN 公司的 SPARC、HP 公司的 PA－RISC、DEC 的 Alpha 芯片、SGI 公司的 MIPS 等。

IA 架构服务器：又称 CISC（复杂指令集）架构服务器，即通常所讲的 PC 服务器，它基于 PC 体系结构，使用 Intel 或与其兼容的处理器芯片，如联想的万全系列、HP 的 Netserver 系列服务器等。

从当前的网络发展状况看，以小、巧、稳为特点的 IA 架构的 PC 服务器得到了更为广泛的应用。

4.2　局域网基础与设备维修

4.2.1　局域网基础知识

1．概述

局域网 LAN（Local Area Network），是在一个局部的地理范围内，将各种计算机及其外围设备互相连接起来组成的计算机通信网，局域网技术是当前网络技术领域中一个重要分支。人们对信息交流、资源共享和宽带网的需求，推动着局域网的高速发展。其中以太网是最典型的代表，它的发展最为迅速，应用最为广泛，是学习的重点。

2．局域网的分类

局域网有多种类型，如果按照网络转接方式不同，可分为共享式局域网和交换式局域网两种，如图 4.12 所示。

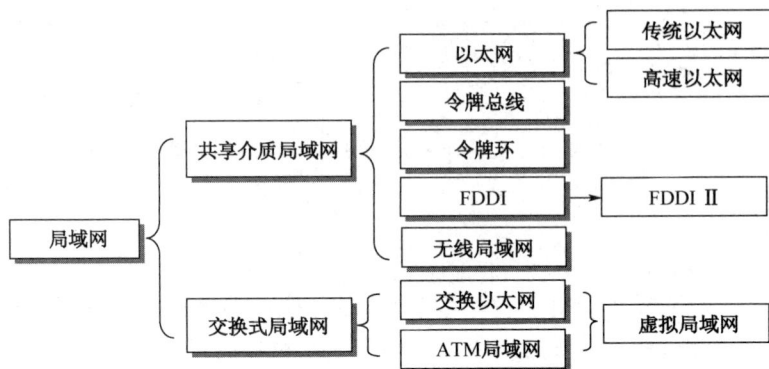

图 4.12　LAN 的分类

3．LAN 的结构类型和遵循的标准

（1）LAN 的结构类型

① 以太网（Ethernet）。

② 令牌环（Token Ring）。

③ 令牌总线（Token Bus）。

④ 光纤分布数据接口（FDDI），作为以上三种网的骨干网。

（2）它们所遵循的标准都以 IEEE 802 开头，目前共有 15 个与局域网有关的标准

IEEE 802.1：通用网络概念及网桥等，定义了寻址，网络管理和网际互连。

IEEE 802.2：逻辑链路控制等，定义了逻辑链路控制子层的功能与服务。

IEEE 802.3：CSMA/CD 访问方法及物理层规定，定义了 CSMA/CD 总线访问控制及物理层规范（以太网）。

IEEE 802.4：ARCnet 总线结构及访问方法，物理层规定，定义了基于 Cable-TV（有线电视）的宽带通信网。

IEEE 802.5：定义了令牌环网访问控制及物理层规范。

IEEE 802.6：城域网的访问方法及物理层规定，定义了分布式队列双总线访问控制及物理层规范（DQDB）。

IEEE 802.7：宽带局域网，定义了宽带 LAN 技术。

IEEE 802.8：光纤局域网（FDDI）。

IEEE 802.9：ISDN 局域网。

IEEE 802.10：网络的安全。

IEEE 802.11：无线局域网，定义了无线局域网访问控制及物理层规范。

IEEE 802.12：定义了 DPAM 按需优先访问控制、物理层和中继器的规范。

IEEE802.14：定义了基于 Cable-TV（有线电视）的宽带通信网。

IEEE 802.15：定义了近距离个人无线网络访问控制子层与物理层的标准。

IEEE 802.16：定义了宽带无线局域网访问控制子层与物理层的标准。

4．局域网组网架构

LAN 与其他通信网一样，也由交换、传输和终端设备组成网络，通常 LAN 由计算机、传输媒体、网络适配器、网络交换设备以及网络操作系统组成。

（1）基于总线型的广播式网络

LAN 使用的拓扑结构有星形、环形和总线型等。通常广泛采用的主要有总线型和环形。LAN 使用的星形结构主要是指用双绞线构成的网络，这种使用集线器（Hub）构成的星形网，实质上仍然是总线型网络。

总线结构是使用同一媒体或电缆连接所有端用户的一种方式，也就是说，连接端用户的物理媒体由所有设备共享，如图 4.13 所示。

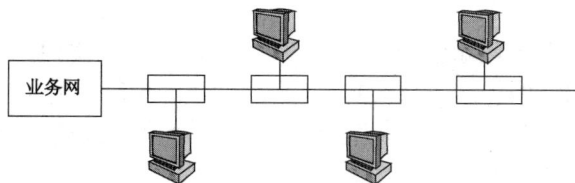

图 4.13　总线型拓扑结构

这种总线拓扑结构具有费用低、数据端用户入网灵活、站点或某个端用户失效不影响其他站点或端用户通信的优点。缺点是一次仅能一个端用户发送数据，其他端用户必须等待获得发送权。媒体访问获取机制较复杂。但由于其布线要求简单，扩充轻易，端用户失效、增删不影响全网工作，所以是 LAN 技术中使用最普遍的一种。

以太网（Ethernet）是基于总线型的广播式网络，在现有的局域网标准中，它是最早标准化的局域网，也是目前最成熟、最成功、应用最广泛的一种局域网技术。

（2）千兆以太网的协议结构

构成楼内局域网组网时，最普通的方法是采用层次结构，将几种不同性能的交换机结合使用，千兆以太网的协议结构如图 4.14 所示。

（3）典型的局域网架构

典型的局域网架构如图 4.15 所示。整个局域网络由核心层和接入层构成，核心层完成路由和交换，接入层为桌面提供一定速率的接入和交换能力，核心层和接入层通过千兆双绞线或楼内的骨干光纤连接。若局域网的接入规模很大，也可以在核心层和接入层之间增加一个汇聚层设备。

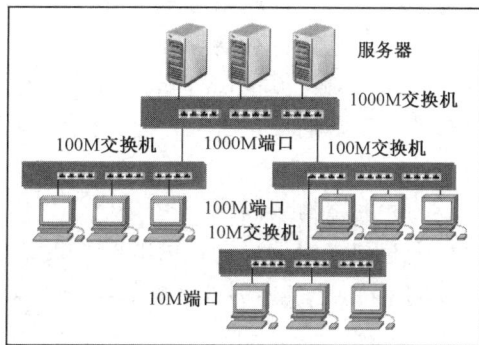

图 4.14　千兆以太网拓扑结构

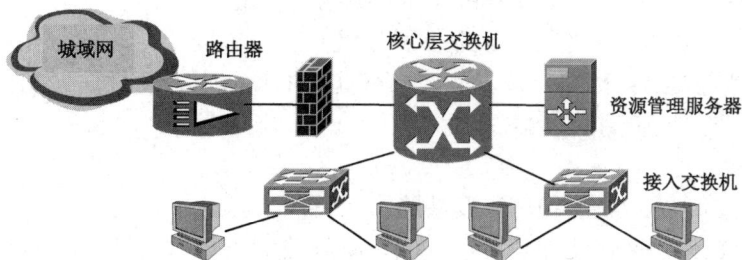

图 4.15　典型的局域网基础架构

网络核心层：在网络主机房配置一台带有第三层交换功能的固定端口全千兆高速交换机，作为内网中心交换机，为整个内部局域网提供核心交换和路由能力。

局域网信息资源管理服务器平台的构造：局域网信息资源管理服务器平台主要包括各种服务器（包括 Web 服务器、E-mail 服务器、FTP 服务器、网关代理服务器等）和浏览器的选择及配置、信息资源的组织与维护的接口编程等。局域网服务器可以独立存在于物理网络服务器之上，可以根据具体业务的需要，将各类局域网服务器分置于不同的机器上，也可以共享一台设备。

接入层：在主配线间内根据网络信息点接入数量配置相应的接入交换机，为各信息点提供一定速率的接入能力，同时这些接入层交换机应具有相应的上连能力，通过一定速率的链路链接到中心交换机。

通过路由器使局域网接入 Internet。路由器的一端接在局域网上，另一端则与 Internet 上的连接设备相连。路由器接入方式需要路由器为每一台局域网上的主机分配一个 IP 地址，涉及的技术问题比较复杂，用于连接 Internet 的硬件设备成本以及管理维护费用也比较高。

4.2.2　局域网设备维修基础

1．局域网故障原因概述

虽然局域网故障原因多种多样，但总的来讲不外乎就是硬件问题和软件问题，说得再确切一些，这些问题就是网络连接性问题、配置文件选项问题及网络协议问题。

（1）网络连接问题

网络连接性是故障发生后首先应当考虑的原因。连通性的问题通常涉及网卡、跳线、信息插座、网线、Hub、Modem 等设备和通信介质。其中，任何一个设备的损坏，都会导致网络连接的中断。连通性通常可以采用软件和硬件工具进行测试验证。

（2）配置文件和选项问题

服务器、计算机都有配置选项，配置文件和配置选项设置不当，同样会导致网络故障。如服务器权限的设置不当，会导致资源无法共享的故障。计算机网卡配置不当，会导致无法连接的故障。

（3）网络协议问题

没有网络协议，网络内的网络设备和计算机之间就无法通信，所有的硬件只不过是各自为政的单机，不能实现资源共享。

2．局域网障的分类

（1）总体故障的两大类型

局域网故障总体可分为硬件故障和软件故障两种类型。

① 硬件故障主要是物理连接、设备本身以及设备外围问题。

② 软件故障主要是：网络协议问题、网络连接的设置以及软件属性配置问题。

（2）网络故障的性质的两大类型

① 物理故障。

a. 物理连接部件或设备的损坏引发故障。

b. 物理连接部件接驳出错或设备的外围影响导致故障。

② 逻辑故障。

a. 设备的配置错误以及数据配置的误操作引发故障。

b. 设备的运行受到干扰或数据错乱积累过多导致逻辑出错、系统瘫痪等故障。

（3）网络故障的网络范围

① 内部网络故障：局域网内部的问题。

② 外部网络故障：局域网以外的公众网络引发的问题。

（4）故障现象的类型

① 局域网不通或瘫痪。

② 局域网的运行异常、质量不良，如网络降低、时好时坏等。

③ 局域网的某些网络应用无法实现等问题。

3．局域网常见故障检测工具

（1）硬件工具

① 常见的测试工具，如万用表、网线测试仪、时域反射仪等。

网络测线仪可进行链路连通性测试、测试所有类型的局域网电缆（UTP、STP、FTP、Coax）、可检测的接线故障（包括开路、短路、跨接、反接和串绕）、接线/连接错误的定位（仪器至开路或短路的距离）以及测量链路长度等。

时域反射仪可完成光纤衰耗、故障定位等检测。

② 网络协议、数据流量分析工具、传输介质测试工具。

（2）软件工具

其可分为系统自带的工具和测试软件。

4．局域网故障分析方法

（1）七层的网络结构分析模型法

由底层到上层，即物理层、链路层、网络层、应用层。

（2）网络连接结构的分析法

从网络的连接构成着手，可以将其分成客户端、网络链路、服务器端 3 个模块。

（3）综合及经验型分析方法

综合及经验型分析方法的流程参考，如图 4.16 所示。

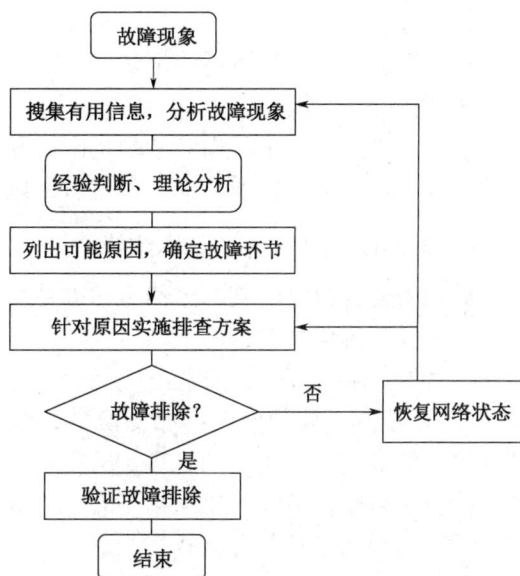

图 4.16　综合以及经验分析法流程

5．局域网硬件故障的基本维修方法

当网络连接出现故障时，应该从网络硬件和软件两个方面来进行分析，找到故障发生的原因并采取相应的措施来解决。局域网硬件故障的基本维修方法介绍如下。

（1）硬件维修分类

一级维修：在故障的现场进行故障的排查，隔离故障、更换故障设备，恢复系统运行。

二级维修：器件级维修，所替换故障是原器件，如电阻电容晶体管集成电路芯片。

（2）硬件维修原则

① 先软后硬，先从操作系统和软件病毒着手再考虑硬件设备。

② 先外后内，先排除外围部件再找主机部件。

③ 先简后繁，故障较多的问题先排除简单故障再排除复杂故障。

④ 先大后小，根据故障现象判别故障现象位置然后缩小范围。

（3）硬件维修的基本方法

维修方法与其他通信电子设备类同，一次故障的排除通常是各种维修手段的综合运用。

① 直接观察法：对现场设备的直观检查很必要，往往通过这一步可能对排除故障产生关键的作用。

② 逐级排查法：可以采用逐一插拨法或针对性插拔法，进行排查故障，如信号线插头或插卡部件的拔插简单处理等。

③ 替换法：采用替换法是对于设备或设备外围故障检查的简便有效方法。当遇到故障涉及设备与外围问题时，用正常设备更换怀疑设备，可缩小故障范围，迅速判断属于设备本身还是外围。如更换后故障依然存在，则为外围问题，若更换后故障排除，则为设备本身问题，需要进行二级维修。

（4）硬件维修的基本步骤

① 观察故障现象，进行常规检查。

a. 硬件是否异常，如连线是否正确和接口是否损坏等。

b. 供电系统是否正常。

② 查找故障部件。

根据观察和常规检查后，逐步缩小故障范围，最后将故障点定位。

③ 进行故障处理。

根据故障定位，采用相应的现场隔离故障、更换设备或其他应急处理措施，使设备恢复正常运行。将故障设备或故障部件进行二级维修。

6. 局域网软件故障的基本维修方法

局域网软件故障的基本维修方法介绍如下。

（1）软件维修分类

① 常见软件问题：如误操作出错、设置不当等可通过纠错排除。

② 系统重大软件问题：如交换机、路由器或服务器等发生严重错乱等，需要系统再启动或重装等最高系统再启动处理。

检查网络软件故障可以从以下几个方面进行。

（2）局域网常见软件问题

① 检查网卡设置。

检查网卡设置可以从网卡的硬件设置、驱动程序和查看网卡属性等方面进行。

首先检查网卡设置的类型、中断请求、I/O 端口地址等参数，若有冲突，重新设置一般都能使网络恢复正常。

另外，检查一下网卡驱动程序是否正常安装。如果使用了错误的驱动程序，就有可能发生不兼容的现象。若有误，则驱动程序重新安装即可。

最后检验网卡设置故障是否排除。

② 检查网络协议。

在"本地连接 属性"对话框中查看网络协议是否安装正确。一般检查 Microsoft 网络客户端、Microsoft 网络的文件以及共享和 TCP/IP 内容。然后在 TCP/IP 属性对话框中查看每一台计算机是否有唯一的 IP 地址，另外必须注意主机名在局域网内也应该是唯一的。

（3）局域网系统软件问题

当局域网发生系统重大问题，如系统运行异常或瘫痪，经检查硬件无误，则通常应果断采取系统高级别再启动处理，在执行之前注意应当做好软件的备份等工作。

4.2.3　局域网设备故障维修的思路

1. 故障维修的基本特点

局域网故障维修与其他通信设备维修虽然是大同小异，但是其更具有特殊的计算机维修色彩，尤其是混合故障的维修有一定难度，更需要计算机网络的专业知识。

网络故障维修应该以网络原理、网络配置和网络运行的知识为基础。从故障现象出发，以网络诊断工具为手段获取诊断信息，确定网络故障点，查找问题的根源，排除故障，恢复网络正常运行。

网络故障维修应该实现三方面的目的 ：确定网络的故障点，恢复网络的正常运行；发现网络规划和配置中欠佳之处，改善和优化网络的性能；观察网络的运行状况，及时预测网络通信质量。

2. 局域网故障的维修基本思路

（1）使用网络常用维护命令

首先分析物理原因，包括设备是否工作正常，连线是否正常等。然后可以使用网络常用维护命令检测。

① 使用 arp 命令察看是否解析到 MAC 地址。

② 使用 ping 命令检查网络层是否可达：

➜ Ping localhost

➜ Ping local_ipaddress

➜ Ping gateway

➜ Ping remote-ipaddress

（2）判断硬故障和软故障以及软硬件相混合的故障

判断网络是硬故障还是软故障，若判断错误则就会多走弯路，影响维修进度。

有时是软硬件相结合的故障，要能够根据故障表现敏锐准确地判断是哪类故障。这种故障通常表现为硬件故障引起的软件故障，要不将故障根源排除。当然也有软件故障引起的设备硬件问题，是难度比较高的一类故障。这除了需要网络维护和管理人员具备一定的软硬件故障诊断知识外，对诊断经验的积累也有一定的要求。

（3）网络检测工具

通常情况下，借用适当的网络检测工具可以使我们的工作事半功倍。如何选择合适的检测工具对故障监测点进行测试是很有讲究的。许多故障需要进行多点测试才能定位，这时非常需要的是便携式的测试工具。网络故障的诊断发展方向是测试工具的网络化和故障诊断的网络化。一般的网络设备和网上设备只支持有限的网管功能，所以监测网络性能和快速定位网络故障需要一些必要的固定测试工具（如固定探头、网管系统等）和移动测试工具（如网络测试仪、流量分析仪等）。对重要的网络设备要准备适当的备用设备，至少要留足备用通道。网络关键设备不一定要选用最昂贵和功能最齐全的设备，但一定要选用应用比较成熟，可靠性高、用户数量大的设备，这样技术支持的难度就会降低。如果将关键网络设备的维护工作交给集成商或厂商来做，那用户就得准备将网络的命运完全交给集成商或厂商来控制，而这是非常危险的。因此对人员进行适当的培训并配备合适的、易懂易用的工具是做好网络维护工作的必要条件之一。

（4）硬件检修思路

① 检查状态指示灯判断交换机的端口是否损坏：如果端口指示灯不亮，判定是端口问题。但还需要检测线路连接部件以及使用的上连端口等，排除其他原因，以确定是否是端口的问题。

② 双绞线的问题：千兆以太网使用的主要连接线缆是双绞线，在网络中一半以上的故障是双绞线接触不良、断开或线序不符合标准所致。

③ 机房的电气环境：以往机房地线统一接到楼房地线上，其实这种接法也有其局限性。目前对机房地线的连接方式主要采用"环形法"，把机房中所有设备的地线连接成一个闭合环，再连接到楼房的地线上，这样机器就处于一个等电势的平面中。

④ 电源是否正常：网络发生故障时，网管最容易忽略的就是电源故障，大家往往以为只要没掉电，电源就没问题，其实这种想法是十分错误的。如果遇到莫名其妙的故障时，最好事先检查一下电源是否正常。

（5）软件检修思路

① 网络属性配置：TCP/IP 的配置错误，也会造成网络无法正常连通，主要检查的是计算机的 IP 地址、子网掩码、网关和 DNS 服务器的设置是否正确，且须匹配。不能出现使用这个网段的 IP 地址，而网关却是另一个虚网的情况，尤其在划分了 VLAN 的局域网中更需要注意。

② 网络文档资料：包括网络的设计方案、网络布线图、配线架对照表、用户上网端口表、交换机端口配置表等。保管好这些资料可以减少不必要的麻烦和混乱，其他人也可在参考这些资料的情况下，排除一些故障和增加上网用户。

3．常见星形局域网维修基本思路

在局域网中，使用星形网络的构架情况最多，维修的思路也最多。以下以星形网络为例介绍网络故障的排除思路。

引起网络故障的因素有很多种，如果面对故障现象茫然无措，或者找错门口无法确定方向，就会在解决网络问题时浪费大量的时间和精力，所以就需要按照一定的思路来对故障原因进行分析，最后将故障准确定位，从而得到时事半功倍的效果。

排除思路是：先询问、观察故障，然后遵循先外后内、先硬后软原则，动手检查硬件和软件设置。

（1）收集信息

根据信息快速地判断故障的可能所在。因为有很多的网络问题实际上和网络硬件本身没有什么关系，大多数是由于对计算机进行误操作造成的。极有可能安装了会引起问题的软件、误删除了重要文件或改动了计算机的设置，这些都很有可能引起网络故障，对于这些故障只要进行一些简单的设置或者恢复工作即可解决。

如果网络中有硬件设备被动过，就需要检查被动过的硬件设备。例如，若网线被换过，就需要检查网线类型是否正确。

（2）检查定位网络故障

上述情况核实完毕，需要检查验证网络物理设备是否工作正常。

① 物理层：根据 OSI 网络结构的 7 层关系，数据的传送是从本机的应用层到物理层，再到目的机的物理层，再到目的机的应用层。所以，排除故障应该先排除物理层的因素，也就是要先排除网线、网线接头、Hub 或交换机的物理故障因素。如果这些因素不排除，而先从网卡方面或协议设置上找原因尝试修改设置，很有可能原来的故障没有解决，反而造成新的人为故障。

检查共同的通道：例如，检查使用相同 Hub 或交换机的计算机网络是否正常。如果都不正常，则可能是 Hub 或交换机故障，如果其他都正常只有故障机不正常，则可以先从正常机上拔下网线，给故障机使用。如果正常，说明可能是故障机所连接的 Hub 或交换机口故障，但是这种可能性较小，很有可能是网线故障，可能是网线断裂，或者是 RJ-45 水晶头接触不良，更换网线测试。如果网线正常，说明集线器或交换机的端口有问题。大多数的网络故障都是由物理层的故障引起的。

② 数据链路层：如果检查了网络的物理层后，没有发现问题，那么接下来就要进行网络的数据链路层的检查。数据链路层涉及的设备有网卡和交换机。对于网卡，需要检查其工作状态、设置参数和驱动是否正常；对于交换机，如果是有设置的交换机，就需要验证交换机设置的正确性，因为极有可能是有人将交换机的设置做了错误的修改，导致交换机的部分端口不能正常工作，从而导致网络出现故障。

③ 传输层：如果检查了网络的数据链路层后，没有发现问题，接下来就需要检查网络层和传输层。

a. 首先要验证是否正确设置了 TCP/IP，如 IP 地址、子网掩码、默认网关、DNS、WINS 设置等的正确性都需要验证，因为这些参数都极有可能被他人误修改。

b. 验证网络协议是否被正确加载，这需要到 DOS 的 COMMAND 窗口下输入 ping，如果 ping 不通，则需要卸载 TCP/IP 然后重新安装设置；如果返回正确的测试结果，则表明 TCP/1P 被正确加载。

c. 接下来需要使用 ping 验证网关是否能连通，如果网关不能连通则表明本地链路方面有故障，网关如果能 ping 通，则需要进一步 ping 目的计算机的 IP 地址，如果 ping 不通的话，则可能是目的计算机未开机或目的计算机链路方面有网络故障。

d. 如果目的计算机能 ping 通，但是网络应用层的程序却不能连通，则需要检查防火墙的参数设置与加载的设置是否正确，还需要检查相关网络应用程序的参数设置是否正确。

上述的故障排除方法也适用于交换机、路由器之类的网络硬件设备的故障排除，只是路由器级别的网络硬件设备故障排除需要涉及更多的故障排除方法与手段。但无论哪一方面网络故障的排除，都需要用户对网络基础知识进行全面正确的掌握，这将有助于正确、快速地排除网络故障。

（3）故障排除

当经过故障定位，排查出故障根源，则分别采用硬件处理和软件处理方法，将故障排除即可恢复局域网的正常。如根据故障情况，更改配置、断开有问题的设备，更换或者升级设备等，达到维修的目的。

4．局域网故障的维修思路举例

举例 1：局域网不能正常上网，如何利用正确的维修思路排除故障？

某单位局域网使用的是星形拓扑结构的千兆以太网技术，网络主干采用 1000Mb/s 速率进行传输，同时为用户提供 10/100Mb/s 带宽。网络管理中心配置一台带路由主交换机，各楼层使用接入交换机。

故障现象：连网的计算机开机后，不能正常上网。

分析与检修思路：根据故障现象，检修思路参考如下。

① 先检查该计算机的相关硬件，如网卡等设施安装是否正确、是否存在硬件故障及网络配置是否正确。当确保计算机的硬件设备和网络配置正确后，接着就要查看计算机与交换机之间的双绞线，交换机的 RJ-45 端口或交换机的配置是否有问题。

② 通常情况下，一般采用 ping 本机的回送地址（127.0.0.1）来判断网卡硬件安装和 TCP/IP 的正确性。如果能 ping 通，说明这部分没有问题。如果出现超时情况，则要检查计算机的网卡是否与其他设备存在中断冲突。通过查看系统属性中的设备管理器，看是否在网络适配器的设备前有黄色"！"或红色"×"号，如有则说明硬件的驱动程序有问题或未安装成功，删除后重新安装即可。

③ 要确保 TCP/IP 安装的正确性，并且要绑定在所安装的网卡上。如果重新安装后还是 ping 不通回送地址，不妨更换一块正常的网卡验证。

④ 若在局域网中划分了 VLAN 区域，所以连在不同 VLAN 中的计算机都有各自不同的 IP 地址、子网掩码和网关。这里，应保证在计算机的网络属性中设定的 IP 地址等数据与连接的 VLAN 相匹配，否则将出现网络不通的情况。

⑤ 局域网中还提供了 Web 服务，并使用了域名服务系统，这样就要确定一下计算机 DNS 配置的正确性。这时只要 ping 一下域名就可知道是否存在错误。

4.2.4 局域网设备故障维修的常用方法

1．列举可能导致错误的原因，逐步排查法

作为网络维修人员，应当善于考虑导致故障的原因可能有哪些，如网卡硬件故障、网络连接故障、网络设备（Hub）故障、TCP/IP 设置不当等。这里需要注意的是：不要着急下结论，可以根据出错的可能性把这些原因按优先级别进行排序，逐一进行测试，缩小搜索范围、逐步排查，进行故障定位。

2．隔离错误法

在维修中某些复杂故障的排查难度很大，若能够尽快判断故障的部位，需要对于局域网进行逐段隔离、分析诊断，可以快捷诊断故障的大致部位。在某些复杂故障中，故障源对于系统运行影响很大，若经过排查最后定位故障的部位而又无法修复，此时就需要实施故障隔离法，如果不将故障源进行隔离，则故障就无法排除。

3．诊断工具法

（1）软件工具 ping

ping 无疑是网络中最频繁的小工具，它主要用于确定网络的连通性问题。ping 程序使用 ICMP（网际消息控制协议）协议来简单地发送一个网络数据包并请求应答，接收到请求的目的主机再次使用 ICMP 发回相同的数据，于是 ping 便可对每个包的发送和接收时间进行报告，并报告无影响包的百分比，这在确定网络是否正确连接，以及网络连接的状况（包丢失率）

十分有用。ping 是 Windows 操作系统集成的 TCP/IP 应用程序之一，可以在"开始"→"运行"中直接执行。

（2）软件工具 ipconfig/winipcfg

ipconfig/winipcfg 与 ping 的比较

利用 ipconfig/winipcfg 可以让用户很方便地了解到所用 ipconfig/winipcfg 机的 ip 地址的实际配置情况，尤其当用户的网络中设置的是 DHCP（动态 IP 地址配置协议）时。因为有一个"/all"参数，所以可侦查到本机上所有网络适配的 IP 地址分配情况，比 ping 命令更为详细。当然与 ping 相比也有它的不足之处，就是它只能在本机上测试，不能运用网络功能来测试。

（3）软件工具 netstat

netstat 工具的应用：

① 显示本地或与之相连的远程计算机的连接状态，包括 TCP、IP、UDP、ICMP 的使用情况，了解本地机开放的端口情况。

② 检查网络接口是否已正确安装，如果用 netstat 命令后仍不能显示某些网络接口的信息，则说明这个网络接口没有正确连接，需要重新查找原因。

③ 通过加入"-r"参数查询与本机相连的路由器地址分配情况。

④ 还可以检查一些常见的木马等黑客程序，因为任何黑客程序都需要通过打开一个端口来达到与其服务器进行通信的目的，这首先要使这台计算机连入互联网才行，不然这些端口是不可能打开的，这些黑客程序也就不会达到入侵的目的。

（4）软件诊断工具案例：网络中一台计算机无法访问互联网

检测步骤如下。

① 使用 ipconfig/winipcfg 查看 IP 地址配置是否正确，如不正确则重新配置 IP。

② 用"ping 本机 IP 地址"命令查看返回信息是否正确，如不正常则从网卡和 TCP/IP 的安装寻找原因。

③ 通过"ping 网关地址"查看返回信息是否正常，如不正常则从网卡和网线寻找原因。

④ 用"ping 外网 IP 地址"查看返回信息是否正常，如不正常则检查网关设置。

⑤ 使用 nslookup 检查 DNS 是否工作正常，如不正常则检查 DNS 设置。

⑥ 检查防火墙策略是否有限制。

⑦ 故障定位，恢复计算机正常上网。

（5）硬件工具网络测试仪

可以用此测试仪测试网线的通断。一般台站没有这种设备，但使用起来很简单，把网线的两端分别插到测试仪上，打开测试仪的电源，其中有 8 个灯，如果都亮则该网线是通的。

4.2.5 局域网设备典型故障的分析处理

1．局域网连通性故障

（1）连通性故障通常的表现

① 计算机无法登录到服务器。

② 计算机无法通过局域网接入 Internet。

③ 计算机在网上邻居中只能看到自己，而看不到其他计算机，从而无法使用其他计算机上的共享资源和共享打印机。

④ 计算机无法在网络内实现访问其他计算机上的资源。

⑤ 网络中的部分计算机运行速度十分缓慢。

（2）连通性故障的原因

① 网卡未安装，或未安装正确，或与其他设备有冲突。

② 网卡硬件故障。

③ 网络协议未安装，或设置不正确。

④ 网线、跳线或信息插座故障。

⑤ Hub 电源未打开，Hub 硬件故障，或 Hub 端口硬件故障。

⑥ UPS 电源故障。

（3）连通性故障的排除方法

① 确认连通性故障。

当出现一种网络应用故障时，如无法接入 Internet，首先尝试使用其他网络应用，如查找网络中的其他计算机，或使用局域网中的 Web 浏览等。如果其他网络应用可正常使用，如虽然无法接入 Internet，却能够在网上邻居中找到其他计算机，或可 ping 到其他计算机，那么可以排除连通性故障原因。如果其他网络应用均无法实现，继续下面操作。

② LED 灯判断网卡的故障。

首先查看网卡的指示灯是否正常。正常情况下，在不传送数据时，网卡指示灯闪烁较慢，传送数据时，闪烁较快。无论是不亮，还是长亮不灭，都表明有故障存在。如果网卡的指示灯不正常，须关掉计算机更换网卡。对于 Hub 的指示灯，凡是插有网线的端口，指示灯都亮。由于是 Hub，所以指示灯的作用只能指示该端口连接有终端设备，不能显示通信状态。

③ ping 命令排除网卡故障。

使用 ping 命令 ping 本地的 IP 地址或计算机名，检查网卡和 IP 网络协议是否安装完好。如果能 ping 通，说明该计算机的网卡和网络协议设置都没有问题。问题出在计算机与网络的连接上。因此，应当检查网线和 Hub 及 Hub 的接口状态，如果无法 ping 通，只能说明 TCP/IP 协议有问题。这时可以在计算机的"控制面板"的"系统"中，查看网卡是否出错。

④ 如果确定网卡和协议都正确的情况下，还是网络不通，可初步断定是 Hub 和双绞线的问题。为了进一步进行确认，可再换一台计算机用同样的方法进行判断。如果其他计算机与本机连接正常，则故障一定在先前的那台计算机和 Hub 的接口上。

⑤ 如果确定 Hub 有故障，应首先检查 Hub 的指示灯是否正常，如果先前那台计算机 Hub 接口灯不亮说明该 Hub 的接口有故障（Hub 插有网线的端口指示灯亮，指示灯不能显示通信状态）。

⑥ 如果 Hub 没有问题检查先前那台计算机到 Hub 的那一段双绞线故障和所安装的网卡。判断双绞线是否有问题可以通过"双绞线测试仪"或用两块三用表两个人在双绞线的两端测试。主要测试双绞线的 1、2 和 3、6 四条线（其中 1、2 线用于发送，3、6 线用于接收）。如果发现有一根不通就要重新制作。通过上面的故障压缩，我们就可以判断故障出在网卡、双绞线或 Hub 上。

2. 局域网协议故障

（1）协议故障通常表现。

① 计算机无法登录到服务器。

② "网上邻居"中即看不到自己，也看不到其他计算机，或者找不到其他计算机。

③ 计算机在"网上邻居"中能看到自己和其他成员，但无法访问其他计算机上的资源。

④ 计算机在"网上邻居"中既看不到自己，也无法在网络中访问其他计算机上的资源。

⑤ 计算机无法通过局域网接入 Internet。

⑥ 重复的计算机名。

（2）产生故障的原因

① 协议未安装。实现局域网通信，须安装 NetBEUI 协议。

② 协议配置不正确。TCP/IP 涉及的参数有四个，包括 IP 地址、子网掩码、DNS 网关，任何一个设置错误，都会导致故障发生。

③ 网络中有一个或两个以上的计算机重名。

（3）协议故障的排除步骤

当计算机出现以上协议故障现象时，应当按照以下步骤进行故障的定位。

① 检查计算机安装 TCP/IP 和 NetBEUL 协议，如果没有，可安装这两个协议，把 TCP/IP 参数配置好，然后重新启动计算机。

② 使用 ping 命令，测试与其他计算机的连接情况。

③ 在"控制面板"的"网络"属性中，单击"文件及打印共享"按钮，在弹出的"文件及打印共享"对话框中检查一下，看看是否选中了"允许其他用户访问我的文件"和"允许其他计算机使用我的打印机"复选框，或者其中的一个。如果没有，全部选中或选中一个。否则将无法共享文件夹。

④ 系统重新启动后，双击"网上邻居"，将显示网络中的其他计算机和共享资源。如果仍看不到其他计算机，可以使用"查找"命令，能找到其他计算机，就可以了。

⑤ 在"网络"属性的"标识"中重新为该计算机命名，使其在网络中具有唯一性。

3. 局域网配置故障

配置错误也是导致故障发生的重要原因之一。网络管理员对服务器、路由器等的不当设置自然会导致网络故障，计算机的使用者（特别是那些似懂非懂的初学者）对计算机设置的修改，也往往会产生一些意想不到的访问错误。

（1）配置故障表现及分析

配置故障更多的时候是表现在不能实现网络所提供的各种服务上，如不能访问某一台计算机等。因此，在修改配置前，必须做好原有的记录，并最好进行备份。

配置故障通常表现为：

计算机只能与某些计算机而不是全部计算机进行通信。

计算机无法访问任何其他设备。

（2）配置故障排错步骤

首先检查发生故障计算机的相关配置。如果发现错误，修改后，再测试相应的网络服务能否实现。如果没有发现错误，或相应的网络服务不能实现，执行下述步骤。

测试系统内的其他计算机是否有类似的故障，如果有同样的故障，说明问题出在网络设备上，如 Hub。反之，检查被访问计算机对该访问计算机所提供的服务。

计算机的故障虽然多种多样，但并非无规律可循。随着理论知识和经验技术的积累，故障排除将变得越来越快，越来越简单。严格的网络管理，是减少网络故障的重要手段；完善的技术档案，是排除故障的重要参考；有效的测试和监视工具（如美萍网络管理软件、修改注册表、优化软件等），是排除故障的有力助手。

4.2.6 局域网典型故障的案例

1. 局域网正常，但是无法上网

故障现象：某企业内部局域网，所有计算机通过交换机和代理服务器上网，局域网内所有计算机均上不了网。

故障分析处理：

检查发现局域网内部正常，所有计算机可以相互访问。此故障可能是代理服务器问题，代理服务器不能上网或代理服务器与交换机有连接问题。

检查代理服务器，代理服务器连接的外网线正常，代理服务器上网正常；接着，发现网络交换机上连代理服务器的接口连接松动，重新插好后，故障排除。

2. 局域网正常，但是无法上网

故障现象：局域网内只有几台计算机能连网，大部分不能互访。网卡灯亮，Hub 灯闪。

故障分析处理：对于这种情况，应当从软、硬两个方面来分析。

① 软件排查：进行了检测未发现病毒，从而排除了病毒干扰的可能性。检测网络协议到共享资源设置等均没有问题，可以排除软件方面的错误。

② 从硬件方面分析，物理连接原因大致有四种可能。

● 网线断路，无法形成信号回路；

● 网线的线序是否正确；

● 在集线器与计算机间连接用的网线过长，超过 100 米；

● 集线器端口有问题。

使用测线工具或万用表测量网线，发现网线连接状况很好，没有断路。通过目测，连接用的网线长度不可能超过 100 米。将几台网络已连通的计算机接在集线器上的插口换到怀疑损坏的集线器端口上，这几台计算机仍然互通，说明集线器端口无误。

③ 通过对网线线序的检查，发现用户制作的线序是 1、2、3、4，问题就出在这里，因为 RJ45 插头正确的连接应该是使用 1、2、3、6，其中 1、2 是一对线，3、6 是一对线，查出了问题，为用户重新做正确的网线接口，插入后网络正常。

3. 对网络升级更换 100Mb/s 交换机后，速度还没有原来快

故障现象：一个企业局域网，原来采用的是 10Mb/s 的交换机和 10/100Mb/s 自适应网卡，现将网络升级全部换成 100Mb/s 交换机，发现交换机更换后，速度还没有原来快。

故障分析处理：

① 此故障可能是由网关、网线或交换机问题等引起的。

② 用 ping 命令 ping 一下该局域网的网关，发现掉包现象严重，用测线仪检测网线，网线都通，但检查网线时发现网线是原来用的三类线，不支持 100 Mb/s 的网络。

③ 更换网线后，故障排除。

4. 网络速度时快时慢

故障现象：局域网中计算机的网卡为 10/100Mb/s 自适应网卡，交换机为全双工 10/100Mb/s 交换机。网络连接正常，但在上网时，网络速度时快时慢不稳定。

故障分析处理：

① 根据故障现象分析可能是网线问题、交换机问题或网络设置问题等引起的。

② 首先用 ping 命令检查，没有掉包现象；接着检查网络设置，没发现问题；再检查网线及交换机，发现变换机的指示灯，总是在 10Mb/s 和 100Mb/s 两种工作状态下转换。

③ 判断设置有问题，仔细检查网卡的属性，发现在"高级"选项卡中的网卡工作速度的"值"中指定的速度是"Auto"，将其改成 100Mb/s（Full）后，故障排除。

5. 在局域网中只有服务器可以上网

故障现象：某网吧的局域网中，服务器可以上网，而其他计算机都不能上网，但其他计算机可以互相访问。

故障分析处理：

① 由于局域网中的计算机可以互相访问说明局域网连接正常，故障应该是由服务器中代理上网软件没有运行或代理上网软件设置不正常等引起的。

② 检查服务器中代理软件，发现代理软件数据错乱、运行异常。

③ 将代理软件关闭后，重新启动，发现其他计算机可以上网了，故障排除。

6. 病毒引起的无法上网

故障现象：某公司的办公局域网采用星形拓扑结构，通过网络交换机组成的局域网实现上网。使用时一直正常，一天其中一台计算机只要接上网线，则其他计算机就上不了网。

故障分析处理：

① 怀疑是网线的问题，将故障计算机的网线接在其他计算机上，可以上网，而且其他计算机也可以上网。

② 根据故障现象分析，可能是计算机感染了病毒，通过网络交换机导致局域网用户发生上网故障。

③ 用杀毒软件查杀病毒，结果在故障机中查出 ARP 病毒。清除后故障排除。

对于路由器来说，以 2M 专线方式接入网络时，故障一般发生在电源、端口和线路协议的状态上。

7. 路由器串口及线路协议故障排除

路由器串口及线路协议正常状态为：Serial X is up，line protocol is up。这种状态表明物理层接口状态正常，链路层封装协议正确，网络层的 IP 地址和路由配置均正确。但是路由器串口及线路协议故障时，出现下列状态。

故障现象 1：Serial X is down，line protocol is down。

故障分析处理如下。

分析原因：传输线路不通，路由器连接线未连接或连接不正确，路由器硬件故障。

排障方法：检测和修复传输线路，恢复正确的线缆接口，更换路由器。

故障现象 2：Serial X is up，line protocol is down。

故障分析处理如下。

分析原因：本地或远程路由器配置不正确，传输线路异常，本地或远端的信道服务单元/数据服务单元故障，路由器端口硬件故障。

排障方法：

159

① 设置端口本地自环，再用命令观察线路协议是否为 up，如果为 up 状态则表明故障原因在于传输线路或远程路由器配置错误。

② 检查线路接口，确认电缆插在正确的端口、正确的设备和正确的配线架端口上。

③ 若经过上述方法无法解决，则可确认路由器端口硬件故障，则更换端口进行测试。

8．路由器以太网口故障排除

路由器以太网接口是否有故障，通常从两个方面进行判断。

第一，从与路由器位于同一局域网内的主机 ping 路由器的以太网接口，观察是否能够正确返回全部报文。

第二，查看连接双方路由器和交换机接口的统计信息，观察收发数据帧的数量变化情况，以及接收到的错误帧的统计数字是否快速增加。只要这两项测试中有一项不能通过，就可以确定路由器的以太网接口工作不正常。

故障现象 1：路由器以太网接口的（ACTIVE）指示灯灭。

故障分析处理：首先查看主机和路由器的局域网连接是否正确。若使用 Hub 或以太网交换机连接以太网，要确认 Hub 或以太网交换机上的相应连接指示灯的亮灭状态。如果均为亮则表明主机与路由器的以太网接口及网线物理上是正常的，如果不正常，更换网卡、网线、路由器或其相应接口模块等物理设备。

故障现象 2：路由器以太网接口的（ACTIVE）指示灯持续快速闪烁，但不能正常收发。

故障分析处理：

① 从故障现象可以判断接口物理连接正常。

② 分析故障原因，

一方面路由器设备问题，如本身性能、质量问题而工作不稳定，须更换。

另一方面是网络的信息流量过大，如果本地和远端路由器的以太网接口工作速率设置不匹配，可能出现上述故障现象。这时，只要在以太网接口模式下使用 bandwidth 命令修改本端或远端接口速率设置，使用两端的速率一致即可。

9．路由器电源故障排除

故障现象：路由器加电后，电源灯不亮，风扇也不转动。

故障分析处理：

① 检查外部供电部件和电压。

② 若正常，检查路由器的电源模块供电，如熔丝熔断。如果更换熔丝后故障依然，就要检查路由器的整流电路了，而整流电路的主要元件是电容、电感、电阻，查看有无元器件烧毁痕迹或外观变形，如果是元器件损坏，换掉故障元器件即可。

③ 若路由器的电源模块检修后正常，故障依然存在，则为路由器的功能模块存在电路过流问题，需要进一步维修或更换路由器。

4.2.7 FTTB+LAN 维修方法与案例

1．FTTB+LAN 方式的网络结构与设备

（1）FTTB+LAN 的方式

随着光纤接入的延伸，局域网 FTTB+LAN 的方式得到广泛运用。自运营商业务点到办公大楼的局域网络结构如图 4.17 所示。

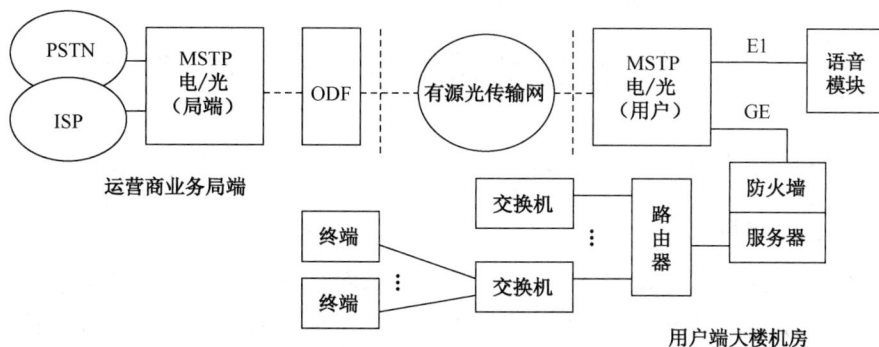

图 4.17　FTTB+LAN 的方式

在局端 IP 业务信息经过多业务光电转换设备（MSTP）将电信号转为光信号，由局端的光纤配线架（ODF）连接光纤传输网（包含主干光缆、光交接箱、配线光缆以及附属设施），接入用户端的大楼机房，用户端的 MSTP 将多业务光信号转为电信号，为大楼的局域网提供语音接入和宽带高效的数据接入。数据业务自防火墙服务器到各个用户终端设备组成局域网的内部结构。

（2）FTTB+LAN 常见故障

① 硬件。

a. 以光接入的物理连接故障为多发故障，如光纤断导致全业务瘫痪，光纤损坏、断裂导致全业务瘫痪，光纤损伤、接口灰尘等导致传输衰耗增大，影响网络传输速率等。

b. 整个 ISP 接入网络中的传输设备发生异常，都会导致局域网外网故障。

c. 内网故障同局域网分析处理。

② 软件。

a. 光传输 MSTP 等设备的配置、参数设置错误或误操作影响网络传输速率。

b. 光传输 MSTP 等设备运行错乱，传输设备发生异常，导致局域网外网故障。

c. 内网故障同局域网分析处理。

2. 常见 FTTB+LAN 维修案例

故障现象：FTTB+LAN 局域网网络是通的，但网速不正常，用户抱怨整个网络变慢。检测步骤如下。

① 查找用户上网问题时，发现网速不正常影响所有连接到网段上的工作站。

② 在正常的网络使用时段，将网络测试仪连接到集线器，在光纤连接的两端产生流量，每边都是流量正常状况。而检测在某一时刻断开或接上光纤，每当光纤连入网段时，就会观察到大量的错误帧。劣质的光纤链路连接会在其附属的网段中产生大量垃圾帧，迫使工作站重发帧，网络速度明显变慢。

③ 可判断为光传输网络的设备问题，检查光电设备之间的光端机，发现光接口接触不良且有灰尘。于是当清洁或重新安装好光纤连接器，复位所有的连接器，再次检查网络健康状况，此时仅有少量的错误帧，网络网速恢复正常。

4.3 无线局域网与设备维修

4.3.1 无线局域网（WLAN）概述

1. 何谓无线局域网

无线局域网（Wireless LAN，WLAN）是计算机网络与无线通信技术相结合的产物，是以无线电波或红外线作为传输媒质的计算机局域网，可使局域网上的计算机具有可移动性。无线局域网原理与有线局域网一样，也是采用了 OSI 七层网络模型，只是在其最低的物理层和数据链路层使用了无线传输协议。

2. 无线局域网的协议标准

无线局域网比较流行的有 802.11 标准（包括 802.11a、802.11b 及 802.11g 等标准）、蓝牙（Bluetooth）标准以及 HomeRF（家庭网络）标准等。

新的高速无线局域网标准为 802.11n。将 WLAN 的传输速率从 802.11a 和 802.11g 的 54Mb/s 增加至 108Mb/s 以上，最高速率可达 320Mb/s，成为 802.11b、802.11a、802.11g 之后的另一场重头戏。与以往的 802.11 标准不同，802.11n 协议为双频工作模式（包含 2.4GHz 和 5GHz 两个工作频段），这样 802.11n 保障了标准兼容。

一些 4G 及 3.5G 的关键技术、软件无线电等，开始应用到无线局域网中，提高了传输速率，增加了网络吞吐量。另外，天线技术及传输技术，使得无线局域网的传输距离大大增加，可以达到几千米。IEEE 802.11n 标准全面改进了 802.11 标准，不仅涉及物理层标准，同时也采用新的高性能无线传输技术提升 MAC 层的性能，优化数据帧结构，提高网络的性能。

3. 无线局域网组成

（1）无线局域网基本设备

无线局域网由一系列有线、无线设备组成，常见的无线局域网由无线网卡、无线接入点（AP）、无线 Hub、无线网桥以及计算机终端等设备组成，所有的无线网络设备都具有无线发射/接受功能。无线局域网基本设备连接示意图如图 4.18 所示。

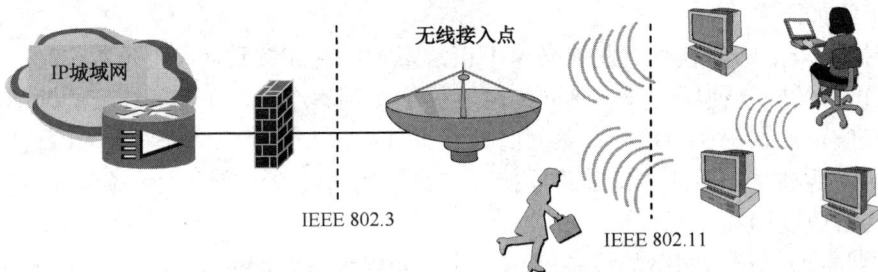

图 4.18　无线局域网基本设备连接示意图

① 无线接入点、服务区：通常将用于无线连接的设备称为"站"或无线接入点（AP），将无线网覆盖的范围称为"服务区"。

② 用户终端设备：包含安装了无线网卡的笔记本电脑、台式计算机，或者嵌入式 IEEE 802.11 数字终端设备等。

③ 无线网卡：主要包括 NIC（Network Interface Card）单元、扩频通信机以及天线三个功能模块。

④ 无线 Hub：可以组建星形结构的无线局域网。

⑤ 无线网桥（或无线路由器）：提供物理与数据链路层的连接，还为两个网的用户提供较高层的路由与协议转换。如利用无线网桥可以使用户拥有一个可以随时移动的办公区域。对于需要随时增加办公节点而又需要网络连接办公区域的公司，这一点十分有用。"活动办公室"能使这些新增加的办公接入点使用办公室内原有的打印机、存储设备等所有共享设备，操作简单到只需要插入一块无线网卡即可，结构如图 4.19 所示。

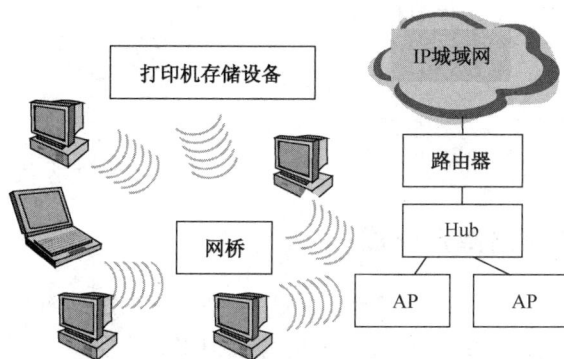

图 4.19　无线局域网技术组建活动办公

（2）无线局域网的网络结构类型

对于不同局域网的应用环境与需求，采取不同的网络结构来实现互连。

① 网桥连接型：不同的局域网之间互连时，由于物理上的原因，若采取有线方式不方便，则可利用无线网桥的方式实现二者的点对点连接，无线网桥不仅提供二者之间的物理与数据链路层的连接，还为两个网的用户提供较高层的路由与协议转换。

② 基站接入型：当采用移动蜂窝通信网接入方式组建无线局域网时，各站点之间的通信是通过基站接入、数据交换方式来实现互连的。各移动站不仅可以通过交换中心自行组网，还可以通过广域网与远地站点组建自己的工作网络。

③ Hub 接入型：利用无线 Hub 可以组建星形结构的无线局域网，具有与有线 Hub 组网方式相类似的优点。在该结构基础上的 WLAN，可采用类似于交换型以太网的工作方式，要求 Hub 具有简单的网内交换功能。

（3）局域网安全控制策略

① 利用桌面管理系统控制用户入网。

② 采用防火墙技术。

③ 封存所有空闲的 IP 地址，启动 IP 地址绑定，采用上网计算机 IP 地址与 MAC 地址唯一对应，网络没有空闲 IP 地址的策略。

④ 属性安全控制。

⑤ 启用杀毒软件强制安装策略。

4．无线局域网服务区类型

无线局域网的服务区可分为两大类。

① 基本服务区（Basic Service Area，BSA）。BSA 是最小的服务区，又成为小区（Cell），

其覆盖范围一般为几十米到上百米,基本服务区如图 4.20 所示。

② 扩展服务区(Externded Service Area, ESA)。ESA 通过接入点 AP 将各个 BSA 连接起来,而且将各个 BSA 接入有线主干网络,使无线局域网的服务范围大大扩展。扩展服务区如图 4.21 所示。

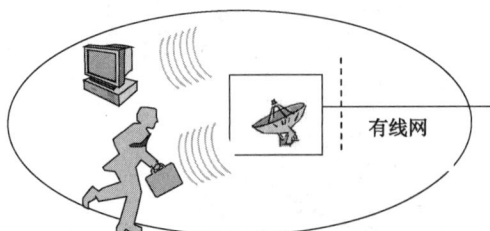

图 4.20　BSA 无线局域网　　　　　图 4.21　ESA 无线局域网

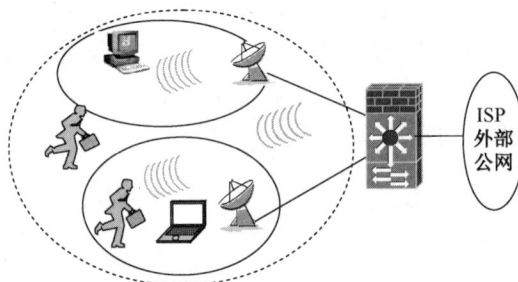

4.3.2　无线局域网的网络接入方式

实现无线局域网络的几种技术,有蓝牙无线接入技术、IEEE 802.11 连接技术以及家庭网络的 HomeRF 技术等。无线局域网接入的应用方式很多,常见的有以太网宽带接入应用、虚拟拨号＋局域网宽带接入应用、以太网 DSL Modem 宽带接入应用和以太网光纤宽带接入应用等。

1．以太网宽带接入

以太网宽带接入是目前所普遍采用的,这种接入方式的过程十分简便,一般情况下只要将 Internet 接入端插入 AP 中,设置无线网卡为"基站模式",分配好相应的 IP 地址、网关、DNS 即可。

2．虚拟拨号＋局域网

这类宽带的接入方式与以太网宽带类似,ISP 将网线直接连接到用户驻地。但不同的是,用户需要用虚拟拨号软件进行拨号,从而获得公有 IP 地址,连接 Internet。对于这种宽带接入方式,最理想的无线组网方案是采用一个无线路由器(Wireless Router)作为网关进行虚拟拨号,如图 4.22 所示,所有的无线终端都通过它来连接 Internet,使用起来十分方便。

图 4.22　虚拟拨号接入

3．以太网 DSL Modem 和无线路由器混合接入

DSL 目前中国电信所提供的最普及的宽带接入方式。随着无线接入技术的发展,用户的台式机、笔记本电脑等通常都具备无线网卡和运行软件,只需无线网络的覆盖即可轻松上网,

当前在家庭和办公领域这种方式得到了广泛的运用。

该混合接入通过网线连接以太接口的 DSL Modem 进行虚拟拨号连接上网，DSL Modem 的数据接口连接无线路由器的网络接口，无线路由器运行 IEEE 802.11 协议组成一个无线服务区，在这种宽带接入方式下，用户可以灵活进行数据网的双向通信。

4．以太网光纤接入

数据吞吐量比较大的企业，可以采用光纤接入的方法实现 WLAN 或若干个 WLAN 的接入，如图 4.23 所示。

网络运行商提供光纤接入企业用户，经过光端机进行光电转换后接入企业的数据网络中心（可以是路由器或服务器），再接入网络交换机。通过网络交换机用数据线路分接，其中一部分接入企业的有线接入终端设备，而另一部分则接入若干个无线网桥，分别组成 WLAN。

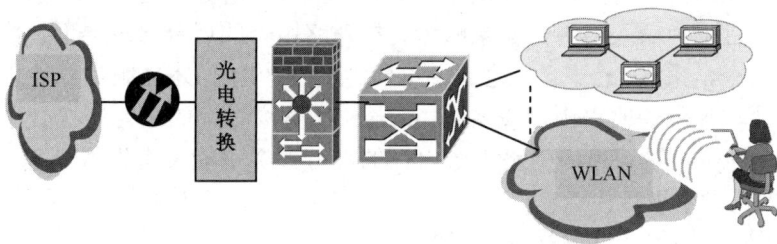

图 4.23　光纤接入的方法实现 WLAN

4.3.3　无线局域网的设备维修

1．无线局域网常见故障维修特点

（1）WLAN 的使用维修特点

WLAN 的工作频段一般在 2.4GHz，属于微波通信的范畴。传输特点是直线型、可见型，即目视范围的通信联系方式。这就说明 WLAN 的运行与雨、雾、墙等障碍有关，均能影响到微波的传输质量。所以，我们在使用和维修时也应该考虑到这些特点。

无线通信的距离与辐射功率、天线的方向性以及天线增益有关。常见的无线设备辐射输出功率在 200mW 以下，无线网卡的功率一般仅几十 mW。目前的无线设备一般自带全向天线，全向天线电波以天线为轴，呈"面包圈"状向外辐射；定向天线具有极强的方向性，在小角度的辐射范围外是完全没有信号的；使用可拆卸天线的设备可以外接增益天线，可以在不增加天线辐射功率的情况下增加通信距离。

微波在线缆中传输的要求很高，信号在线缆、接口上的损耗超出人们的想象，普通线材不适合做天线信号的传输介质。

（2）LAN 常见无线网络故障引发因素

在多数情况下，无线设备连接故障是由于使用不当引起的。通常表现有连接困难、速度慢、掉线等故障。其故障原因一般分为三个。

① 距离、障碍因素：AP 与网卡间的距离过长，AP 与网卡间有障碍物影响。

② 设备因素：如设备本身问题或设备工作环境过热、缓存过小等。

③ 人为因素：工作在 2.4GHz 频段的微波设备，如微波炉、网络线缆、天线线缆接触故障、定向天线特性等影响。

2. 无线局域网常见故障维修思路

我们常常会遭遇到各式各样的无线局域网故障，这些网络故障影响了正常的数据通信效率，对于无线局域网故障维修，其实与一般局域网基本维修思路大同小异，只要掌握无线通信的特点加强排查实践，就可以得到这种无线网络故障的排除经验，总结基本的维修思路。

（1）无线连接性问题是重要故障源

遇到无线局域网故障，首先排查无线连接性是否正常，这与有线局域网排查连接性问题思路一样，但是无线局域网主要的连接性是无线接口是否正常，主要检查 AP 相关联无线传输设施。注意若检测硬件无误，则还要检查无线协议的相关设置。

（2）注意网络侧的有线连接问题

首先要保证无线网络连接线路处于通畅状态。当无线网络连接无误，查看有线线路是否处于连通状态时，如可以先打开 IE 浏览器，并在弹出的浏览窗口地址栏中输入路由器默认使用的 IP 地址，之后正确输入路由器登录账号，打开路由器的后台管理界面。接着在该管理界面中执行 ping 命令，来 ping 一下本地 Internet 服务商提供的 DNS 服务器地址，要是目标地址能够被 ping 通，那就表明路由器设备到 Internet 服务商之间的线路连接处于畅通状态，要是目标地址无法被 ping 通，那说明路由器内部的部分参数可能没有设置正确，这时就必须对路由器内部的配置参数进行检查。

（3）注重无线传输的特点进行分析问题

无线局域网故障多半是无线传输问题，如无线传输信号比较微弱引起的访问速度很缓慢等现象，往往是 AP 或无线路由器、网桥设备的连接位置摆放不当，无线信号的传输很容易受到外界干扰，导致信号衰减幅度巨大，从而影响无线上网的访问速度。此外，需要注意的是，如果无线路由器设备用于局域网，那么一定要确保该设备位于所有工作站的中心位置，确保每一台工作站都能快速传输数据。

3. 无线局域网常见故障分析处理方法

在无线局域网维修中会遇到一些常问题，比较典型的现象如无线信号不稳定、可以搜索到信号但无法动态获取 IP 地址、经常瞬间断开又连上等，为了解决这些问题，现总结了一些常见问题的分析处理方法。

（1）常见问题分析处理 1

故障现象：AP 信号正常，个别笔记本电脑无线网络连接时断时续，而使用测试计算机连接正常。

分析处理：

① 到用户端查看无线网卡的连接，发现无线信号强度仅有 20%，连接速率不稳定；用测试计算机的无线网卡连接，无线信号强度为 80%，连接 AP 访问正常。分析网络无问题，原因是该笔记本电脑的无线网卡或无线网卡的驱动程序问题。

② 检查用户端笔记本电脑的无线网卡，单击"无线网络连接"，查看无线网卡配置等，发现无线网卡的驱动程序版本太旧，安装新的无线网卡驱动程序后，故障问题解决，随后检查了其他连接不稳定的笔记本电脑，更新无线网卡驱动，问题都得已解决。

（2）常见问题分析处理 2

故障现象：

AP 的发射信号正常，用户端无线网卡可以正常地关连至 AP，但无法获得 DHCP 分配的

IP 地址。

分析处理：

① 用测试计算机检测故障 AP 周边 AP 的信号强度和频道分配情况，确定测试计算机的无线网卡肯定关联到了故障 AP 上。可能在关连故障 AP 时，因为无法动态分配到 IP 地址而无法立即连接到故障 AP，可以手工预设置无线网卡的 IP 地址。连接后，确保能 ping 通故障 AP 的管理 IP 地址。

② 将故障 AP 换到正常工作的 AP 处测试，确认测试计算机的无线网络可正常连接，并快速获取 IP 地址，即可继续下一个检测步骤，若故障 AP 仍然存在同样问题，则更换此故障 AP。

③ 回到故障 AP 楼层的配线间，通过网线连接故障 AP 的交换机端口到测试计算机，如果测试计算机有线网卡能够快速获得 IP 地址，说明交换机下链路正常。测试结果，计算机有线网卡不能够快速获得 IP 地址，分析为交换机的端口或上连链路的配置错误。

④ 检查上连链路的配置无误，则检查交换机到故障 AP 的网线以及 RJ45 接头是否正常，发现故障点 AP 处的 RJ45 接头的线序被打错；经重新制作接口恢复连接后，故障排除。

（3）常见问题分析处理 3

故障现象：故障现场，输入 AP 的管理 IP 地址，进入管理界面内发现，AP 的 MAC 地址与施工计划表内 MAC 地址不符，怀疑是否 AP 的 IP 地址被占用。

分析处理：

① 在配线间内，将交换机与故障 AP 的网线连接断开，通过网线连接测试计算机的有线网卡与交换机的连通性；手工设置与 AP 同网段的 IP 地址，通过 ping 的方式确认网络内没有和故障 AP 相同的 IP 地址，如果此时网络内有其他 AP 占用了 IP 地址，需要重新记录和调整 IP 地址。

② 因为通过 ping 的方式检测，表格模式可显示出 AP 的 IP 地址、MAC 地址和 AP 名称，使用测试计算机就可以快速地检查并显示出网络中所有激活的 AP。现在，先不要连接故障 AP 与交换机；到故障 AP 的位置处，确保无线网卡连接的故障 AP 的 MAC 地址与无线测试软件显示的当前连接 AP 的 MAC 地址相符合；进入故障 AP 的管理页面核对施工计划表内的 MAC 地址与故障 AP 的 MAC 是否一致；结果发现，施工计划表内的 MAC 地址被抄写错误。

③ 修改施工计划表，问题解决；恢复 AP 的网线连接。

提醒，由于大规模的 WLAN 实施，在预准备过程中，不可避免会出现一些记录错误，现场实施的工程人员需要冷静、细心地核对即可发现和避免问题。

（4）常见问题分析处理 4

故障现象：某 FTTB 的用户都反映有线上网时网速正常，但笔记本电脑无线上网速度慢，有时经常上不了网。

分析处理：

① 在 FTTB 架构下的局域网中，根据用户反映的笔记本电脑无线上网问题，说明故障大致部位在公用的无线接入网络设备上。FTTB 架构下的有线局域网和 WLAN 如图 4.24 所示。

② 检查放置无线 ONU 位置，发现有一个大功率音响紧靠 ONU 设备。虽然 FTTB 是光纤接入大楼，光纤不怕磁场干扰，但强磁场会对 ONU 终端及无线传输产生影响，降低设备及无线传输性能。

③ 分析大功率音响的强磁场对无线传输造成很大影响，将该音响移开或进行屏蔽，无线上网的故障排除。

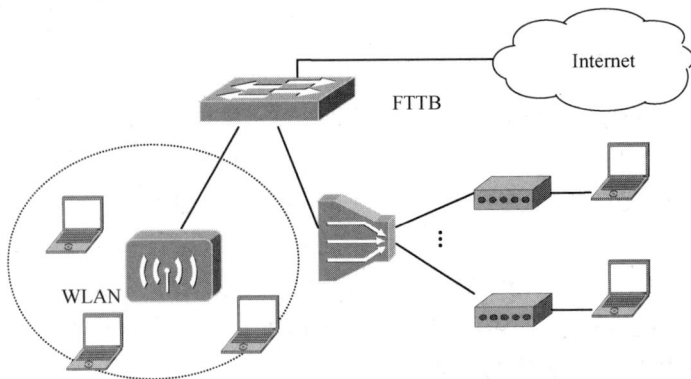

图 4.24　FTTB 架构有线局域网和 WLAN

4.4　VPN 与设备维修

4.4.1　VPN 基本概念

1．什么是 VPN

VPN（Virtual Private Network）是通过 Internet 将局域网扩展到远程网络和远程计算机用户的一种成本效益极佳的办法。VPN 是利用密码技术和访问控制技术在公共网络中建立的专用通信网络，它最大的优点在于异地子网间的通信就像在一个子网内一样安全，虚拟专用网由此而得名。

顾名思义，VPN 称为虚拟专用网，也就是它不是真的专用网络，但却能够实现专用网络的功能。它是"虚拟"的，并不实际存在，而是利用现有网络，通过资源配置以及虚电路的建立而构成的虚拟网络。其次，它是一个"专"网，每个 VPN 用户都可以从公用网络中获得一部分资源供自己使用。最后，它是一种网络，既可以让客户连接到公网所能够到达的任何地方，也可以方便地解决保密性、安全性、可管理性等问题，降低网络的使用成本。

VPN 所指的是依靠 Internet 服务提供商（ISP）和其他 NSP（网络服务提供商），在公用网络中建立专用的数据通信网络的技术。在虚拟专用网中，任意两个节点之间的连接并不存在传统专网所需的端到端的物理链路，而是利用某种公众网的资源动态组成的。

因为 VPN 是在 Internet 上临时建立的安全专用虚拟网络，用户就节省了租用专线的高额费用，仅仅是向所在地的网络运行商支付上网费用，也节省了长途电话费。这就是 VPN 价格低廉的原因。典型的信息化 VPN 的连接示意图如图 4.25 所示。图中 POP 为 Internet 上收取信件的通信协定标准，Remote Office 为远距离办公室。

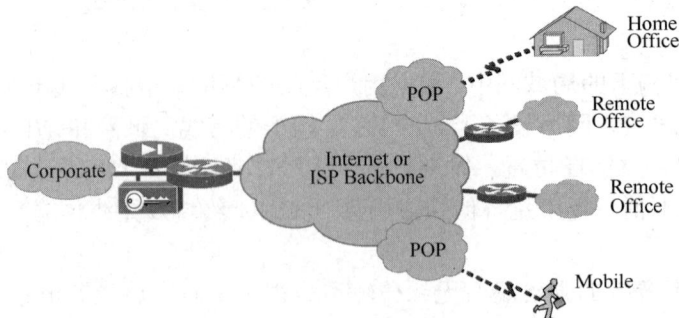

图 4.25　典型的信息化 VPN 的连接示意图

2．VPN 的特点

（1）网络的安全保障

VPN 在面向非连接的公用 IP 网络上建立一个逻辑的、点对点的连接，称之为建立一个隧道，可以利用加密技术对经过隧道传输的数据进行加密，以保证数据仅被指定的发送者和接收者了解，从而保证了数据的私有性和安全性。

（2）可管理性

VPN 无论从用户角度还是运营商角度应可方便地进行管理、维护。

（3）服务质量保证（QoS）

VPN 网应当为企业数据提供不同等级的服务质量保证，即在网络应用方面，要求网络根据需要能够提供不同等级的服务质量。

（4）网络的灵活性及可扩充性

VPN 应具备必须能够支持通过 Intranet 和 Extranet 的任何类型的数据流，灵活地增加新的业务节点，支持多种传输媒介，以满足同时传输数据、语音和图像等新的综合应用业务对传输信道以及带宽的要求等。

（5）经济性

通信费用降低，远程用户可以通过向当地的 ISP 申请账户登录到 Internet，以 Internet 作为隧道与企业内部专用网络相连，通信费用大幅度降低。

（6）支持新兴应用

VPN 支持 IP 语音、IP 传真的应用，还有各种协议，如 IPv6、MPLS 等。由于 VPN 的显著优点能给用户带来诸多的好处，其业务在全球迅速开展。

3．VPN 的分类

（1）按服务类型分类

① Internet VPN：企业总部与分支机构间通过公网构筑的虚拟网。

② Access VPN：为拨号 VPN（即 VPDN），是指企业员工或企业的小分支机构通过公网远程拨号的方式构筑的虚拟网。

③ Extranet VPN：企业间发生收购、兼并或企业间建立战略联盟后，使不同企业网通过公网来构筑的虚拟网。

（2）按技术分类

① Overlay VPN：Overlay VPN 要求在帧中继、ATM 或 IP 网络上建立隧道或加密，这种方案是建立在点到点连接的基础上的，需要对每条隧道或 VC（虚通道）进行单独的配置。

② MPLS-VPN：基于 MPLS 的网络能够将数据流分开，无须建立隧道或加密即可提供保密性，基于 MPLS 的网络以网络到网络的方式提供保密性。

（3）按接入方式分类

① 专线 VPN：是为已经通过专线接入 ISP 边缘路由器的用户提供的 VPN 实现方案。

② 拨号 VPN：是为利用拨号方式通过 PSTN 或 ISDN 接入 ISP 的用户提供 VPN 业务。

4．IP VPN 的技术发展的三个阶段

① 基于终端设备的 IP VPN 是第一个发展阶段。此业务主要是在客户的终端加上路由器和防火墙，在点与点之间建立安全的通道。

② IP VPN 的第二个发展阶段是基于网络的 VPN。它与前一阶段的唯一区别是防火墙从客户那里移到运营商网络中，使客户减少了对终端设备管理的麻烦和成本，但其他方面的局限性却没有改进。

③ IP VPN 的第三个阶段，从 2001 年开始，基于 MPLS/QoS 的 IP VPN 成了一个全球现象。

MPLS-VPN 可满足 VPN 用户对安全性的要求，可以建立任意的连接，具有很好的网络可扩展性。MPLS-VPN 还易于提供增值业务。

5．VPN 在办公通信中的基本运用

一般的 VPN 系统的设置比较方便，只要所有要连网的分部有宽带上网的条件，每个分部用一台 VPN 网关，VPN 网关一般都有一个 WAN 接口，一个 LAN 接口，WAN 接口连接 ADSL 设备或其他 ISP 提供的网络上连接口设备，LAN 接口连接分部局域网的交换机，每个分部和总部都是如此，即可组建一个办公通信的典型 VPN 系统。

通过 IE 浏览器进入 VPN 网关的设置界面，如在 IE 的地址栏里输入 VPN 网关的 IP 地址 192.168.1.1，即进入设置界面，在里面输入 ADSL 的上网用户名和密码，同时在 VPN 设置里输入 VPN 连接的用户名和密码（还有对方的公网 IP 或域名），这样，分部或总部的局域网通过 VPN 网关共享上网，同时也建立 VPN 的连接，可以访问 Internet 的同时去访问任意分部局域网中的任何一台计算机。

查找对方计算机的名字或在 IE 里输入要查找的计算机的 IP 地址，或者在 IE 里输入总部服务器某个应用程序的的 IP 即可运行。典型的 VPN 的设备连接如图 4.26 所示。

图 4.26　VPN 的设备连接

4.4.2　VPN 的设备组成与网络功能

数据通信网络由三部分组成，即用户终端、传输介质和服务器。VPN 也同样由这三部分组成，所不同的是 VPN 连接使用隧道作为传输通道，这个隧道是建立在公共网络或专用网络基础之上的。VPN 连接的示意图如图 4.27 所示。

1．VPN 服务器

要实现 VPN 连接，企业内部网络中必须配置有一台基于 Windows 2000 Server 之类的 VPN 服务器，一方面连接企业内部专用网络，另一方面要连接到 Internet，也就是说 VPN 服务器必须拥有一个公用的 IP 地址。当终端用户通过 VPN 连接与专用网络中的计算机进行通信时，先由 Internet 服务提供商将所有的数据传送到 VPN 服务器，然后再由 VPN 服务器负责将所有的数据传送到目标计算机。

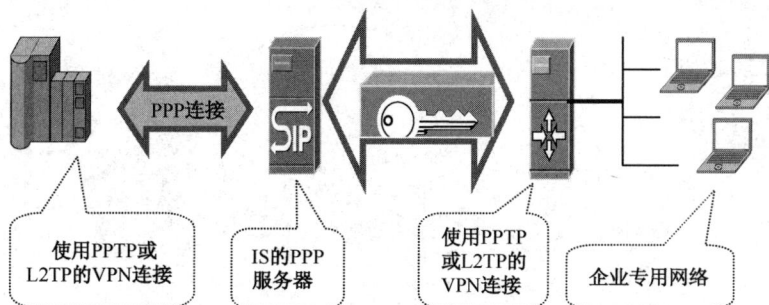

图 4.27 VPN 连接的示意图

2. 隧道

用户连接 VPN 的形式，常规的直接拨号连接与虚拟专网连接的异同点在于在前一种情形中，PPP（点对点协议）数据流是通过专用线路传输的。在 VPN 中，PPP 数据流由一个 LAN 上的路由器发出，通过共享 IP 网络上的隧道进行传输，再到达另一个 LAN 上的路由器。这两者的关键不同点是隧道代替了实实在在的专用线路。隧道好比是在 WAN 云中画出一根串行通信电缆。

那么，如何形成 VPN 隧道呢？建立隧道有两种主要的方式：客户启动（Client－Initiated）或客户透明（Client－Transparent）。客户启动要求客户和隧道服务器（或网关）都安装隧道软件。后者通常都安装在用户中心站上。通过客户软件初始化隧道，隧道服务器中止隧道，ISP 可以不必支持隧道。客户和隧道服务器只需要建立隧道，并使用用户 ID 和口令或用数字许可证鉴权。一旦隧道建立，就可以进行通信了，如同 ISP 没有参与连接一样。

另一方面，如果希望隧道对客户透明，ISP 必须具有允许使用隧道的接入服务器以及可能需要的路由器。客户首先拨号进入服务器，服务器必须能识别这一连接要与某一特定的远程点建立隧道，然后服务器与隧道服务器建立隧道，通常使用用户 ID 和口令进行鉴权。这样客户端就通过隧道与隧道服务器建立了直接对话。尽管这一方针不要求客户有专门软件，但客户只能拨号进入正确配置的访问服务器。

隧道技术为相关用户提供了逻辑上点对点的连接，非法用户无法获取利用遂道技术传送的数据。用户认证、访问权限控制也是 VPN 必须提供的功能。电信部门还需要保证 VPN 的服务质量、可靠性，并要便于管理，方便用户使用。

4.4.3 VPN 的功能

1. 通过 Internet 实现远程用户的访问

利用 Internet 通过单一网络结构为职员和商业伙伴提供无缝、安全的连接。对于企业，基于拨号 VPN 的 Extranet 可加强与用户、商业伙伴和供应商的联系。VPN 支持以安全的方式通过公共互连网络远程访问企业资源。

VPN 用户首先拨通本地 ISP 的 NAS，然后 VPN 软件利用与本地 ISP 建立的连接在拨号用户和企业 VPN 服务器之间创建一个跨越 Internet 或其他公共互连网络的虚拟专用网络，如图 4.28 所示。

2. 通过 Internet 实现网络互连

通过 Internet 实现网络互连，利用 VPN 连接远程的局域网络，基本连接方式有两种。

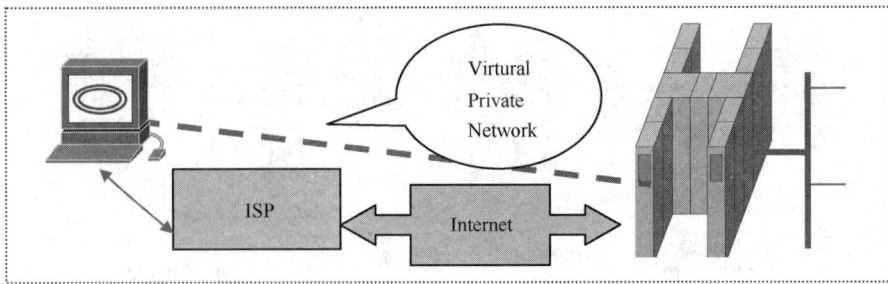

图 4.28　VPN 用户连接

（1）利用专线连接分支机构和企业局域网

分支机构和企业端路由器可以使用各自本地的专用线路通过本地的 ISP 连通 Internet，而不需要使用费用很高的长途专用电路。

（2）利用拨号线路连接分支机构和企业局域网

分支机构端的路由器可以通过拨号方式连接本地 ISP（不同于传统的使用连接分支机构路由器的专线拨打长途）。VPN 软件使用与本地 ISP 建立起的连接在分支机构和企业端路由器之间创建一个跨越 Internet 的虚拟专用网络，如图 4.29 所示。

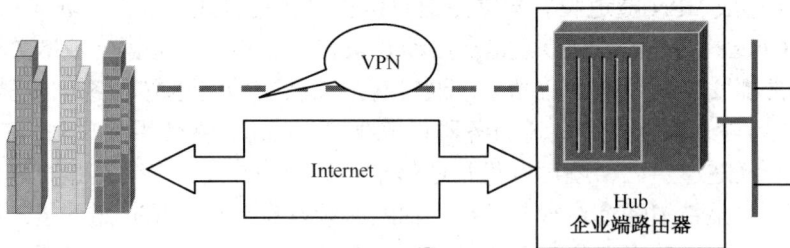

图 4.29　利用拨号线路的 VPN 连接

应当注意在以上两种方式中，都是通过使用本地设备在分支机构和企业部门与 Internet 之间建立连接。无论是客户端还是服务器端都通过本地接入 Internet，因此 VPN 可以大大节省连接的费用。建议作为 VPN 服务器的企业端路由器使用专线连接本地 ISP。VPN 服务器一般一天 24 小时对 VPN 数据流进行监听。

3．连接企业内部网络计算机

在企业的内部网络中，考虑到一些部门可能存储重要数据，为确保数据的安全性，传统的方式只能是把这些部门同整个企业网络断开形成孤立的小网络。这样虽然保护了部门的重要信息，但是由于物理上的中断，使各部门之间无法通信。

采用 VPN 方案，通过使用一台 VPN 服务器既能够实现与整个企业网络的连接，又可以保证保密数据的安全性。路由器虽然也能够实现网络之间的互连，但是并不能对流向敏感网络的数据进行限制。使用 VPN 服务器，指定只有符合特定身份要求的用户才能连接 VPN 服务器并获得访问敏感信息的权利。此外，可以对所有 VPN 数据进行加密，从而确保数据的安全性。没有访问权利的用户无法看到敏感部门的局域网络。连接企业内部网络计算机的 VPN 系统如图 4.30 所示。

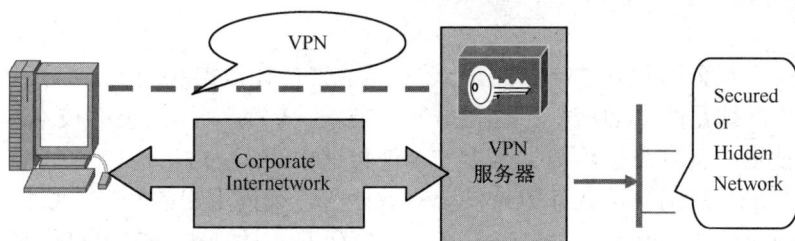

图 4.30　连接企业内部网络计算机的 VPN 系统

4.4.4　VPN 的隧道技术

1．隧道技术

隧道是由隧道协议形成的，分为第二、三层隧道协议。第二层隧道协议是先把各种网络协议封装到 PPP 中，再把整个数据包装入隧道协议中。这种双层封装方法形成的数据包靠第二层协议进行传输。第二层隧道协议有 L2F、PPTP、L2TP 等。L2TP 协议是目前 IETF 的标准，由 IETF 融合 PPTP 与 L2F 而形成。第三层隧道协议是把各种网络协议直接装入隧道协议中，形成的数据包依靠第三层协议进行传输。

隧道技术对于构建 VPN 来说，是一个关键性技术。它的基本过程是在源局域网与公网的接口处，将数据作为负载封装在一种可以在公网上传输的数据格式中，在目的局域网与公网的接口处将数据解封装，取出负载。这样，被封装的数据包在互联网上传递时所经过的逻辑路径被称为"隧道"。

隧道技术是一种通过使用互连网络的基础设施在网络之间传递数据的方式。使用隧道传递的数据，可以是不同协议的数据包。隧道协议将这些其他协议的数据包重新封装在新的包头中发送。新的包头提供了路由信息，从而使封装的负载数据能够通过互连网络传递。

被封装的数据包在隧道的两个端点之间通过公共互连网络进行路由。被封装的数据包在公共互连网络上传递时所经过的逻辑路径称为隧道。一旦到达网络终点，数据将被解包并转发到最终目的地。隧道技术是指包括数据封装、传输和解包在内的全过程，如图 4.31 所示。

图 4.31　数据封装、传输和解包过程

2．隧道协议

为创建隧道，隧道的客户机和服务器双方必须使用相同的隧道协议。隧道技术可以分别以第 2 层或第 3 层隧道协议为基础。分层按照开放系统互连（OSI）的参考模型划分。第 2 层隧道协议对应 OSI 模型中的数据链路层，使用帧作为数据交换单位。PPTP、L2TP 和 L2F（第 2 层转发）都属于第 2 层隧道协议，都是将数据封装在点对点协议（PPP）帧中通过互连网络发送。第 3 层隧道协议对应 OSI 模型中的网络层，使用包作为数据交换单位。IP over IP 以及 IPSec 隧道模式都属于第 3 层隧道协议，都是将 IP 包封装在附加的 IP 包头中通过 IP 网络传送。

3．VPN 的安全保证技术

VPN 主要采用隧道技术、加解密技术、密钥管理技术和身份认证技术这四项技术来保证

安全:

隧道技术:它在公用网建立一条数据通道(隧道),让数据包通过。条隧道传输。

加解密技术:这是数据通信中一项较成熟的技术,VPN 利用的现有技术。

密钥管理技术:负责在公用数据网上安全地传递密钥。

身份认证技术:密码身份认证用来安全有效地验证远程用户的身份,这样系统就可以判断出适合这个用户的安全级别。如 VPN 可使用密码身份认证来决定用户是否可以参与到加密通道中,常采用使用者名称与密码或卡片式认证等方式。

4.4.5 VPN 故障类别与相应解决方法

1. VPN 隧道无法建立

(1)故障原因与解决方法 1

① 故障原因:两端 VPN 设备无法互通。

② 解决方法:从一端 VPN 设备 ping 另外一端,看是否能否 ping 通。如果不通,首先检查网络连接情况。

(2)故障原因与解决方法 2

① 故障原因:两端 VPN 可以 ping 通,但是相互收不到 IKE 协商报文。

② 解决方法:检查 VPN 是否配置限制或者前端是否有防火墙,禁止了 IKE 协商报文,需要开放。

(3)故障原因与解决方法 3

① 故障原因:对端 VPN 设备配置错误 ID 或者没有配置 ID。

② 解决方法:查看或更正。

(4)故障原因与解决方法 4

① 故障原因:两端 VPN 设备预共享密钥不一致。

② 解决方法:通过 show run cry key 查看两端的 KEY 是否相同,若否则更正。

2. VPN 隧道通,无法处理业务

(1)故障原因与解决方法 1

① 故障原因:业务数据走 NAT,没有走 VPN 隧道。

② 解决方法:检查访问列表 VPN 的业务数据,若不正确则更正。

(2)故障原因与解决方法 2

① 故障原因:要访问服务器没有路由指向对端 VPN 网关或者网关设置不对。

② 解决方法:在中心端 VPN 设备上 ping 服务器看能否 ping 通,可以 ping 通,则可以在客户端 VPN 设备上通过查看数据,若不正确则更正。

(3)故障原因与解决方法 3

① 故障原因:线路 PMTU 导致大数据包丢弃。

② 解决方法:客户端采用默认 ping 包可以 ping 通服务器,ping 大包不通,须修改服务器网卡的设置。

3. VPN 时通时断

(1)故障原因与解决方法 1

① 故障原因:公网连接不稳定。

② 解决方法：通过 ping 检测物理线路，直接用 PC 接在公网线路测试看看是否会断，如果是动态拨号，可以更改 idle－timeout 为 0。

（2）故障原因与解决方法 2

① 故障原因：分支机构 VPN 配置重复。

② 解决方法：隧道时断时连表现为当只有一个下端的时候一切正常，但当第二个或某个特定下端连接上来的时候，出现只有一个能正确建立隧道或时断时连；可以在分支机构 VPN 上更换网段测试或者配置使用积极模式等。

4.4.6　VPN 的网络设备常见故障分析处理

利用 VPN 网络，我们能够非常轻易地摆脱地理位置的束缚，这种网络访问方式比较适合地域跨度相对较大的单位。不过，在实际通过 VPN 方式访问单位网络的过程中，时常会遇到一些莫名其妙的 VPN 故障，这些故障如果不被快速排除掉，显然就会影响 VPN 网络的访问效率。为了提高通过 VPN 办公通信的效率，很有必要了解 VPN 和常见问题的维修方法。

1. 无法利用 VPN 连接单位网络

故障现象：创建了 VPN，在使用该连接访问单位网络时，却无法连接。经过反复连接都无法访问单位网络。

分析处理：

① 遇到这种 VPN 网络访问故障时，我们首先应该仔细检查 VPN 连接参数是否设置正确，若参数设置无误，则需要进行进一步检查。

② 应当首先重点检查是否已经取消了"在远程网络上使用默认网关"功能选项，其次检查本地系统有没有启用默认的路由功能。若发现默认网关功能选项或默认的路由功能有误，则更改后重新启动一般就可以恢复 VPN 运行。

③ 若经过第 2 步的检查操作还不能让 VPN 连接访问单位网络，则要考虑当前使用的宽带设备是否正常，如是否允许 VPN 网络连接操作，或者宽带设备中是否已经开启了 VPN 连接功能等。

2. 启用 VPN 时很难连接到互联网

故障现象：在启用 VPN 客户端软件时不能够连接到 Internet 网，尽管可以事先连接到 Internet 网。

分析处理：该常见问题的根源存在如下两个主要方面。

① 分析认为，普通的错觉以为 VPN 只是一种为通信加密的机制，实际上不是这样。VPN 客户端软件实际上在 PC 和主机网站之间建立了一个虚拟隧道。这就意味着在试图通过 VPN 接入 Internet 的时候，远端必须要有 Internet 网接入。如果采用一家 ISP 作为接入媒介，就可以通过这个 ISP 直接访问 Internet。当启动 VPN 的时候，依靠机构提供 Internet 接入，因为这些数据包在发送到 Internet 之前必须要回到后端办公室。如果 Internet 连接已经断开，或者政策不允许访问 Internet，在使用 VPN 的时候就不能访问互联网。针对这些情况的分析，则可以得出处理问题的方法。

② 一些 VPN 客户使用 VPN 服务器作为 VPN 客户端软件的默认网关。如果这台服务器是默认的网关，并且没有设置提供互联网接入，浏览网络也是不可能的。需要针对设置进行相应更改后即可排除故障。

3．VPN 网络访问出现 Socket 故障

故障现象：某计算机利用 VPN 网络连接与单位内网中的一台服务器进行通信时，发现无法与该服务器建立正常连接，同时系统提示存在 Socket（用于在两个基于 TCP/IP 的应用程序之间相互通信）方面的故障。

分析处理：

① 先检查硬件连接，排除物理连接方面的异常。

② 若物理连接无误，则应该检查故障计算机系统的 DNS 参数是否设置正确，例如要是故障计算机使用的 DNS 服务器为外网的真实服务器，那么故障计算机通过 VPN 隧道访问内网中的服务器系统时，就很容易出现 Socket 方面的故障。

③ 要避免这种故障现象时，我们可以在故障计算机系统中重新指定 DNS 服务器参数，确保该地址来自单位内网中。一旦内网中没有专门的 DNS 服务器可以使用时，可以在故障计算机系统中打开 hosts.sam 系统静态主机文件，在其中手工添加内网服务器主机名称和 IP 地址的对应关系记录，或者在故障计算机系统中直接使用 IP 地址来访问内网中的目标服务器主机，这样故障计算机在利用 VPN 网络连接来访问单位内网中的目标服务器时，就不会出现 Socket 方面的故障了。

4.4.7 VPN 典型接入故障案例

1．常见 DSL 接入的 VPN 的设置

VPN 的应用广泛，接入方式也不尽相同。通常有 FTTB 接入、DSL 接入及 PON 接入等。常见通过电信运营商 DSL 接入的 VPN，设备基本连接如图 4.32 所示。

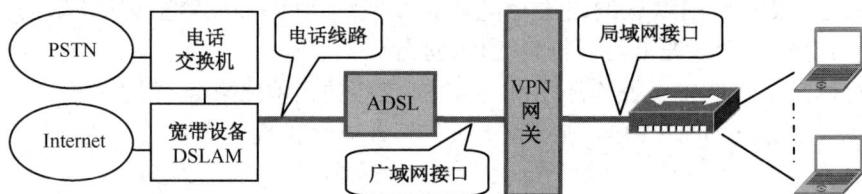

图 4.32　VPN 的设备连接

一般的 VPN 系统的设置比较方便：只要所有要连网的分部有宽带上网的条件，每个分部用一台 VPN 网关，有一个 WAN 接口，一个 LAN 接口，WAN 接口连接 ADSL 设备，LAN 接口连接分部局域网的交换机，每个分部和总部都是如此。

通过 IE 浏览器进入 VPN 网关的设置界面，如：在 IE 的地址栏里输入 VPN 网关的 IP 地址 192.168.1.1，即进入设置界面，在里面输入 ADSL 的上网用户名和密码，同时在 VPN 设置里输入 VPN 连接的用户名和密码。这样，分部或总部的局域网通过 VPN 网关共享上网，同时也建立 VPN 的连接，就可以在访问 Internet 的同时去访问任意分部局域网中的任何一台计算机，如：查找对方计算机的名字或在 IE 里输入要查找的计算机的 IP 地址，或者在 IE 里输入总部服务器某个应用程序的的 IP 即可运行。

2．VPN 解决方案与故障分析处理

计算机企业总部网络的出口处部署总部端产品支持多平台环境，能够以任意方式接入 Internet，支持动态 IP（如 ADSL 拨号）动态寻址，是一个分布式、可扩展、多用途的安全通

信平台，并集成了企业级防火墙和共享上网及权限分配等功能模块，为远程用户提供安全、高效的接入手段。解决方案的架构如图 4.33 所示。

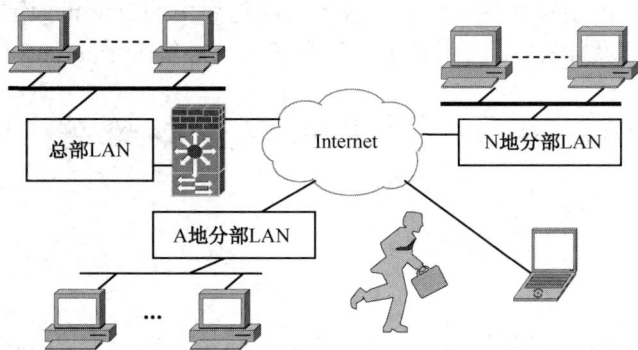

图 4.33　VPN 解决方案架构示意图

异地分支机构也同样在网络出口处部署分支模块产品，同样以最便捷的方式接入 Internet，便可以与总部局域网互连互通，如同在一个办公室。

移动办公人员的操作使用更为简便，只要安装移动客户端软件，即通过 Mobile IP over VPN（移动 IP）技术，获取总部局域网内的私网 IP 地址，访问总部局域网的"网上邻居"和相关资源，实现最便利的移动办公。在此平台基础之上，总部和分支机构、移动用户连接成一个局域网，实现了数据流的实时同步和远程办公、文件共享。各种局域网内的应用都可以扩展到远程分支和移动用户。

在实际进行 VPN 访问连接的过程中，常常会遇到不少故障，常见 VPN 访问故障的排除方法如下。

（1）各地分部的 LAN 用户都无法访问总部

分析原因，其一是公众网提供的总部接入有故障，其二是总部 VPN 设备的软件、硬件有问题，若总部的设备正常，则这类故障通常为总部的外网问题。

① 若总部宽带业务有故障，则 DSLAM 接口到局域网接口有问题。

② 若总部宽带业务正常，则外网 VPN 接入的设置出错或其他协议有问题。

（2）DNS 服务设置不当造成 Socket 错误

外部有一网络，通过 VPN 连接方式与单位局域网进行连接通信。现在单位想让该外部网络直接接入单位内部的 Intranet，但是该外部网络由于连接在其他子网中，以至于在外部网络中的某台工作站上访问内部 Intranet 服务器主机时，发出 Socket 错误，并提示无法找到内部 Intranet 服务器主机。

这种故障现象多半是外部网络工作站系统中没有正确设置好 DNS 服务引起的，若将远程工作站的 DNS 服务设置为从 Internet 上获取的话，那么远程工作站在访问内部 Intranet 服务器主机时，往往就很难找到对应服务器主机的 IP 地址，这样就容易出现上述错误。

要消除这样的故障现象，其实很简单，只要为单位内部的 Intranet 主机名称，提供一个属于 Intranet 自己的 DNS 服务就可以了。

（3）VPN 连接无法创建

① 遇到这种现象时，需要对系统的相关文件进行恢复，因为一旦与 VPN 网络连接有关的系统文件受到意外损坏时，就常常会出现 VPN 连接无法创建的故障。

② 若经过上述处理无效，那就表明故障不是由系统文件受损引起的，须检查与 VPN 网

络连接有关的远程服务器，若服务被暂时停止的话，就会导致 VPN 连接无法创建。

③ 若在同一台服务器中同时启用 Internet 连接共享功能和 VPN 连接共享功能，一旦在服务器中启用了 VPN 连接共享功能，那么服务器原先启用的 Internet 连接共享功能就会自动被屏蔽掉，这样一来局域网内部的所有工作站自然就不能访问 Internet 了。

4.5 VLAN 与设备维修

4.5.1 VLAN 基本概念

1．什么是 VLAN

VLAN（虚拟局域网）技术是路由交换中基础的技术。VLAN 是对连接到的第二层交换机端口的网络用户的逻辑分段，不受网络用户的物理位置限制，而根据用户需求进行网络分段。一个 VLAN 可以在一个交换机或者跨交换机实现。VLAN 可以根据网络用户的位置、作用、部门或者根据网络用户所使用的应用程序和协议来进行分组。

一个 VLAN 组成一个逻辑子网，即一个逻辑广播域，它可以覆盖多个网络设备，允许处于不同地理位置的网络用户加入一个逻辑子网。

2．VLAN 优势

基于交换机的虚拟局域网能够为局域网解决冲突域、广播域、带宽问题。VLAN 相当于 OSI 参考模型的第二层的广播域，能够将广播风暴控制在一个 VLAN 内部，划分 VLAN 后，由于广播域的缩小，网络中广播包消耗带宽所占的比例大大降低，网络的性能得到显著的提高。不同的 VLAN 之间的数据传输是通过第三层（网络层）的路由来实现的，因此使用 VLAN 技术，结合数据链路层和网络层的交换设备可搭建安全可靠的网络。网络管理员通过控制交换机的每一个端口来控制网络用户对网络资源的访问，同时 VLAN 和第三层、第四层的交换结合使用能够为网络提供较好的安全措施。随着 VLAN 技术的日益完善，VLAN 技术越来越多地应用在交换以太网中，成为网络灵活分段和提高网络安全的方法。

随着网络硬件性能的不断提高和成本的不断降低，目前新建立的局域网基本上都采用了性能先进的快速以太网或千兆网技术，其核心交换机采用三层交换机，它能很好地支持 VLAN 技术。

3．VLAN 的类型

从技术角度讲，VLAN 的划分可依据不同原则，主要有以下三种划分方法。

（1）基于端口的 VLAN 划分

这种划分是把一个或多个交换机上的几个端口划分为一个逻辑组，这是最简单、最有效的划分方法。按交换机端口来划分 VLAN，其配置过程简单明了。迄今为止，这仍然是最常用的一种方式，但是这种方式不允许多个 VLAN 共享一个物理网段或交换机端口。

（2）基于 MAC 地址的 VLAN 划分

MAC 地址其实就是指网卡的标识符，是每个设备网卡的物理地址，由 IEEE 控制，全球找不到两块具有相同 MAC 地址的网卡。

MAC 地址属于数据链路层，能很好地独立于网络层上的各种应用。网络管理员可按 MAC 地址把一些站点划分为一个逻辑子网。

缺点是所有的用户必须被明确地分配给一个 VLAN。在大型网络中，若要求管理员将每个用户都一一划分到某一个 VLAN，实在困难。

（3）基于路由的 VLAN 划分

路由协议工作在网络层，相应的工作设备有路由器和路由交换机（即三层交换机）。该方式允许一个 VLAN 跨越多个交换机，或一个端口位于多个 VLAN 中。

对于 VLAN 的划分主要采取上述第 1、3 种方式，第 2 种方式为辅助性的方案。

4. VLAN 的组网架构举例

（1）某办公网组网需求

办公网为 10.10.1.0/24 网段，其核心交换机为 S9500，由 NE-1 做 NAT 通过电信上 Internet；由 NE-2 做 NAT 通过网通上 Internet。要求 10.10.1.0 这个网段用户通过电信上 Internet，10.10.2.0 这个网段的用户通过网通上 Interne。

（2）办公网组网框图

办公网组网框图如图 4.34 所示。

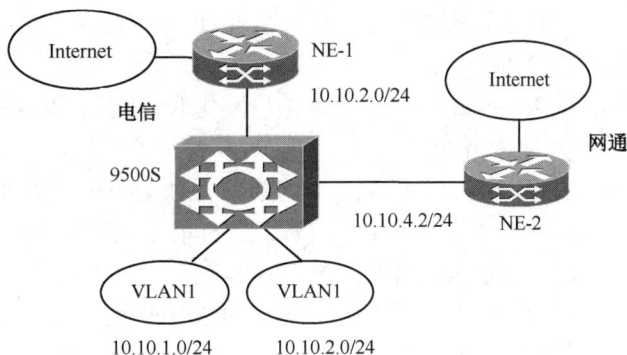

图 4.34　VLAN 组网框图

4.5.2　VLAN 网络设备维修

1. VLAN 故障的分类

① VLAN 用户隔离不成功。
② VLAN 隔离后不能进行任何通信。
③ 采用 VLAN 技术后，无法进行设备管理。

2. VLAN 故障的解决方法

分析数据帧的转发过程，特别是数据包携带的 VLAN ID 的变化。看看在整个数据帧转发的过程中何时删除 TAG 标签，何时增加 TAG 标签，在删除和增加的过程中是否变化过 VLAN ID，特别是 PVLAN 技术存在的时候。

其次分析是否 VLAN 路由存在问题。

4.5.3　VLAN 网络设备故障分析处理案例

1. 交换机三层接口问题导致互通网络中断

（1）故障现象

中心设备 S6506 下挂 MA5100 接入 ADSL 用户，S6506 上行和交换机设备 C 千兆光口连接，网络运行中突然中断，用户能 ping 通 S6506 网关，S6506 到交换机 C 不能 ping 通，ADSL 用户不能正常上网。

（2）故障分析处理

该 VLAN 的网络架构如图 4.35 所示。

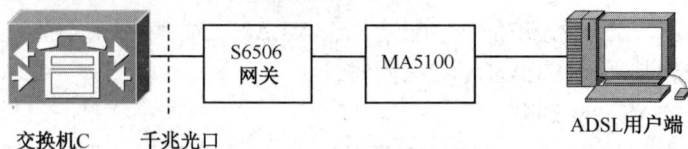

图 4.35 宽带网络的多层架构物理连接图

① 信息收集。

a. 使用命令 display interface 查看 S6506 和交换机 C 的千兆接口状态，双方物理接口和链路层都正常 UP。

b. 使用命令查看 MAC 地址表和 ARP 表，双方都能学到对方的 MAC 地址，并建立正确的 ARP 表项。

查 S6506 路由表，发现接口路由和直连路由正常，查看 C 的路由表，路由信息也正常。

② 原因分析。

a. 双方之间曾经互通，可以排除兼容性问题，也可以初步排除物理层问题。

b. 接口协议层 UP，同时双方都能学到对端 MAC 地址，双方接口统计信息上都显示有报文收发，也可以排除二层互通问题。

c. 双方通过三层接口互通，可以判断是三层上出了问题，至于哪一方设备有问题，需要进一步定位。

③ 处理过程。

a. 通常多利用抓包工具，对于故障的分析和定位很有帮助。于是首先在 C 上抓包分析，发现从 S6506 发的 ICMP 报文到 C 后，C 没有回应。从 C 发的 ICMP 报文到 S6506 之后，S6506 给出回应报文，C 收到但没有处理。

b. 在 C 上直接连 PC，该接口属于和 S6506 互通的 VLAN，发现 PC ping 自己的网关竟然不通，可以肯定 C 上这个 VLAN 接口已经不工作了，有软关闭的可能性。

c. 更改 C 上相应的 VLAN 接口，问题解决，问题都是这个三层接口软关闭导致的。

2. VLAN 中继数据配置不正确导致业务不通

（1）故障现象

某接入工程的网络结构如图 4.36 所示。

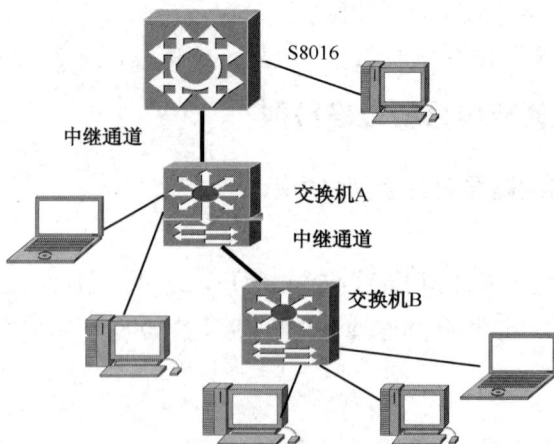

图 4.36 工程网络结构图

现象为交换机 A 下的 PC 均可以与中心交换机（S8016）下的 PC 互通，而交换机 B 的 VLAN 5，6，7 下的 PC 不能与 S8016 互通，但 VLAN 100 下的 PC 可以与 S8016 互通。

（2）故障分析处理

① 信息收集。

a. VLAN 100 下的 PC 能够正常通信，说明线路无故障。

b. 交换机 B 的 VLAN 100 下的 PC 能与交换机 A 的 VLAN 100 下的 PC 正常通信，说明 VLAN 100 的中继能够正常传递，但 VLAN 5、6、7 的 PC 不能正常通信的原因，基本可定位在数据配置上。

c. 查看交换机 B 的连接端口状态，发现允许通过的 VLAN 为 5、6、7、100。

d. 查看交换机 A 的连接端口和连接端口状态，发现允许通过的 VLAN 为 2、3、4、100，而没有 VLAN 5、6、7。

e. 两台交换机都没有启用 GVRP（通用 VLAN 注册协议）动态 VLAN 注册协议。

② 原因分析。

原因在 VLAN 在中继接口的注册上，虽然配置了 port trunk permit VLAN all，但其实是允许本交换机中配置的 VLAN 通过，而不是允许所有的 VLAN 通过，这可以通过查看端口的状态发现。这样在级联交换时，上层交换机不能传递下层交换机的 VLAN 信息，从而导致下层的交换机用户业务不正常。

③ 处理过程。

a. 在交换机 A 手工增加空的 VLAN 5、6、7，网络正常。

b. 另外一种方法是启用动态 VLAN 配置，在两台交换机上启动 GVRP，便可以避免产生类似故障。

c. 若属于正常运行之后的问题，通常为误操作或中继数据错乱造成，也可以采用系统再启动方法排除故障。

3. VLAN 配置错误导致交换机的用户上网速度慢

（1）故障现象

某 VLAN 网络接入结构如图 4.37 所示。交换机 A 下挂二层交换机 B，交换机 B 通过 FE 下挂交换机 S 作为接入用户的末端设备。

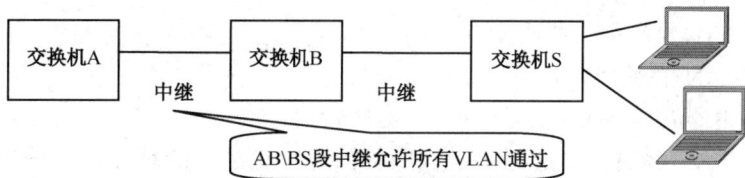

图 4.37　VLAN 接入结构图

网络交换机 S 下用户上网速度慢，有时出现网页打不开的现象。而网络交换机 S 上行口的 Active 指示灯频繁闪烁，其他接口指示灯也频繁闪烁。

① 信息收集。

a. 交换机 S 上各个端口指示灯频繁闪烁，很有可能是交换机内部形成了广播风暴，通过命令显示接口状态，发现接口统计数据显示收到大量的广播报文，用抓包程序在交换机 S 上捕获报文发现广播包很多。

b. 检查配置，发现交换机 S 上行端口配置允许所有 VLAN 通过，断开和交换机 B 的连接后，广播风暴消失。

c. 检查交换机 B 的配置，发现 B 作为纯二层交换机使用，中继接口上也配置了允许所有 VLAN 通过。

d. 检查网络拓扑情况，发现是树形结构，不存在环路问题。

② 原因分析。

大量的广播包来自交换机 B，是中继接口配置不当引起的。由于中继接口允许所有 VLAN 通过，导致很多其他 VLAN 的报文通过交换机 B 到达交换机 S 上行口，而其本身并没有这些 VLAN 的用户。

③ 处理过程。

a. 在各个交换机上设置数据限制，使无关 VLAN 的信息不能到达交换机 S。

b. 若不支持同一种协议，修改交换机 B 的配置，如取消交换机 B 上行口中继功能。

习题 4

1. 简述计算机网络的组成。
2. 简述计算机网络的拓扑结构。
3. 局域网有关的标准是什么？
4. 局域网基本接入设备是什么？各有哪些功能？
5. 局域网接入 Internet 有哪些主要方式？各有什么特点？
6. 试设计一个由光纤和 XDSL 组成的宽带数据接入系统。
7. 局域网维修的主要特点是什么？局域网维修有哪些基本思路？
8. 无线局域网的主要组成设备有哪些？
9. 无线局域网接入方式主要有哪些？
10. VPN 组成结构的特点是什么？
11. VPN 的核心技术是什么？
12. 什么是 VLAN？有哪些类型？
13. 简述 VLAN 的维修特点。
14. 简述路由器的基本原理和常见故障维修特点。
15. 试画出 VPN 解决方案的网络架构图并简述常见故障的现象、处理方法。
16. 根据学习本章维修知识，画出 LAN 硬件和软件故障的综合维修流程图。

第 5 章

现代传输网络设备与维修

⭕ **学习目的及要求**

➢ 了解通信传输网络的概念。

➢ 了解现代传输设备组成原理。

➢ 了解现代传输设备的故障分析和维修基本方法。

⭕ **内容提要**

➢ 介绍了通信网的传输系统与设备基础知识。

➢ 介绍了传输设备的组成结构、基本原理。

➢ 介绍了现代传输设备的 IP 化演变与架构特点。

➢ 介绍了现代传输设备的维护与常见故障维修技能。

5.1 现代传输设备基础知识

5.1.1 现代传输设备概述

1. 传输设备的重要地位

通信网从设备上讲由交换设备、传输设备（用户线和局间中继电路）和用户终端设备三部分组成。传输设备是传输电（光）信号的通道，是连接交换节点的媒介，用以完成信息的传输。可见传输设备在通信网中具有重要地位，其在通信网中的位置如图 5.1 所示。

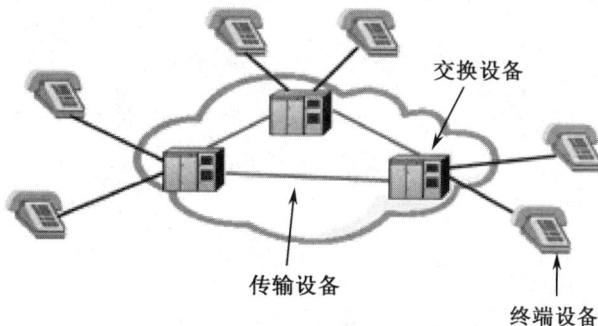

图 5.1 传输设备在通信网中的定位图

2. 传输网组成结构与设备

（1）传输网

将传输设备、通信线路、传输网管以及辅助设备组合起来的网络，称为传输网。

传输设备：对各种业务信号进行处理，为其提供各种速率的透明的传输通道并保证通道的畅通与质量。其传输方式主要为 PDH、SDH、WDM，速率主要有 2M、155M、622M、2.5G、10G 等。

通信线路：承载、传递信号的媒体。有线媒体为电缆和光缆，无线媒体为电磁波和红外线。

传输网管：监控网络运行状况

（2）骨干网传输网的结构与设备

我国的通信网由二级长途（即一级、二级干线）和一级本地网组成，这个三级结构正是由三级的骨干传输网连接而成的有源光网络，它是一个分层的自愈的环形结构，具有高可靠性，如图 5.2 所示。

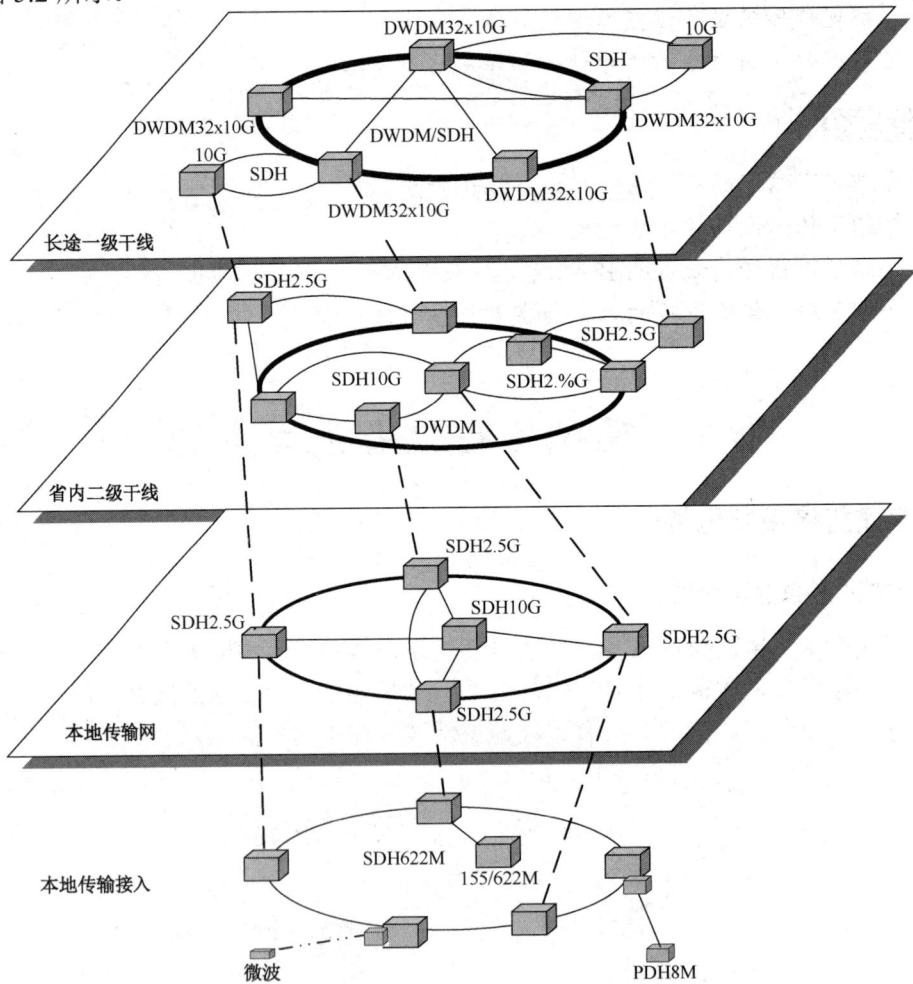

图 5.2 我国三级通信网环形架构图

我国骨干传输网各级干线以及广域网的核心层、汇接层，采用有源的光传输设备，通常都是大容量的带有 MSTP（多业务协议）功能的 SDH（同步数字体系）和 DWDM（密度波分复用设备）。

（3）接入层传输网的结构与设备

接入层传输网广义上可以是城域网接入层和用户接入层，城域网接入层结构通常为有源的环形光网络，其核心层与汇聚层和接入层的结构如图 5.3 所示。城域网接入层的传输设备多数为 MSTP、PDH 等。接入层传输网是数量大、分布密度高、设备种类繁多的领域，也是传输设备维护量最大的层面。

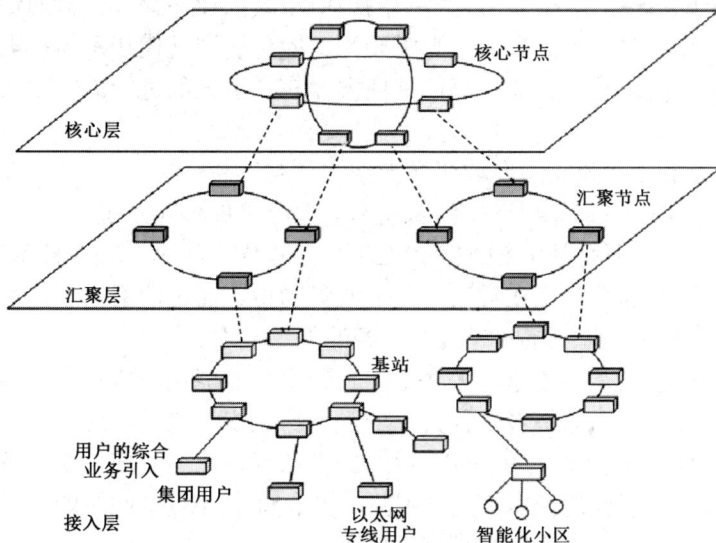

图 5.3　城域网接入层环形架构图

用户接入层结构变化很大，铜缆接入正在演化为光缆接入，光接入也由 AON（有源光网络）接入向 PON（无源光网络）演变，其结构通常为无源的多星形光网络。用户接入层的传输设备为 MSTP、PDH、光电发送器、XPON 设备、PTN（分组传输网）设备。

随着技术的发展，从城域网络来看，接入设备既可通过城域传送网（MSTP/PTN）接入 IMS 核心网，也可以通过 PON 网络和 IP 城域网接入 IMS 核心网，即有源光接入和无源光接入方式，如图 5.4 所示。

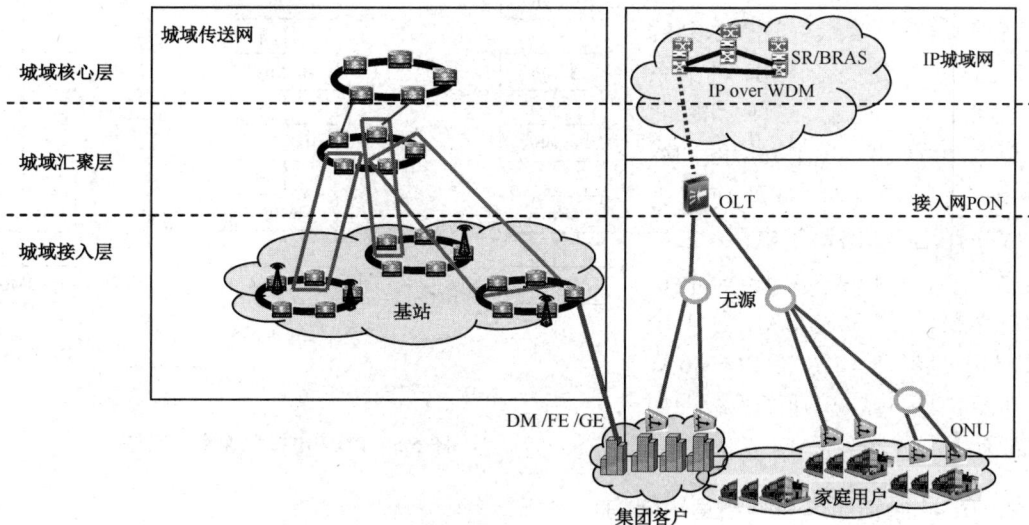

图 5.4　城域网的两种接入设备的接入方式图

目前，MSTP/PTN 定位于对 QoS（服务质量）和可靠性需求较高的重要集团客户的全业务接入，而 PON 网络定位于对 QoS、可靠性需求相对不高的普通集团客户和家庭客户的全业务接入。

3．传输网的设备发展趋势

传送网是整个电信网的基础，它为整个网络所承载的业务提供传输通道和传输平台。随着电信业务对带宽需求的不断提高，以光媒质为主的传输网规模在不断扩大，为业务网提供了巨大的带宽资源，网络的生存性、可扩展性方面有了巨大的进步。一般认为光传送网的技术趋势主要体现在以下几方面。

① 传送网的智能化：智能的自动交换光网络（ASON）。

② 高速率大容量：为业务网络提供高速率、大容量的传输通道。

③ 多业务能力：主要有基于 SDH 的 MSTP、DWDM 环网、RPR 技术和 CWDM 系统，这些传输设备技术的共同特点是在解决 TDM 业务的传送需求的基础上，又同时能够解决以太网业务、ATM 业务和存储局域网等其他业务的传送需求。

下一代传送网的特征是高速率、大容量、长距离、智能化、多业务、网络化，与传统网络可以兼容，同时传送层面面临着多种技术的融合和发展，这是传送网发展历史上的一个重要转折。传送网作为传送层面，为 NGN 业务提供承载，应当更加关注业务对于传送层面的需求，不能仅仅关注本层面的技术演进和发展。相信随着 NGN 网络的需求进一步明确，下一代传送网的发展趋势和演进策略会越来越明确。

5.1.2 骨干传输网设备 PDH

骨干网是指在主要节点间建立的网络。在本地网中、城域网中都有骨干网。骨干网技术经历 PDH（准同步数字传输）、SDH（同步数字传输）、MSTP（多业务传输）和 DWDM（密集波分复用）发展过程。其关系主要为：DWDM 承载 SDH，SDH 承载 PDH，整体上采用 SDH＋DWDM 的传输技术。

1．PDH 设备

PDH 是准同步数字复接系列的简称。ITU—T 定义了 PDH 两大系列（1.5Mb/s 和 2Mb/s）、三种标准（北美、日本和欧洲），我国采用欧洲标准。其速率等级为：基群速率为 2.048Mb/s，含 30 路数字电话；二次群速率为 8.448Mb/s，含 4 个基群；三次群速率为 34.368Mb/s，含 4 个二次群；四次群速率为 139.264Mb/s，含 4 个三次群。电接口速率等级图如图 5.5 所示。

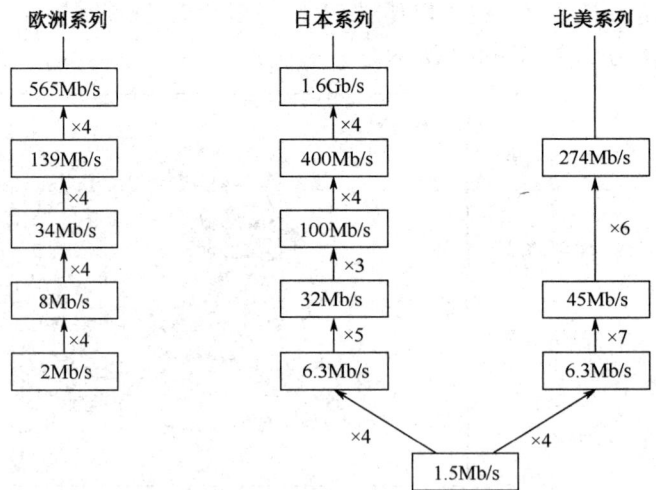

图 5.5　PDH 电接口速率等级图

2．PDH 通信原理与网络运用架构

PDH 通信原理：PDH 在电信传输网中曾经担负着重要的角色，它的核心技术是数字复

接，以时分复用的方式将低速数字电信号转化为高速光信号进行传送，或反之，大大提高了数字传输的速率，是同步数字复接的先驱设备。当前的具有 MSTP 功能的 PDH 可以传输多业务，在光传输网络中发挥着积极作用。PDH 的网络架构简单，典型运用如图 5.6 所示。

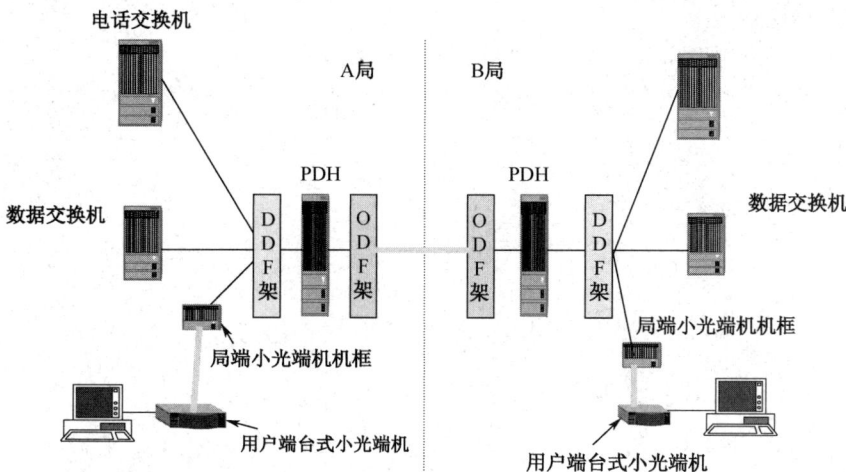

图 5.6　PDH 典型的网络运用图

5.1.3　骨干传输网设备 SDH

1. SDH 基本概念

为了克服 PDH 仅是点对点的连接，缺乏网络拓扑的灵活性等缺陷，一种先进的光传输设备 SDH（同步数字体系）应运而生。

SDH 表示一整套可以进行同步数字传输、复用和交叉连接的标准化数字传送结构等级，用于在物理传输网上传送经适配的一种具有标准光接口的高速光纤系统，是一种同步复用设备，是一种由基本网元组成，可进行同步信息传输、复用、分插和交叉连接的传送网。

（1）SDH 的复用映射结构

根据 G.709 复用映射结构，我国的 SDH 基本复用映射结构如图 5.7 所示。

强调一下，PDH 各级别速率的信号和 SDH 复用中的信息结构的一一对应关系：2Mb/s ——C12——VC12——TU12，34Mb/s——C3——VC3——TU3，140Mb/s——C4——VC4 ——AU4，通常在指 PDH 各级别速率的信号时，也可用相应的信息结构来表示，例如用 VC12 表示 PDH 的 2Mb/s 信号。

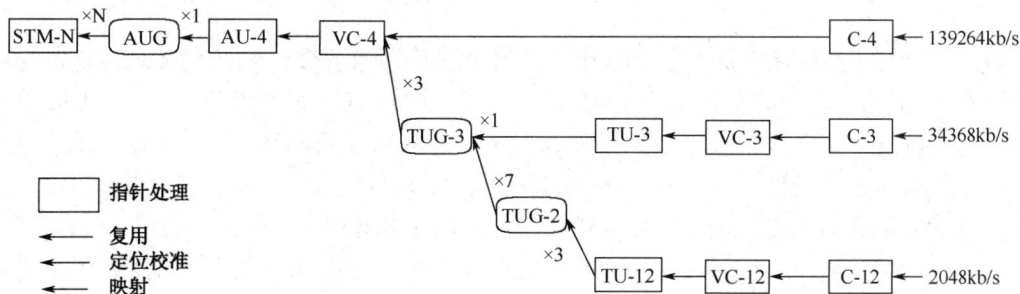

图 5.7　SDH 基本复用映射结构

（2）SDH 网络的常见网元

SDH 传输网是由不同类型的网元通过光缆线路的连接组成的，通过不同的网元完成 SDH 网的传送功能：上/下业务、交叉连接业务、网络故障自愈等。下面讲述 SDH 网中常见网元的特点和基本功能。

① TM——终端复用器。

TM 用在网络终端站点上，如一条链的两个端点上，是一个双端口器件，如图 5.8 所示。

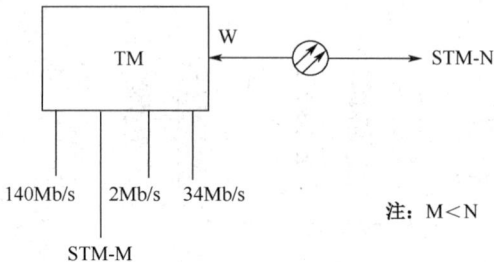

图 5.8　网元 TM 结构图

它的作用是将支路端口的低速信号复用到线路端口的高速信号 STM-N 中，或从 STM-N 的信号中分出低速支路信号。请注意它的线路端口输入/输出一路 STM-N 信号，而支路端口却可以输出/输入多路低速支路信号。在将低速支路信号复用进 STM-N 帧（将低速信号复用到线路）上时，有一个交叉的功能，例如，可将支路的一个 STM-1 信号复用进线路上的 STM-16 信号中的任意位置上，也就是指复用在 1～16 个 STM-1 的任意一个位置上，将支路的 2Mb/s 信号复用到一个 STM-1 中 63 个 VC12 的任意一个位置上去。对于华为设备，TM 的线路端口（光口）一般以西向端口默认表示。

② ADM——分/插复用器。

分/插复用器用于 SDH 传输网络的转接站点处，例如链的中间节点或环上节点，是 SDH 网上使用最多、最重要的一种网元，它是一个三端口的器件，如图 5.9 所示。

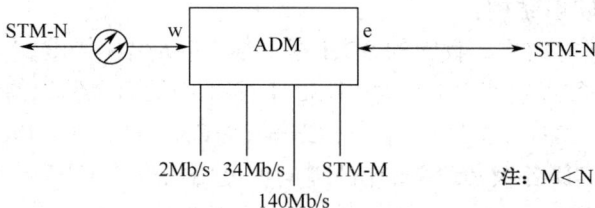

图 5.9　网元 ADM 结构图

ADM 有两个线路端口和一个支路端口。两个线路端口各接一侧的光缆（每侧收/发共两根光纤），为了描述方便我们将其分为西（W）向、东向（E）两个线路端口。ADM 的作用是将低速支路信号交叉复用进东或西向线路上去，或从东或西侧线路端口收的线路信号中拆分出低速支路信号。另外，还可将东/西向线路侧的 STM-N 信号进行交叉连接，例如将东向 STM-16 中的 3#STM-1 与西向 STM-16 中的 15#STM-1 相连接。

ADM 是 SDH 最重要的一种网元，通过它可等效成其他网元，即能完成其他网元的功能，例如，一个 ADM 可等效成两个 TM。

③ REG——再生中继器。

光传输网的再生中继器有两种，一种是纯光的再生中继器，主要进行光功率放大以延长光传输距离；另一种是用于脉冲再生整形的电再生中继器，主要通过光/电变换、电信号抽样、判决、再生整形、电/光变换，以达到不积累线路噪声，保证线路上传送信号波形的完好性。此处讲的是后一种再生中继器，REG 是双端口器件，只有两个线路端口——W、E，如图 5.10 所示。

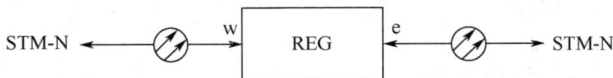

图 5.10　网元 REG 结构图

它的作用是将 w/e 侧的光信号经 O/E、抽样、判决、再生整形、E/O 在 e 或 w 侧发出。注意，REG 与 ADM 相比仅少了支路端口，所以 ADM 若本地不上/下话路（支路不上/下信号）时完全可以等效为一个 REG。

真正的 REG 只需要处理 STM-N 帧中的 RSOH，且不需要交叉连接功能（w—e 直通即可），而 ADM 和 TM 因为要完成将低速支路信号分/插到 STM-N 中，所以不仅要处理 RSOH，而且还要处理 MSOH；另外 ADM 和 TM 都具有交叉复用能力（有交叉连接功能），因此用 ADM 来等效 REG 有点大材小用了。

④ DXC——数字交叉连接设备。

数字交叉连接设备完成的主要是 STM-N 信号的交叉连接功能，它是一个多端口器件，它实际上相当于一个交叉矩阵，完成各个信号间的交叉连接，如图 5.11 所示。

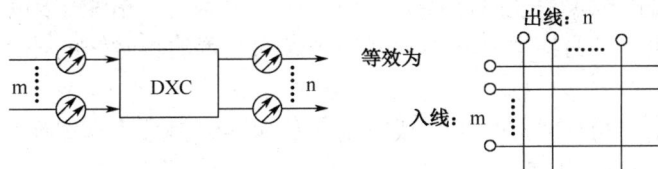

图 5.11　网元 DXC 结构图

DXC 可将输入的 m 路 STM-N 信号交叉连接到输出的 n 路 STM-N 信号上，图 5.11 表示有 m 条入光纤和 n 条出光纤。DXC 的核心是交叉连接，功能强的 DXC 能完成高速（如 STM-16）信号在交叉矩阵内的低级别交叉（如 VC12 级别的交叉）。

通常用 DXCm/n 来表示一个 DXC 的类型和性能（注 $m \geqslant n$），m 表示可接入 DXC 的最高速率等级，n 表示在交叉矩阵中能够进行交叉连接的最低速率级别。m 越大表示 DXC 的承载容量越大；n 越小表示 DXC 的交叉灵活性越大。m 和 n 的相应数值的含义见表 5.1。

表 5.1　m、n 数值与速率对应表

m 或 n	0	1	2	3	4	5	6
速率	64kbit/s	2Mb/s	8Mb/s	34Mb/s	140Mb/s 155Mb/s	622Mb/s	2.5Gbit/s

2．SDH 传输性能

（1）误码性能

误码是指经接收、判决、再生后，数字码流中的某些比特发生了差错，使传输的信息质量产生损伤。

① 误码类别：误码可说是传输系统的一大害，轻则使系统稳定性下降，重则导致传输

中断。从网络性能角度出发可将误码分成两大类。

　　a. 内部机理产生的误码。

　　系统的此种误码包括由各种噪声源产生的误码，定位抖动产生的误码，复用器、交叉连接设备和交换机产生的误码，以及由光纤色散产生的码间干扰引起的误码，此类误码会由系统长时间的误码性能反应出来。

　　b. 脉冲干扰产生的误码。

　　由突发脉冲诸如电磁干扰、设备故障、电源瞬态干扰等原因产生的误码。此类误码具有突发性和大量性，往往系统在突然间出现大量误码，可通过系统的短期误码性能反映出来。

　　② 误码减少策略。

　　a. 内部误码的减小

　　改善收信机的信噪比是降低系统内部误码的主要途径。另外，适当选择发送机的消光比、改善接收机的均衡特性、减少定位抖动都有助于改善内部误码性能。在再生段的平均误码率低于 10^{-14} 数量级以下，可认为处于"无误码"运行状态。

　　b. 外部干扰误码的减少。

　　基本对策是加强所有设备的抗电磁干扰和静电放电能力，例如，加强接地。此外在系统设计规划时留有充足的冗度也是一种简单可行的对策。

　　（2）抖动漂移性能

　　抖动和漂移与系统的定时特性有关。定时抖动是指数字信号的特定时刻（例如最佳抽样时刻）相对其理想时间位置的短时间偏离。所谓短时间偏离是指变化频率高于 10Hz 的相位变化。而漂移指数字信号的特定时刻相对其理想时间位置的长时间的偏离，所谓长时间是指变化频率低于 10Hz 的相位变化。

　　抖动和漂移会使收端出现信号溢出或取空，从而导致信号滑动损伤。

　　① 抖动和漂移的产生机理。

　　在 SDH 网中除了具有其他传输网的共同抖动源——各种噪声源、定时滤波器失谐、再生器固有缺陷（码间干扰、限幅器门限漂移）等，还有两个 SDH 网特有的抖动源。

　　a. 在将支路信号装入 VC 时，加入了固定塞入比特和控制塞入比特，分接时需要移去这些比特，这将导致时钟缺口，经滤波后产生脉冲塞入抖动。

　　b. 指针调整抖动。此种抖动是由指针进行正/负调整和去调整时产生的。对于脉冲塞入抖动，与 PDH 系统的正码脉冲调整产生的情况类似，可采用措施使它降低到可接受的程度，而指针调整（以字节为单位，隔三帧调整一次）产生的抖动由于频率低、幅度大，很难用一般方法加以滤除。

　　c. 引起 SDH 网漂移的普遍原因是环境温度的变化，它将使光缆传输特性变化，导致信号漂移，另外时钟系统受温度变化的影响也会出现漂移。最后，SDH 网络单元中指针调整和网同步的结合也会产生很低频率的抖动和漂移。不过总体说来 SDH 网的漂移主要来自各级时钟和传输系统，特别是传输系统。

　　② 抖动减少的策略。

　　a. 线路系统的抖动减少。

　　线路系统抖动是 SDH 网的主要抖动源，设法减少线路系统产生的抖动是保证整个网络性能的关键之一。减少线路系统抖动的基本对策是减少单个再生器的抖动（输出抖动）、控制抖动转移特性（加大输出信号对输入信号的抖动抑制能力）、改善抖动积累的方式（采用扰码器，使传输信息随机化，各个再生器产生的系统抖动分量相关性减弱，改善抖动积累特性）。

b. PDH 支路口输出抖动的减少。

由于 SDH 采用的指针调整可能会引起很大的相位跃变（因为指针调整是以字节为单位的）和伴随产生的抖动和漂移，因而在 SDH/PDH 网边界处支路口采用解同步器来减少其抖动和漂移幅度，解同步器有缓存和相位平滑作用。

3. SDH 基本的网络拓扑结构

SDH 网是由 SDH 网元设备通过光缆互连而成的，网络节点（网元）和传输线路的几何排列就构成了网络的拓扑结构。网络的有效性、可靠性和经济性与其拓扑结构有关。

网络拓扑的基本结构有链形、星形、树形、环形和网孔形，如图 5.12 所示。

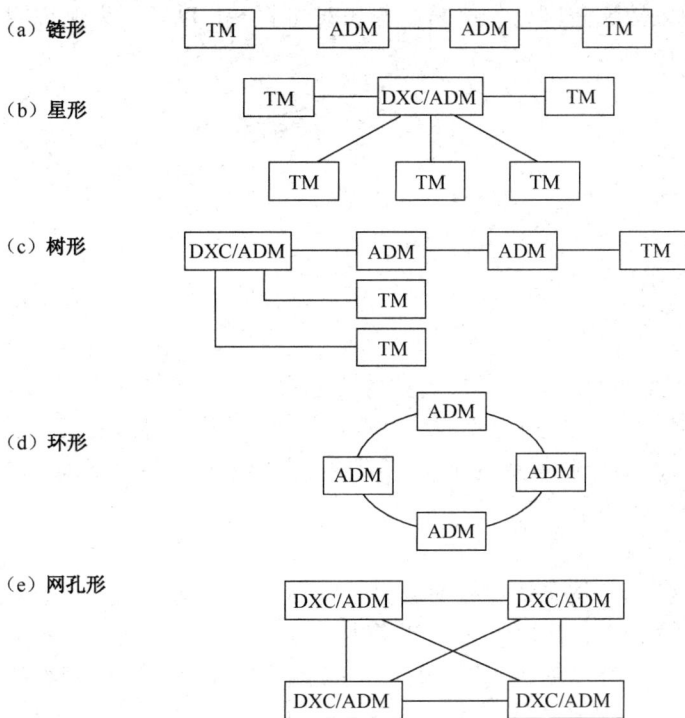

图 5.12　基本网络拓扑图

链形网：此种网络拓扑是将网中的所有节点一一串联，而首尾两端开放。这种拓扑的特点是较经济，在 SDH 网的早期用得较多。

星形网：此种网络拓扑是将网中一网元做为特殊节点与其他各网元节点相连，其他各网元节点互不相连，网元节点的业务都要经过这个特殊节点转接。这种网络拓扑的特点是可通过特殊节点来统一管理其他网络节点，利于分配带宽，节约成本，但存在特殊节点的安全保障和处理能力的潜在瓶颈问题。特殊节点的作用类似交换网的汇接局，此种拓扑多用于本地网（接入网和用户网）。

树形网：此种网络拓扑可看成是链形拓扑和星形拓扑的结合，也存在特殊节点的安全保障和处理能力的潜在瓶颈。

环形网：环形拓扑实际上是指将链形拓扑首尾相连，从而使网上任何一个网元节点都不对外开放的网络拓扑形式。这是当前使用最多的网络拓扑形式，主要是因为它具有很强的生存性，即自愈功能较强。环形网常用于本地网（接入网和用户网）、局间中继网。

网孔形网：将所有网元节点两两相连，就形成了网孔形网络拓扑。这种网络拓扑为两网元节点间提供多个传输路由，使网络的可靠更强，不存在瓶颈问题和失效问题。但是由于系统的冗余度高，必会使系统有效性降低，成本高且结构复杂。网孔形网主要用于长途网中，以提供网络的高可靠性。

最多的网络拓扑是链形和环形，可灵活组合构成更加复杂的网络。环网的几种主要的自愈形式（自愈环），由于可靠性强而得到了广泛运用。

4．SDH 自愈环

（1）环网路由

传输网上的业务按流向可分为单向业务和双向业务。以环网为例说明单向业务和双向业务的区别，如图 5.13 所示。

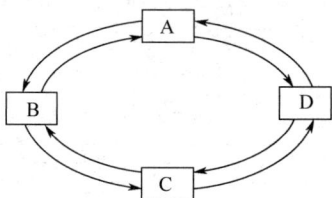

图 5.13　环形网络拓扑图

若 A 和 C 之间互通业务，A 到 C 的业务路由假定是 A→B→C，若此时 C 到 A 的业务路由是 C→B→A，则业务从 A 到 C 和从 C 到 A 的路由相同，称为一致路由。若此时 C 到 A 的路由是 C→D→A，那么业务从 A 到 C 和业务从 C 到 A 的路由不同，称为分离路由。

（2）自愈环的故障恢复功能

① 自愈的概念。

当今社会各行各业对信息的依赖愈来愈大，要求通信网络能及时准确地传递信息。随着网上传输的信息越来越多，传输信号的速率越来越快，一旦网络出现故障，如土建施工中将光缆挖断，将对整个社会造成极大的损坏。因此网络的生存能力即网络的可靠性是要考虑的关键问题。

所谓自愈是指在网络发生故障（例如光纤断或设备异常）时，无须人为干预，网络自动地在极短的时间内（50ms 内），使业务自动从故障中恢复传输，使用户几乎感觉不到网络出了故障。其基本原理是网络要具备发现替代传输路由并重新建立通信的能力。替代路由可采用备用设备或利用现有设备中的冗余能力，以满足全部或指定优先级业务的恢复。由上可知网络具有自愈能力的先决条件是有冗余的路由、网元强大的交叉能力以及网元一定的智能。

自愈仅是通过备用信道将失效的业务恢复，而不涉及具体故障的部件和线路的修复或更换，所以故障点的修复仍需人工干预才能完成，就像断了的光缆还须人工接好。

② 自愈的技术。

当网络发生自愈时，业务切换到备用信道传，切换方式有恢复方式和不恢复方式两种。

恢复方式指在主用信道发生故障时，业务切换到备用信道，当主用信道修复后，再将业务切回主用信道。一般在主要信道修复后还要再等一段时间，一般是几到十几分钟，以使主用信道传输性能稳定，这时才将业务从备用信道切换过来。

不恢复方式指在主用信道发生故障时，业务切换到备用信道，主用信道恢复后业务不切

回主用信道，此时将原主用信道做为备用信道，原备用信道当做主用信道，在原备用信道发
故障时，业务才会切回原主用信道。

（3）自愈环的分类

目前环形网络的拓扑结构用得最多，因为环形网具有较强的自愈功能。自愈环的分类可
按保护的业务级别、环上业务的方向、网元节点间光纤数来划分。

按环上业务的方向可将自愈环分为单向环和双向环两大类，按网元节点间的光纤数可将
自愈环划分为双纤环（一对收/发光纤）和四纤环（两对收发光纤），按保护的业务级别可将
自愈环划分为通道保护环和复用段保护环两大类。

下面介绍通道保护环和复用段保护环的区别。对于通道保护环，业务的保护是以通道为
基础的，也就是保护的是 STM-N 信号中的某个 VC（某一路 PDH 信号），倒换与否按环上的
某一个别通道信号的传输质量来决定的，通常利用收端是否收到简单的 TU-AIS 信号来决定
该通道是否应进行倒换。例如在 STM-16 环上，若收端收到第 4VC4 的第 48 个 TU-12 有
TU-AIS，那么就仅将该通道切换到备用信道上去。

5．SDH 光接口类型

光接口是同步光缆数字线路系统最具特色的部分，由于它实现了标准化，使得不同网元可以
经光路直接相连，节约了不必要的光/电转换，避免了信号因此而带来的损伤（例如脉冲变形等），
节约了网络运行成本。按照应用场合的不同，可将光接口分为三类：局内通信光接口、短距离局
间通信光接口和长距离局间通信光接口。不同的应用场合用不同的代码表示，见表 5.2。

表 5.2　光接口代码一览表

应用场合	局内	短距离局间	长距离局间
工作波长（nm）	1310	1310，1550	1310，1550
光纤类型	G.652	G.652，G.652	G.652，G.652，G.653
传输距离（km）	≤2	～15	～40，～60
STM-1	I—1	S—1.1，S—1.2	L—1.1，L—1.2，L—1.3
STM-4	I—4	S—4.1，S—4.2	L—4.1，L—4.2，L—4.3
STM-16	I—16	S—16.1，S—16.2	L—16.1，L—16.2，L—16.3

代码的第一位字母表示应用场合：I 表示局内通信，S 表示短距离局间通信，L 表示长距
离局间通信。字母横杠后的第一位表示 STM 的速率等级，例如 1 表示 STM-1，16 表示 STM-16。
第二个数字（小数点后的第一个数字）表示工作的波长窗口和所有光纤类型：1 和空白表示
工作窗口为 1310nm，所用光纤为 G.652 光纤；2 表示工作窗口为 1550nm，所用光纤为 G.652
或 G.654 光纤；3 表示工作窗口为 1550nm，所用光纤为 G.653 光纤。

6．MSTP 设备

（1）MSTP 设备概述

MSTP（Multi-Service Transfer Platform，多业务传输协议）基于 SDH 平台，同时实现
TDM、ATM、以太网等业务的接入、处理和传送，提供统一网管的多业务节点。

SDH/MSTP 的机框架有很多种，典型的机框架主要由光业务接口板和交叉板等组成，如
图 5.14 所示。

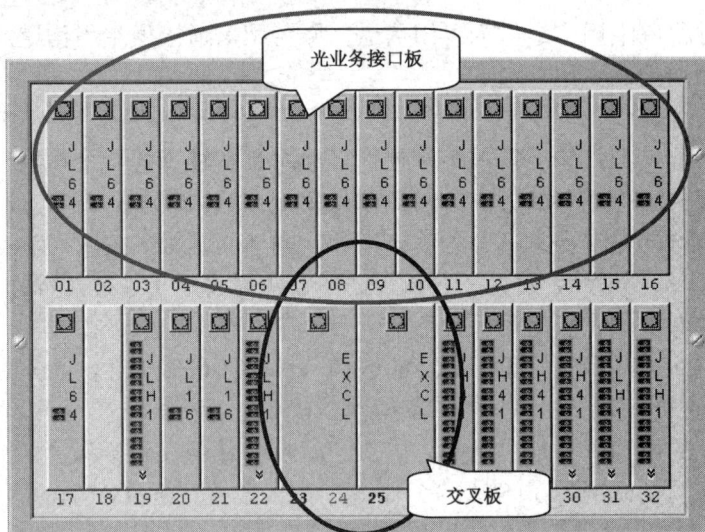

图 5.14　SDH/MSTP 机框架端面图

　　MSTP 可以将传统的 SDH 复用器、数字交叉链接器（DXC）、WDM 终端、网络二层交换机和 IP 边缘路由 MSTP 器等多个独立的设备集成为一个网络设备，即基于 SDH 技术的多业务传送平台，进行统一控制和管理。基于 SDH 的 MSTP 最适合作为网络边缘的融合节点支持混合型业务，特别是以 TDM 业务为主的混合业务。它不仅适合缺乏网络基础设施的新运营商，应用于局间或 POP 间，还适合于大企事业用户驻地。而且即便对于已敷设了大量 SDH 网的运营公司，以 SDH 为基础的多业务平台可以更有效地支持分组数据业务，有助于实现从电路交换网向分组网的过渡。所以，它将成为城域网近期的主流技术之一。

　　这就要求 SDH 必须从传送网转变为传送网和业务网一体化的多业务平台，即融合的多业务节点。MSTP 的实现基础是充分利用 SDH 技术对传输业务数据流提供保护恢复能力和较小的延时性能，并对网络业务支撑层加以改造，以适应多业务应用，实现对二层、三层的数据智能支持。即将传送节点与各种业务节点融合在一起，构成业务层和传送层一体化的 SDH 业务节点，称为融合的网络节点或多业务节点，主要定位于网络边缘。

　　（2）MSTP 设备的功能原理

　　MSTP 是对 SDH 的增强，而且主要在多业务处理能力上下工夫。MSTP 的关键就是在传统的 SDH 上增加了 ATM 和以太网的承载能力，其余部分的功能模型没有任何改变。

　　MSTP 设备不但可以直接提供各种速率的以太网口，而且支持以太网业务在网络中的带宽可配置，这是通过 VC 级联的方式实现的。也就是说，可以突破传统的限制，用若干个 VC 的带宽在逻辑上捆绑成为一个更大的容器，灵活地承载不同带宽的业务。MSTP 上提供的 10Mb/s，100Mb/s，1000Mb/s 或更高的传输速率系列接口，解决了以太网承载的瓶颈问题，给网络建设带来了充分的选择空间。其 MSTP 设备的功能原理框图如图 5.15 所示。

　　（3）MSTP 组网

　　在城域汇聚层，实现企业网络边缘节点到中心节点的业务汇聚具有节点多、端口种类多、用户连接分散和较多端口数量等特点。采用 MSTP 组网，可以实现 IP 路由设备 10M/100M/1000M、POS 和 2M/FR 业务的汇聚或直接接入，支持业务汇聚调度，综合承载，具有良好的生存性。根据不同的网络容量需求，可以选择不同速率等级的 MSTP 设备。

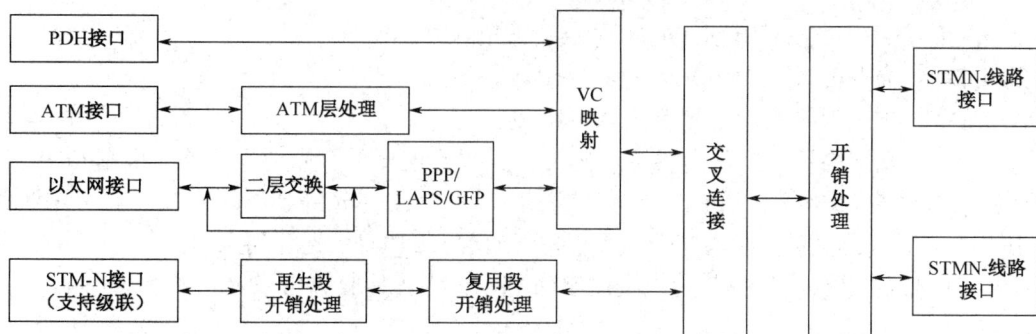

图注：
PPP：点到点协议
LAPS：链路接入规程
GFP：通用成帧规程

图 5.15　MSTP 功能原理图

技术可以革命，但网络只能演进。从严格意义上来说，MSTP 并非技术革新而是对已有成熟技术的组合应用和优化。这正是 MSTP 的生命力根源。从技术层面上来看，SDH 技术、以太网的二层交换技术、ATM 技术都已经十分成熟了，有着广泛的市场基础。从业务层面上来看，语音业务、TDM 专线业务是当前阶段运营商的主体收入来源，而数据业务将是未来网络的主导。这样看来，抛开现实去豪赌未来的技术选择倾向是不现实的。MSTP 正好满足了"立足现状、放眼未来"的战略，在当前的各种城域传送网技术中是比较好的选择。

5.1.4　接入层光传输网模型与设备

1. 光接入层网络模型

在光网络中，接入层传输网是传输设备运用最多的和接近用户网的重要设施，它的传输设备维修概率最高。作为设备维修人员，必须了解光网络尤其是接入层传输网的结构特点。

光接入层传输网由 OLT（光线路终端）、ODN（光分配网络，包含光分配单元 ODU/光远程终端 ODT）和 ONU（光网络单元）等组成，其模型如图 5.16 所示。

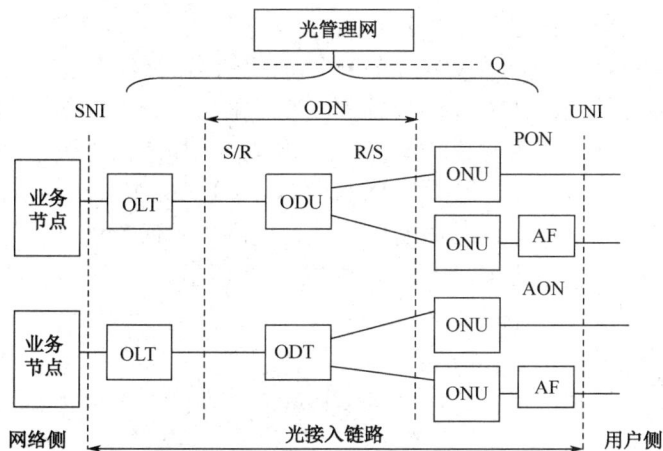

图 5.16　光接入层传输网的模型

① OLT：光线路终端，它提供 OAN 网络侧接口并且连接一个或多个 ODU。
② ODN：光分配网络，它是 OLT 和 ONU 之间的传输媒介，若采用光远程终端 ODT 则

为有源光网络，采用光分配单元 ODU 则为无源光网络。

③ ODU：光分配单元，由光无源器件组成。

④ ODT：光远程终端，由光有源器件组成。

⑤ ONU：光网络单元，它提供用户侧接口，并且连接一个光分配网络。根据 ONU 在接入网中所处的物理位置产生了 FTTX 接入方式，即 FTTZ（光纤到小区）、FTTC（光纤到路边）、FTTB（光纤到大楼）、FTTO（光纤到办公室）、FTTH（光纤到家）。

⑥ AF：适配功能。图中 S 为光发送参考点，R 为光接收参考点。

2．有源光传输网与无源光传输网

（1）光接入层网络类型

光网络按照 ODN 中采用有源和无源设备的不同，分为 AON（有源光网络）和 PON（无源光网络）。

有源光接入网：

① 主要接入方式是 MSTP、光以太网。

② 用有源设备 SDH 或 PDH 代替 ODN（光配线网络），传输距离和容量大大增加，易于扩展带宽，网络规划和运行灵活性大。不足的地方是有源设备需要机房、供电、维护等。

无源光接入网：

① 主要接入方式是 APON、EPON/GEPON、GPON。

APON 是 ATM 与无源光网结合，复杂，为早期方式。

EPON 和 GEPON 的差别是标准化，后者指符合 IEEE 802.3ah 规范的设备技术的核心部分采用以太网技术。EPON 和 GEPON 根据以太网协议，传送的是可变长度的数据包。由于以太网适合携带 IP 业务，与 APON 相比，极大地减少了传输开销。

GPON 技术针对 1Gb/s 以上的 PON 标准，除了对更高速率的支持外，还是一种支持全业务、效率更高的解决方案。

② 用无源设备 OBD（光分路器）作为无源光网络中的 ODN，不需要机房、供电、维护等，发展前景好。

（2）无源光网络组成结构原理与接入方式

① 组成结构原理：PON 是指在 OLT 和 ONU 之间的 ODN 没有任何有源电子设备的光传输网，是一种点对多点的光纤传输和接入技术，下行采用 TDM 广播方式、上行采用 TDMA 时分多址方式，可以灵活地组成树形、星形、总线型等拓扑结构，在光分支点不需要节点设备，只需要安装一个简单的光分支器（OBD）即可，因此具有节省光缆资源、带宽资源共享、节省机房投资、设备安全性高、建网速度快、综合建网成本低等优点。

PON 的基本组成结构与传输原理示意图如图 5.17 所示。

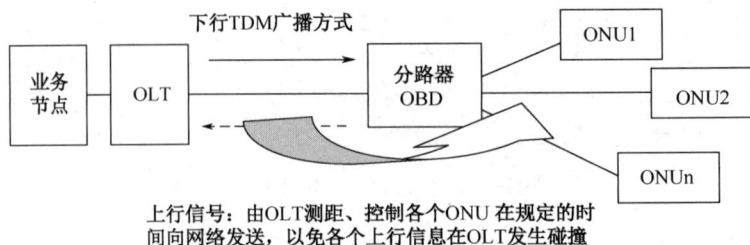

图 5.17　PON 的基本组成结构和传输原理示意图

② PON 主要的三种接入方式：

a. ATM-PON，基于 ATM 的无源光网络。

b. Ethernet-PON，基于以太网的无源光网络。

c. GPON，G 比特无源光网络，是基于 APON 的优化型。

有源光接入网：MSTP、光以太网。

无源光接入网：APON、EPON/GEPON、GPON。

EPON 和 GEPON 的基本差别就是标准化，前者往往指非标准设备，后者指符合 IEEE 802.3ah 规范的设备，技术的核心部分采用以太网技术。

3. 接入层光传输网架构

骨干网采用 MSTP 提供的多业务，光接入层传输网主要采用 XPON 方式，由 OLT 经以 OBD 组成的光分配网接入 ONU。上层节点到业务分发节点采用 MSTP，业务分发节点到业务节点采用 EPON 组网方案，如图 5.18 所示。OLT 为华为的 S6500 系列，OBD 采用二级分光，ONU 为 ET204。

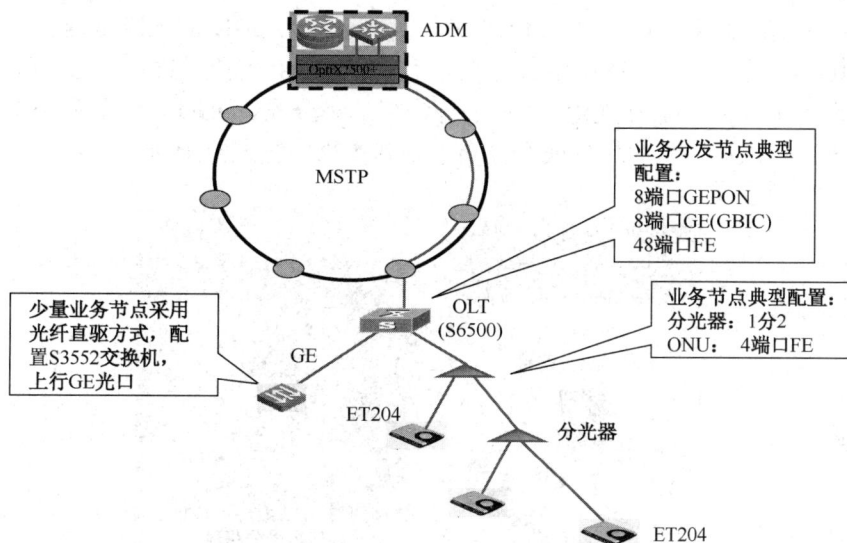

图 5.18　接入层的 EPON 方式组成结构图

4. 接入层光传输网设备

（1）OLT 设备

① OLT 的功能结构。

OLT 是光接入网络与本地多种业务交换机之间的接口，并通过一个或多个 ODN 与用户侧的 ONU 通信。OLT 通过 ODN 与用户侧的 ONU 进行通信。OLT 与 ODN 的关系为主从通信关系，其核心功能是数字交叉传输复用功能处理，是接入层光传输网络的枢纽设备。OLT 的功能结构图如图 5.19 所示。

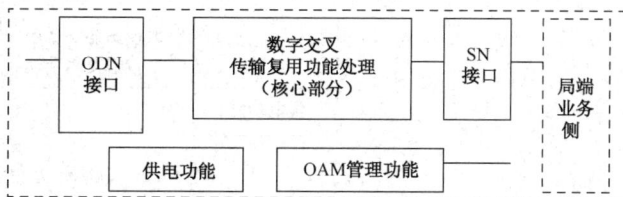

图 5.19　OLT 功能结构图

② OLT 设备介绍。

其产品繁多，如中兴通讯的 ZXA10 C200 局端 OLT 设备，能够提供包括数据、语音、视频在内的业务承载能力，具备良好的扩容升级潜力。C200 最大可支持 8 个 GE 口上连+16 个 PON 口下连，或者支持 4 个 GE 口上连+20 个 PON 口下连。局端机（机架式）OLT 设备实物如图 5.20 所示。

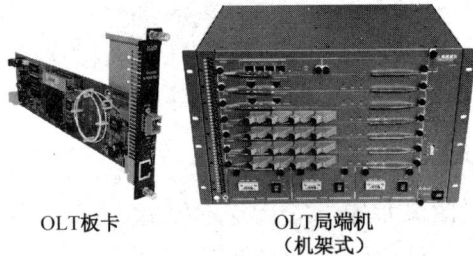

OLT板卡   OLT局端机
                （机架式）

图 5.20　OLT 实体图

（2）ODN 设备

在 PON 中，配线网络设备主要为 OBD（光分路器）。OBD 的组成结构实际上是一种星形耦合器，其作用是在无源光网络中进行光功率分配，即对光信号进行分路。目前，OBD 的分光比例通常为 1:4～1:64 或更高，可以进行最多二级分光。OBD 设备的种类繁多，如机架式、分散式等，可以放在用户机房或交接箱内。其实物如图 5.21 所示。

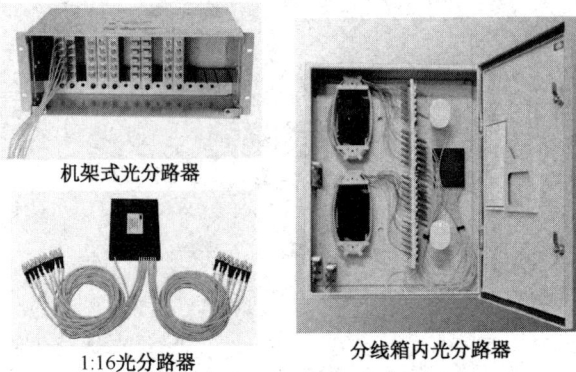

机架式光分路器

1:16光分路器   分线箱内光分路器

图 5.21　OBD 实体图

（3）ODN 设备

① 功能结构。

ONU 为光接入网提供远端用户侧接口，终结来自 ODN 的光纤并为多个用户提供业务接口。ONU 的网络侧具有光接口，而用户侧为电接口，功能结构如图 5.22 所示。

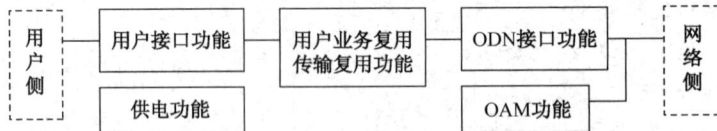

图 5.22　ONU 功能结构图

② ONU 设备介绍。

其产品繁多，如中兴通讯的 F820 型 ONU 设备，该设备可根据需要有不同的配置，能为用户提供 16×FE（或者 8×FE）接口，16×POTS 接口。可同时满足 16 个用户的数据宽带、语音业务的需求。最大可支持 32POTS 或 24FE。支持 48V 直流或者 220V 交流输入，功耗小于 80W，支持 VLAN 透传。设备实物如图 5.23 所示。

按照光纤到户原则，光网络单元（ONU）通常安装在住宅楼道、用户家中、商务楼宇的弱电机房或井道中。

图 5.23　F820 实体图

5.2　PDH/MSTP 传输网设备维修

5.2.1　PDH/MSTP 网络设备维修概述

1. PDH/MSTP 光端机设备常见故障分析思路

PDH 光传输系统故障处理中，故障定位的思路对于准确快速排除故障十分重要，正确的分析思路是维修的关键。

故障定位的思路通常为：先外围、后设备。也就是说在故障定位时，先排除外部的可能因素，如光纤接口松动或有灰尘、纤芯断裂、电源中断等，之外，也可以从 PDH 光端机的外部机壳温度、状态指示灯等状况，发现一些很可能与故障有关的迹象，如常见故障的观察可根据状态指示灯查看（其一就是故障时光路指示灯显示红灯，其二就是 2M 指示灯显示红灯）。若发现这些容易处理的问题可及时排除，若外围正常，然后再考虑传输设备本身问题，因此如何精确地将障碍点定位就显得十分重要。如图 5.24 所示为典型的 PDH 多业务点对点传输网络图，网络端电接口均为 4 路 EI +以太网接口，光接口为 PDH 二次群的光纤接口。

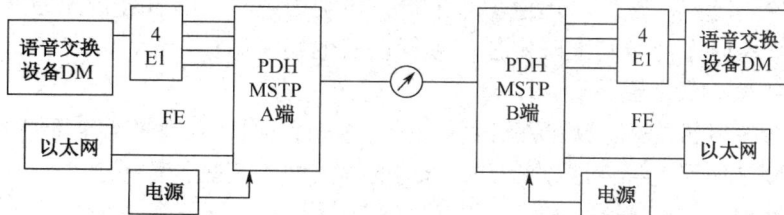

图 5.24　典型的 PDH/MSTP 多业务点对点传输网络图

在设备日常维护的工作中，作为维护人员只有充分了解了设备的性能特点，熟悉光端机技术性能指标，就能够有正确的故障判断思路，在维修中快捷缩小故障范围，查找故障根源，及时恢复设备正常运行。

2．PDH 光端机故障现象分析思路举例

（1）某个 2M 支路告警。

a. 无论 A 站光端机还是 B 站光端机上报告警，都可用自环的方法来判断查找故障点。

b. 如果 2M 支路无告警，故障原因有可能出在 2M 电路中，可让对方环回，A 站用 2M 误码测试仪来判断此支路有无误码。

（2）2M 支路误码过大告警。

a. A 站对 B 站某一 2M 业务误码过大，影响其业务正常使用。

b. 室外 75Ω 同轴电缆过长，影响信号传输。

（3）光端机后多路业务不通。

a. 新开通两站 2M 业务时，是否链接有误致使光端机后多路业务不通。

b. 两厂家光端机底座收发定义不同，各个厂家设计有技术差异。

（4）光端机 2M 业务全部中断。

a. 查看两站光端机面板指示灯并酌情处理。如查看两站光端机面板指示灯，若均正常无告警，经用误码测试仪测试 2M 支路信号均不通，更换光端机后，故障仍未恢复，则考虑电源问题。

b. 了解光端机电源是否停电或直流电源是否异常等。

c. 当排除硬件问题后，重新启动 A、B 站光端机后业务全部恢复。

3．光传输网告警信息的观察与识别

（1）利用集中监控进行观察

光传输数字段由光端机、光中继、复用设备、倒换设备等组成，分架装在全线各站。分布在全段各站机架上的 SMC，由被监测光传输系统提供一条监控通道，最多可监控 63 个 SMC。

（2）使用手持终端收集、观察告警量

手持终端即便携式监控器（PCT）是一种有液晶显示屏和操作键盘的手持仪表，插入光终端机或光中继机的 SMC 上的外设插口，可监测全线所有光电设备并实施控制操作。

特点是使用方便、灵活、处理迅速、功能也较齐全，但对历史告警信息不能观察，显示也不如集中监控设备直观，要达到熟练使用的程度，除需要维护人员有基本的障碍处理知识外，还要熟悉 PCT 的功能及使用方法，要对数字段的配置情况有必要的了解。

（3）利用机架、机盘的故障告警指示灯进行识别

通过观察 SMC 盘上监控灯的指示，结合故障机盘上的告警灯状态，对照故障告警内容表进行告警识别。特点：方便、迅速，对维护人员全面观察、综合分析能力的要求较高。缺点：对有些告警有时不能做到准确定位，须辅以其他判断进行验证。

（4）直接从盘上识别告警

仅仅依靠告警机盘，通过对告警机盘上的开关进行操作，观察机盘上面板指示灯的状态，对告警进行识别。使用这种方法判断，受一定的局限性，有些告警可能无法准确判断，但可信度高，操作简便。

4．光传输网环回测试的方法与步骤

在系统的故障判断中，常常要使用环回的方法，实现的方法有三种。

① 电接口环回：改变设备电接口的连接方式，使用发送信号替代接收信号，实现环回。

在处理数字接口障碍或判断故障区间段时，经常使用，一般在数字配线架上操作完成。

② 光接口环回：用一根短光纤和衰耗器，改变光传输的正常方向，使用 A 向光替代 B 向光，称为对 A 端光路环回（简称 A 向环回或 A 环），使用 B 向光替代 A 向光称为对 B 端光路环回（简称 B 向环回或 B 环）。

③ 控制环回：通过监控系统或按键实现环回，在每一中继站均可实现对 A 向环回和对 B 向环回，以确定故障区段。不同环回方法示意图如图 5.25 所示。

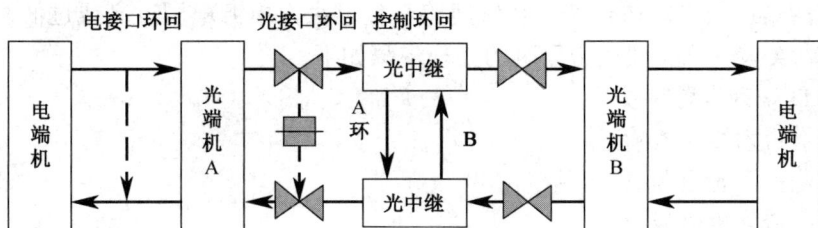

图 5.25　不同环回方法示意图

5. 光路障碍的一般处理步骤

（1）收无光告警的处理

收无光告警属于系统故障，收无光告警的指示为光盘亮红灯，同时 SMC 盘异常。处理该告警时应注意不要与收光失步告警、收光误码混淆。组网如图 5.26 所示。

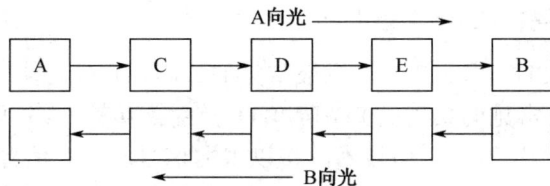

图 5.26　组网框图

若 D 站 A 向光中继盘首发收无光告警，且该系统没有环回功能，则处理步骤如下。

① 此时 E 和 B 站也收无光告警，但实际这两站的告警是 D 站收无光告警的相关告警，障碍点应判断在 C 站和 D 站之间。

② 使用光功率计测量 D 站 A 向来的光功率，确定是否本站中继盘故障。

③ 测量上游 C 站的发光功率，确定是否为上游站中继盘故障。

④ 检查上游站至本站的活接头（包括 ODF 架），确定是否为线路故障。

对有环回功能的光设备，D 站 A 向收无光，则立即发生对 B 站自动环回，造成 E 和 B 站不出现告警，处理步骤同上。

（2）光路失步告警的处理

光路失步告警（OLFA）也属于系统障碍，具有自始发站向下顺传的特性，自动环回功能对失步不起作用。故在处理中须向上游寻找原发告警，确认告警首发站，进行处理。该告警的指示为光盘亮红灯。

引起失步的原因较多，除光盘故障外，还有收光功率过高、电源电压过高或过低、设备工作环境劣化等。当 D、E、B 站 A 向光出现失步告警时处理步骤如下。

① 确认失步告警的首发站为 D 站。

② 确定是否由于收光过载造成失步。

③ 是否由于本站光电源电压故障造成光盘工作失常。

④ 验证是否由于光盘的收光电路或时钟电路等故障造成失步。

⑤ 是否为上游邻站光电源故障或光盘发送故障。

（3）光路误码的处理

光路误码根据其严重程度不同，为不同的误码告警，均为系统故障，具有传递性。

引起误码的原因很多，主要有：光盘故障（多数为收光电路，也可能为上游邻站发光电路），尾纤头污染造成光功率过低，传输线路衰耗增大，电源电压过高或过低，工作环境劣化等。当 D 站 A 首先产生误码告警时的处理步骤如下。

① 确认 D 站为告警首发站。

② 确定是否为线路故障。

③ 确定是否为光电源故障。

④ 确定是否为机盘故障。

（4）发无光告警的处理

发无光告警的指示为光盘亮红灯，该告警的处理步骤如下。

① 确认发无光告警属于原发告警，非相关告警。

② 在供电正常下多为光盘故障，可通过换盘确认。

5.2.2 PDH/MSTP 网络设备维修案例分析

1. 光端机数字中继故障的综合分析

数字中继的故障是 PDH/MSTP 光端机最常见的故障，现对这种故障类型、发生原因以及处理方法进行综合分析。常见的典型的 PDH/MSTP 点对点传输网络，可实现 Ethernet 信号+E1 信号的混合传输，系统利用时分复用技术，将以太网信号和 E1 信号混合编码后在一对光纤上传输，该技术有别于以太网信号转换为 E1 传输的方式，能够保证 10/100M 以太网业务线速全双工和 E1 业务的实时传输，适用于写字楼用户、高校等实现 LAN 和 PBX 综合传输、快速以太网接入或基站接入等应用场合。

数字中继的故障类别：可分为永久性故障和间断性故障，永久性故障是指反映告警一直保持；间断性故障情况复杂一些，是指故障时有时无，有时还可自动恢复。

以 A、B 两端之间传输系统参照图 5.24，下面分析故障原因和处理方法。

（1）永久性故障

对于永久性故障，可以一端采用环路，另一端从交换机显示或用传输分析仪逐段、逐层判断。永久性故障有传输告警成对出现和传输告警不成对出现。

① 传输告警成对出现。

例如 A 端出现 RJA（远端告警），那么 B 端可能为 LFA（帧失步告警）或 AIS（收告警），有时两种告警都存在；还有一种为 LS（信号丢失）告警。

a. 数字中继模块问题。

以 A 端 DDF 架环回 A 端，此时 A 端存在 LS 或 AIS 告警，则可判断为 A 端 DM 发出的信号有问题，如发出的 2Mb/s 信号误码、失步或中断。

处理方法：可对中继模块进行再启动或再装载，使告警清除。若故障依然存在，则检修或更换 DM（数字中继模块）可排除故障。

b. 传输连接问题：若 A 端低次群到 B 端某处传输发生问题，也会造成 2Mb/s 信号误码或中断。可以这样分析，如果在 A、B 两端低次群之间从 A 到 B 有问题，则 B 端显示 AIS 或 LFA 告警。如果从 B 端低次群至 DM 信号中断，则 B 端显示 LS 告警。

处理方法：根据查出的障碍点，或重新做 DDF 上的头子，或更换 U－Link，或更换机盘，以达到恢复电路的目的。

② 传输告警不是成对出现.

例如 A 端同时出现 AIS、RJA 告警，或出现 LFA 告警，而对端没有任何告警，这时无法进行通话。

a. 因为运行中可能产生传输出错、干扰等，A 端或 B 端发生单端的 DM 运行软件故障造成，这时须对两端的 DM 重新激活，即进行该模块的系统再启动处理，这样做可能恢复电路正常运行。

b. 若经过软处理未能排除故障，则需要检查 DM 硬件问题。

（2）间断性故障

① 个别 2Mb/s 端口告警。

由于间断性故障是瞬间产生的，交换中继模块 DM 对告警识别的时间有差异，因此可能出现单端告警。这时可采用处理永久性故障的方法来解决。但最好不采用 DDF 环回法，以免中断电路，影响业务。

② 批量 2Mb/s 端口告警。

a. 告警的模块集中在复用设备的 8Mb/s 端口或 34Mb/s 端口等，这可能是高次群出现问题，也可能是 DDF 转接线头问题，或者是机盘有问题。这时按永久性故障方法检测即可。

b. 一个中继群组的几个 DM 告警，这可能是程控交换机的交换网络、信令配置等问题。如采用随路信令的程控交换机，其用户的双音频话机逐渐增多，造成多频记发器工作繁重。话务量大则需要采用 7 号信令，就可以根除这类故障了。

③ 特殊告警。

每个 2Mb/s 传输链路单独测试都是正常的，即 DDF 上每一点对两端的交换环路均无告警，并且 U－Link 用万用表测量也正常，但是把 U－Link 接到交换机上就出现告警，不能使用。这时，在 A、B 任一端的低次群端传输侧做环路，在另一端同一位置用传输分析仪测试，发现有 ES 出现，整个链路处在一个临界状态。处理方法是用仪表逐段测试，直至找到障碍点，恢复电路。

2. 光端机常见故障维修举例

（1）故障 1

故障现象：光端机加电后电源指示灯不亮。

故障分析处理：

① 根据现象分析故障基本属于电源问题。PDH 光端机的电源分为交流供电和直流供电两种。分析加电后电源指示灯不亮的原因并逐级排查。

a. 检查供电部分，包含交流电源、UPS 设备是否异常，直流电源或蓄电池是否异常。

b. 如无误，则检查三光端机的熔丝是否熔断。

c. 若上述无误，则是电源模块损坏。

② 经过以上的逐级排查，确认电源模块损坏，更换后即恢复正常。

（2）故障 2

故障现象：本地光端机 RJA（远端告警）指示灯闪烁，远端光端机出现 LFA（帧失步告警）指示灯闪烁或 AIS（收告警）指示灯闪烁。

故障分析处理：

① 根据维修经验分析，出现上述故障时，一般是本地或远端光端机 DTRM（数字中继模块）发出信号有问题，即发出的 2M 信号误码或中断。

② 采用一端环路，另一端接上 2M 测试仪进行测试，首先在本端 DDF 架环回本端光端机，如果本端存在 LS（信号丢失）或 AIS 告警，则对 DTRM 进行重新启动或者重新安装。

③ 检查结构本端不存在告警，则故障可能发生在远端，请远端操作人员按照上述方法进行操作，排除告警故障。

（3）故障 3

故障现象：本地光端机没有任何告警，远端光端机同时出现 AIS、RJA 告警，或出现 LFA 告警，对应的 2M 电路不能正常通信。

故障分析处理：

① 根据维修经验分析，出现这种故障有两种可能原因：一是本端发送电路故障，或远端接收电路故障；二是远端光端机的 DTRM 宕机。

② 检查本端发送电路，若无误，则检查远端接收电路是否异常。

③ 这种故障往往涉及两端的设备，须对两端的中继模块重新激活。在进行两端设备重新再启动处理后，故障排除。

（4）故障 4

故障现象：光端机的某 2M 端口告警。

故障分析处理：

① 该现象可以基本分析属于局部电路或其外围器件故障，可根据所涉及的故障原因进行硬件的排查来定位故障。

a. 由于是个别 2M 端口告警，可首先直观检查数字中继模块接口（包含母板接口和线路接口的观察）。

b. 经过上述检查无误，由于是个别 2M 端口告警，可对 2M 端口对应的数字中继模块进行环回测试。若环回正常，可基本说明物理连接无误，若环回异常，说明存在硬件问题，可更换电路板进行判断。

② 经上述检查故障依然存在，应考虑该 2M 端口的数据出错问题或其上一级设备如交换网络问题。通常为 2M 端口软故障，经过进一步检查采用该端口再启动处理，故障排除。

5.3 SDH/MSTP 传输网设备维修

5.3.1 SDH/MSTP 设备维修概述

1. SDH/MSTP 光传输系统的维护

（1）主要维护内容

SDH 光传输系统维护，包括设备本身、光缆设备、电源、配线架等附属设备的维护。

① 保证设备工作条件，包括供电条件、环境条件等。传输设备工作的直流电压为 $-48V\pm20\%$，允许的电压范围是 $-38.4\sim-57.6V$。

② 对系统故障进行判断和处理，根据故障现象和告警指示，利用监控系统进行故障定位，找出故障原因，在最短时间内排除故障。

③ 通常采用集中维护方式，建议成立维护中心，将维护人员和必要的维护仪表集中在一个主要站，设备少的站可不设日常值班人员，避免人为造成故障。

④ 故障处理一般是换盘而不提倡修盘。因为一般盘中采用了大规模集成电路，要修盘，必须有专用器件和专用仪表，并且比较困难。因此建议维护时，只确定故障机盘，换上备盘后，将坏盘送回厂家维修。

⑤ 光纤不允许小角度弯折，光连接器不能经常打开。

⑥ 网管监控系统和本地维护终端用的计算机是专用设备，禁止挪用，以免病毒侵害。

（2）对维护人员的要求

① 在操作机盘时，必须戴上防静电手腕，且该防静电手腕必须有良好的接地。

② 当设备运行中发生故障需要更换机盘时，操作人员必须戴上防静电手腕，拔出的机盘应马上装入防静电塑料袋，对需要送出修理的机盘，还应加装防振包装，以免进一步损坏其他元器件。

③ 处理光接口信号时，不得将光发送器的尾纤端面或其上面的活动连接器的端面对着眼睛；并注意尾纤端面和连接器的清洁。

④ 熟练掌握所维护传输设备的基本操作。

⑤ 熟悉掌握所维护局的情况，如组网拓扑情况、保护属性、业务分配情况、时隙配置情况等。

⑥ 做好设备的日常巡视工作。

2．SDH/MSTP 设备安全使用要则

① 强功率激光对人体特别是眼睛有害，不得将光发送器的尾纤端面或其上面的活动连接器的端面对着眼睛。

② 不得用手触摸机盘上的元器件、布线及插头座中的金属导体。维修机盘必须触及时应采取静电防护措施。机房地面不得使用地毯或其他容易产生静电的材料。

③ 在安装光纤通信设备时，须注意对强电和雷电的防护，尤其应注意光缆在设备终接时，必须采取有效措施，以免将强电或雷电引入设备。

④ 注意不得将光纤进行折弯，必须弯曲时，曲率半径不得小于 60mm。

⑤ 设备中的光纤活动连接器不得随意打开，维修设备必须打开时，须采取保护措施，以免连接器的端面被污染。

⑥ 网络管理用的计算机是专用设备，不得挪作它用。特别不得使用来历不明的软盘，以免病毒的侵害。

⑦ 在进行设备维护和测试设备接口指标时，仪表的地必须与设备的地良好地接在一起，否则可能会损坏信号接口的相关元器件。

⑧ 机房一定要保持清洁，注意防尘。

3．SDH/MSTP 网络设备常见故障分类

① 光缆线路故障。包括光缆线路中断，光缆线路总衰耗过大等。

② 尾纤故障。包括尾纤断，尾纤弯曲半径过小，法兰盘接头有灰尘及尾纤头脏等。

③ 单盘故障。包括线路板、2M 板、时钟板、交叉板、主控板等器件损坏及由于环境、

温湿度等影响板子正常工作等情况。

④ 电缆故障。包括 2M 电缆中断，DDF 架侧 2M 接口输入/输出端口脱落或松动而造成的接触不良及 VDF 架卡线松动等。

⑤ 电源系统故障。包括交流停电，设备直流掉电及熔断器故障等。

⑥ 网管系统故障。包括网管与设备之间的网线故障或系统异常而造成的 ECC 通道中断、死机等情况。

4．故障定位的基本原则

SDH 光传输设备出现故障，就要求维护人员迅速判断故障的性质、位置，以便修复故障。故障处理中，第一步而且最关键的一步就是将故障点准确定位，然后才是采取的措施。

故障处理首先要求判断是线路故障还是设备故障。如果是线路故障，则要求判断出是哪一根光纤，然后通知线路维护人员进行修复；如果是设备故障，就需要判断出故障出在哪一站、哪一架、哪一块机盘或哪一个连接点或连线，以便及时修复。

由于传输设备自身的应用特点，即各站之间的距离较远，因此将故障准确定位是极其重要和关键的，将故障准确定位后，就可以采取相应的措施排除故障。在准确定位之前，想当然的做法往往是比较危险的，不仅会延误故障的解决，而且还可能造成更严重的人为故障。SDH 设备出现故障，首先应对故障进行定位，才能准确、快速地恢复业务，而故障的定位主要依赖于网管，定位的主要原则如下。

① 先外部，后传输：应先排除外部的可能因素，如光纤断、电缆或电源问题。

② 先单站，后单盘：在定位故障时，要尽可能准确地将故障定位到单站。

③ 先群路，后支路：光群路盘的故障常常会引起支路盘的异常告警。

④ 先高级，后低级：在分析告警时，应首先分析告警级别高的告警，如紧急告警，然后再分析非紧急告警。

⑤ 根据 SDH 的层次结构特点，首先判断故障属于物理层、再生段、复用段还是通道层。然后，根据各层在系统中的对应位置或作用范围，定位到单站或单盘。

⑥ 据路由和时隙查找故障点。分析交叉的时隙规则，看看故障是否发生在设备的东向还是西向、某一个接口盘、某一个单盘的某一个 VC4 时隙。

⑦ 根据系统特点查找故障点。因主备交叉时钟盘到每一个单盘都有独立的连接，主备 XCU 盘连接高阶交叉到每一个高阶接口都是独立的双向连接线。

5．SDH/MSTP 网络维护和网元维护

与其他通信设备的维护类似，SDH/MSTP 设备的维护也分为预防性维护和纠错性维护两大类。针对 SDH/MSTP 独特的设备特点，可以进一步分为两类：在网管中心的网络维护（称为网络维护）和传输机房内的设备维护（称为网元维护）。

（1）网络维护

① 网络维护的功能：网络维护是指维护人员通过网管计算机，查询设备的详细数据和运行情况，在设备出现故障时，能有大量的告警、性能数据供其分析、定位，因此能定位到较细、较精确的故障点，能判断和处理常见的设备故障，对下属站具有一定的技术支援能力。

通过网管查看光路的性能，看光功率是否在正常的接收范围，发现光路上是否有误码等。

② 网络维护的故障分析方法。

a. 用网管计算机对设备进行监控，可以看到很多细节性的信息，包括告警和性能，并能

对全网络有一个整体的观察。这对于告警分析、定位是极有利的。

b. 面临告警、性能信息太多无从着手分析的局面，要遵循先观察分析高速部分，再分析低速部分；先分析高级别告警，再分析低级别告警原则。因为设备出现故障时往往会出现大量的告警、性能事件，但只有其中几个告警是基本告警，与故障息息相关，可通过这些基本告警直接定位出故障点。

（2）传输机房内的设备维护

① 网元维护功能：网元维护人员因没有网管可供使用，只能通过设备、单板告警灯的闪烁情况来分析定位故障。

② 网元维护人员的故障分析方法：

网元维护人员故障分析的基础是设备告警指示灯反馈上来的告警信息，由于设备和单板反馈上来的信息较少，分析、定位告警的难度相对来说较大，因此要牢记各告警灯闪烁所代表的含义，在日常维护中要时刻关注告警灯的闪烁情况。

a. 首先从整体上观察设备是否有高级别（危急和主要）告警，这一步可观察机柜顶的告警指示灯。不过注意，只通过机柜顶的告警指示灯，可能会漏过设备的次要告警（次要告警机柜顶指示灯不亮），而次要告警往往预示着本端设备的故障隐患，或对端设备存在故障，这时还需要通过观察各单板告警灯的闪烁情况，以分析、定位故障点。

b. 在设备故障时，往往是设备的很多单板都是红灯闪烁，这时为避免混乱，分析的原则是：先分析主线路板，再分析支路板；先分析告警级别高的单板，再分析告警级别低的单板。

5.3.2 SDH/MSTP 设备维修方法

从网管计算机上观察到的告警信息或通过单板告警指示灯的状态，再结合告警信号流程图，就可大致定位出故障点。这时就可采用具体的方法来精确定位和排除故障。故障处理的关键在于故障定位。故障定位的常用方法有：告警性能分析法、配置数据分析法、环回法、替换法、仪表测试法和经验处理法等。

1. 告警性能分析法

当系统出现异常情况时，网元将向网管上报大量的告警信息。上报的每一条告警都与故障直接相关，因此每一条告警都给维护人员提供了及时定位、排除故障的可靠依据。

通过网管获取告警和性能信息，进行故障定位。可以全面、详实地了解全网设备的当前或历史告警信息；也可通过机柜顶部指示灯和单板告警指示灯来获取告警信息，进行故障定位。一般告警灯常有红、黄、绿三种颜色，红色表示紧急告警及重要告警，黄色表示次要告警及一般告警，绿色表示系统正常运行。

2. 网管及配置数据分析法

查询、分析设备当前的配置数据，在网使用的传输网络上增加设备或者增开业务时，检查和修改各项单盘及交叉配置要特别小心，如果稍有疏忽，可能影响新增设备的各项功能，甚至设备的开通，给整个传输网络带来极大的安全隐患。例如，时隙配置、复用段的节点参数、线路板和支路板通道的环回设置、支路通道保护属性等，分析以上的配置数据是否正常，来定位故障。若配置的数据有错误，须重新配置。如果确实已经将单盘配置更改，但此时不知道正在使用的正确配置，可以采用重新配置一块该盘（多数情况下正确的配置是默认配置），保存配置或者交叉，再重新分析问题。

3．环回法

（1）环回法种类

环回法，是 SDH 传输设备定位故障最常用、最行之有效的一种方法。环回有多种方式，如内环回与外环回、远端环回与本地环回、线路环回与支路环回等，如图 5.27 所示。

图 5.27　环回法示意图

进行环回操作时，首先应进行环回业务通道采样，即从多个有故障的站点中选择其中的一个站点，从所选站点的多个有问题的业务通道中选择其中的一个业务通道；然后画出所采样业务的一个方向的路径图，图中要标出该业务的源和宿及所经过的站点、所占用的 VC4 通道和时隙等；最后逐段环回，定位故障站点及单板。

从环回后信号的流向来划分，分为设备环回和线路环回两种情况。对于进行环回操作的 SDH 网元，如果执行环回后的信号是流向该 SDH 网元内部的，则这种操作称为设备环回；如果环回后的信号是流向该 SDH 网元外部的，则这种操作称为线路环回。SDH 接口的线路环回和设备环回由网管进行设置。

线路环回：执行环回后的信号流向本 SDH 网元外部。设备环回：执行环回后的信号流向本 SDH 内部。

（2）确定环回的目标

在进行环回操作前首先须确定对哪个通道、哪个时隙环回，应该在哪些位置环回，应该使用哪种环回，是光口环回还是电口环回，是线路环回还是设备环回。

故障定位到单站后，通过具体环回进一步定位可能存在故障的单盘，最后结合其他方法确认存在故障的单盘，并通过换盘排除故障。

（3）环回的注意问题

① 运行的网络中最好采用先近后远、先局部后整体的方法，这样可以避免影响其他站点正在使用的业务，即先环回本站的业务电路，再然后交叉环回，然后到群路环回，最后到整框（包括时钟等），排除整框后到相临站点向本站环回，这样范围逐步扩大到其他站点，找到故障站点，然后再先整体后局部，直到找到故障点机盘。

② 环回可能会影响到正常的业务，因此建议在业务量小的时候使用，比如夜间；光口自环时注意不要使接收过载，一定要在接收端加装衰减器。

4．替换法

这是一种常用的 SDH 设备故障处理方法。替换法就是使用一个工作正常的物件替换一个怀疑工作不正常的物件，从而达到定位故障、排除故障的目的。这里的物件，可以是一段线缆、一个设备、一块单板、一块模块或一个芯片。替换法适用于排除传输外部设备的问题，如光纤、中继电缆、交换机、供电设备等，或故障定位到单站后，用于排除单站内单板或模块的问题。如：怀疑某块光板有故障，可将设备上工作正常的同类型光板对调，如东、西向光板对调，检查是否故障转移。替换单板时须注意：要有防静电措施，不要带电拔、插。

5．配置数据分析法

查询、分析设备当前的配置数据，例如，时隙配置、复用段的节点参数、线路板和支路板通道的环回设置、支路通道保护属性等，分析以上的配置数据是否正常，来定位故障。若配置的数据有错误，须进行重新配置。

6．仪表测试法

仪表测试法指采用各种仪表，如误码仪、光功率计、光时域反射仪、SDH 分析仪等来检查传输故障。例如，用 2M 误码仪测试业务通断、误码；用万用表测试供电电压，检查电压过高或过低问题；用 OTDR（光时域反射仪）测试、定位光纤故障点。

7．经验处理法

在一些特殊的情况下通过复位单板、单站的掉电重启、重新下发配置等手段可有效、及时地排除故障、恢复业务。

但建议此方法应尽量少用，因为该方法不利于故障原因的彻底清查。遇到这种情况，除非情况紧急，一般还应尽量使用上面介绍的方法，或请求支援，尽可能地将故障定位出来，以消除设备内外隐患。

5.3.3 MSTP 设备故障定位和故障排除流程

在 MSTP 传输设备的维修过程中，某一设备的故障往往引发相关设备的连锁告警反应，因此，在分析故障告警时，不要仅对某一个告警进行孤立的分析，要从网络系统的角度去分析告警现象，以便正确定位故障点，快速排除故障，恢复系统运行。

1．定位故障的区域

① 检查光纤、电缆是否接错，光路和网管系统是否正常，排除设备外的故障。
② 检查各站点业务配置是否正确，排除配置错误的可能性。
③ 通过告警性能来分析故障的原因。
④ 通过逐段环回来进行故障的区段定位，将故障最终定位到单站。
⑤ 通过单站自环测试来定位故障板。
⑥ 通过更换单板来定位故障板。

2．进一步定位故障

① 对于环形网的光纤连接，要按照从环外看逆时针方向，本站的东侧光板接下一站的西侧光板；对于链形网中间的 ADM 站点，光纤连接也要按照本站的东侧光板接下一站的西侧光板。可以通过拔纤、关断激光器检查告警来判断光纤是否接错。
② 电缆是否接错或不通可以通过在 DDF 架上环回和电口近端环回，然后采用检查交换机或其他外围设备是否正常的方法来判断。
③ 检查配置是否错误的重点是根据组网方式、业务方式来检查时隙是否满足业务的需要，另外也要检查单板配置，如支路板的保护/无保护、是否环回等属性，卡板的设备类型配置，线路板的配置，时钟板的同步源配置，公务板的电话号码、出环路由等。
④ 可以通过逐段环回来进行故障的区段定位，将故障定位在某一区段直至某一单站，如图 5.28 所示。

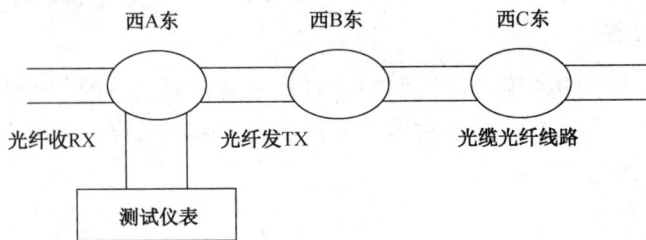

图 5.28　逐段环回法示意图

　　如果 A 站与 C 站之间有业务不通，在 A 站挂仪表测试，可以先后通过采用 A 站电口近端环回、A 站东向线路板光纤自环回、B 站东向线路板光纤自环回、C 站西向线路板外环回、C 站对应电口远端环回来定位故障。

　　① 若 A 站电口近端环回业务不通，则说明馈线电缆、接口板或支路板故障。

　　② 若 A 站西线路板处环回业务不通，则说明可能是 A、B 之间的光路或光接口的问题。

　　③ B 站西向线路板外环回业务不通，则说明可能是 A、B 之间的光路或光接口问题。

　　④ 若 B 站东向线路板光纤自环回业务不通，则说明业务在 B 站穿通不行，可能是 B 站线路板或交叉板的问题。

　　⑤ 若 C 站西向线路板外环回业务不通，则说明可能是 B、C 之间的光路或光接口的问题。该方法适用于线形组网和双向复用段保护环。对于单向通道保护环，若要采用这种方法，则必须断开一侧的光纤从另一侧逐段环回。线路板光纤自环时，注意不能过载，否则要加光衰减器。

　　⑤ 通过单站自环来定位故障站点。一般采用光口内自环的方法来检查告警、误码是否还存在或业务是否正常。若原来光路上有告警或误码，自环后告警、误码消失，则说明本端设备正常，光路或对端设备有问题。单站测试业务，一般采用在电口挂仪表、光口内自环的方法。对于链形和双向环上的特点，只需要自环上下业务一侧的光板；对于单向通道保护环，由于是并发选收，所以有 4 种环回方法：西侧线路板自环、东侧线路板自环、西侧线路板收接东侧线路板发、西侧线路板发接东侧线路板收。这 4 种环回方式下业务均应正常，如果不是所有情况下业务都正常，则必有一块光板的收或发有问题或交叉板的一侧总线故障。若业务是支路环回方式，如从 PL1 板环回到 SL1 板，则可在 PL1 板 2Mb/s 口挂仪表而将 SL1 板自环。

　　⑥ 通过替换单板来找出故障板。若只有一块支路板业务不通，则很可能是这块支路板故障；若是线路某一侧下的业务都不通，则可能是该侧线路板或交叉板的这一侧总线故障，可以通过更换线路板和交叉板来定位；若该站所有业务都不通，一般来说是交叉板或时钟板故障。

　　⑦ 通过更换配置来定位故障。如果怀疑支路板的某些通道或某一块支路板有问题，可以更换时隙配置将业务下到另外的通道或另一块支路板；如果怀疑某一个 VC4 有问题可以将业务时隙调整到另一个 VC4；在很多情况下为了不影响其他业务还可以将部分时隙配成外环回来定位，在定位指针调整故障时，可以更改站点的时钟跟踪方向或更改提供基准时钟上的站点。

　　⑧ 保护倒换问题往往需要通过倒换试验，根据故障现象来判断故障。例如在通道保护时，可以采用拔纤方式，强制一个站点从主环接收或从备环接收业务，或是只往主环或备环发送业务；在复用段保护时，可以在倒换后查询各站点的倒换状态，判断是否有

站点倒换不正常。注意，设备发生保护倒换，往往是某段光路中断，可能是光发送、光接收、光缆等故障。

3. 故障排除的一般流程

MSTP 设备发生故障，首先进行故障现象确认，可以通过多种检查手段进行业务测试，关键分清是属于设备故障还是设备外部引起的故障。当将故障大致定位后，可以分别针对设备和设备以外进行排查，将故障点定位，排除故障就容易了。MSTP 设备故障排除的一般流程如图 5.29 所示。

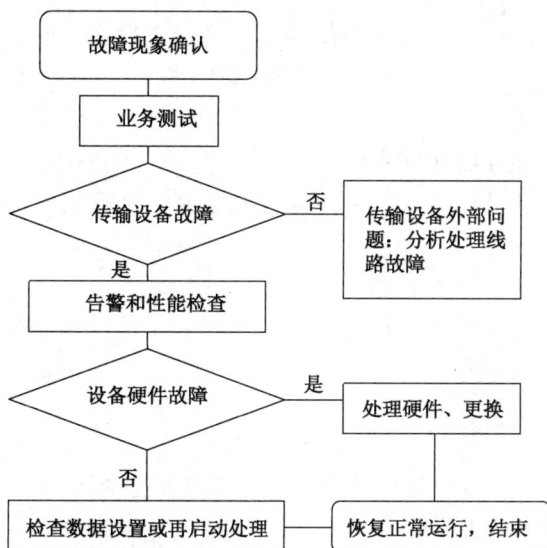

图 5.29　MSTP 故障排除的一般流程

（1）排除传输设备外部故障

检查光纤、电缆是否接错，光路和网管系统是否正常，设备供电是否正常，可参考如下操作排除设备外的故障。

① 检查光纤是否连接正确，可以通过网管配置数据分析法，检查网管单盘配置中的配置，或在网管上关断激光器检查光盘告警来判断光纤是否接错；如果是链形配置还可以通过拨打架上公务电话来检查光纤是否接错。

② 电缆是否接错或不通可以通过在 DDF 架上环回和电口近端环回，然后检查交换机或通过其他外围设备是否正常的方法来判断。

③ 光路和网管系统是否正常；根据网管配置数据分析法，通过网管上性能上报和告警分析，可检查光路和网管系统是否正常。

④ 设备供电是否正常，检查交流停电、设备直流掉电及熔丝故障等。

（2）设备故障

① 故障发生时，可利用网管通过对告警事件、性能事件的综合分析以及观察设备的运行状况，初步判断故障点范围。

② 接着通过逐段环回，排除外部故障，最终将故障定位到单站，乃至单盘。

③ 最后，通过替换单盘，将故障排除。当然，还可以通过丰富的实践经验处理故障，而且随故障范围、故障类型的不同，所使用的故障处理方法也可能综合运用。

4. 复用段保护环故障的排除过程

（1）检查复用段倒换状态

当群路盘出现 R-LOS、R-LOF、MS-AIS、MS-EXBER、MS-DEG 等告警时，有以上告警的光路的相邻网元交叉盘应处于桥接倒换状态，同时出现 BRIDGE 和 SWR 告警，环上其他网元处于直通状态，交叉盘无告警。

复用段环业务发生故障时，应首先检查环上各站的光群路盘是否出现异常告警，相应的高阶交叉盘是否发生桥接倒换，然后进入下一步的判断。

（2）检查复用段节点参数配置

复用段倒换状态异常（设备应发生桥接倒换而实际未发生）时，检查复用段节点参数设置是否正确，节点号是否按主环方向递增而且中间不跳号。如不正确，请修改节点参数。

（3）逐段环回定位故障

如果设备发生倒换，但业务仍然不通，可以通过分析业务中断时的业务流向，将复用段环当做一条链，通过逐站环回的方法将故障定位到单站。然后可以通过支路到支路下话的交叉环回法确定故障单盘。

（4）下发外部倒换命令先恢复业务

某段光路故障导致业务中断但未触发倒换，可以通过拔纤或下发强制倒换命令，先恢复业务，再处理故障。

5. 通道保护环故障的排除

① 系统已经发生倒换，但是业务不通，表明系统的备用路由出现故障，可以采用逐段环回方法定位故障点，并予以处理。

② 系统没有发生倒换，但是业务不通，表明系统的主用路由出现故障，可以采用逐段环回方法定位故障点，并予以处理。

③ 检查光纤连接：由于通道保护环的并发选收特性，在全网环路正常时，即使光纤连接错误，业务也可能不会中断；但是当环路异常时，可能导致业务中断。检查光路连接是否正确并恢复正常连接。

④ 检查数据配置：通道保护业务在源、宿站点配置是否设置并发选收，并对被保护业务正确设置保护。

⑤单盘故障.

a. 通过逐段环回法来进行故障的区段定位，将故障最终定位到单站。

b. 在将故障定位到单站后，通过单站自环测试来定位故障盘。可以采用替换法判断单盘是否正常，如通过更换法来定位故障盘。对怀疑有问题的单盘进行更换，将故障定位并排除。

6. MSTP 设备故障维修经验

① 设备的运行环境很重要

机房防尘良好，每个机房都有空调，夏天都将空调打开运转，基本能达到设备对环境的要求。维护中每月都检查清洗设备的防尘网。

② 重视设备的供电

确保为设备提供不间断电源，尤其是接入网设备供电条件差，更需要重视。雷雨前后都要对地线进行测试，不合格立即查找原因重新做地线。测试地线时要在接入网设备处测试和引出处测试，以防止接入网地线连接线意外中断。

③ 接入网用户单元有故障，首先要了解清楚故障现象，并及时向网管中心汇报情况，网管中心根据情况检查告警情况，判断确定机板故障，并复位故障机板或整个用户单元。如不能恢复处理人员就要带相关机板到现场，首先看机板告警灯情况，确认故障机板，对其复位，如故障还不消除，就对该机板拔出断电复位，如还不好，就更换该单板。如果还不恢复，就要检查电源、地线是否正常，检查单板插接和连接线是否良好等，再与网管中心一起判断是否其他单板故障。

④ 更换单板时要看清楚单板型号规格能否更换，单板内的跳线端子是否完全一样，特别是要注意 AUDB 板的 2/4 线和有无源端子要与换下的一样。

⑤ 要使用一个新的 2M 通道必须要先测试，测试时一定要注意 2M 接头和 2M 插座要接触良好，2M 接头要紧两下，要将两边的 2M 连线接进去测试。

⑥ 若发现 622 或 155 同步传输系统不好，要马上试验传输系统是一个 2M 通道故障、几个 2M 通道故障或全部 2M 通道不好。立即向网管中心汇报情况，如果是上、下行两个方向全部通道不好，网管中心又不能监测到故障设备，维护人员必须立即赶到机房，因为可能是设备断电或两边光板都坏；如果网管中心能监测到设备，只是一个方向通道都不好，那马上得判断是区间光缆不好还是光板不好或尾纤不好。如果是单个的 2M 通道不好，也要先向网管中心汇报，看网管上能监测到什么故障，如网管监测是好的，就要到机房观察单板告警情况，2M 线及连接情况和 2M 头接线。

⑦ 维护中很重要的一点就是故障处理人员，必须在故障判断中、故障处理中和故障处理好后，与网管中心保持联系，有问题和建议立即向网管中心提出。

5.3.4 MSTP 典型设备故障分析处理案例

1. MSTP 设备典型硬件故障的分析处理

【案例 1】MSTP 多种原因导致的复用段误码及其处理

故障现象：在省干线光传送网中，发现成都网元上有问题，有 7 槽位 OL16 多个 VC4 通道上报远端缺陷指示告警。

（1）故障分析处理

首先理清网络物理连接：省干线光传送网中，从成都到雅安，是一条 2.5G 的单链。组网为成都-蒲江-雅安，跨距 200 多千米。在该链上，成都为 ZXSM-10G 设备，蒲江为 ZXSM-150/600/2500 ADM&Reg 设备，作为 REG（再生放大）实现信号的再生与放大，雅安为 ZXSM-150/600/2500 设备。该传输的基本连接示意图如图 5.30 所示。

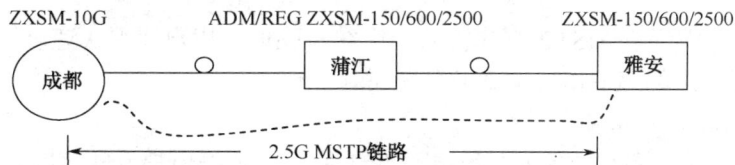

图 5.30　传输网的物理连接示意图

检查告警信息：

① 经在网管上检查，成都网元的 7 槽位 OL16 有 3 个 VC4 上报远端误码指示告警。这些 VC4 对应于成都到雅安的业务。同时雅安网元的 OL16 光板上报复用段远端缺陷指示告警。

② 检查性能事件，雅安网元 OL16 上报大量复用段远端背景块误码事件，成都网元对应 VC4 通道上报大量高阶通道背景块误码等。雅安网元的 OL16 板收光功率为-32dBm，而且查询历史性能事件发现，该 OL16 板收光功率近期有较大变化，范围为-32～-18.7dBm。而成都网元对应 OL16 光板的收光为-18.5dBm，且历史性能中，该值无大的变化。

（2）原因分析

雅安网元上报复用段远端缺陷指示说明成都收雅安的光路复用段误码太多，成都于是回送该告警到雅安。同时成都站解复用后的高阶 VC4 通道发现误码越限，所以上报相关性能事件。可判断告警是成都到雅安间的光路误码引起的。可能的原因如下。

a. 成都到雅安间光缆线路的衰耗、色散增大使得传输质量不好。

b. 尾纤、光纤连接头或光衰耗器等连接器件故障。

c. 成都到雅安间某个网元光板本身故障。

（3）故障处理过程

① 根据网管上查到的各段光功率值，判断故障段在蒲江和雅安间。检查雅安网元的OL16光板接收灵敏度，发现光功率低。判断正是雅安的光功率异常，导致了光路误码。而其他段的光功率值均无大的波动，且属于正常范围。

② 但无法确认蒲江－雅安段的故障原因，是纤芯不好，还是设备单板故障等其他原因。于是接下去进行雅安和蒲江中继站的排查检测。

测得在雅安站 ODF 架处，收蒲江方向的光功率衰耗值为为-19.4dBm，而网管上观察蒲江发给雅安的光为-1dBm。蒲江-雅安间约 80 千米，该段光缆为新建，每公里平均衰耗按 0.2dBm 计算，蒲江发给雅安的光，到达雅安站时有：-1-80×0.2=-17dBm，与雅安站 ODF 架处测得值基本相符，说明纤芯无质量问题。从检测情况看，是雅安的收光功率过低，可能是雅安机房内尾纤不好，更换 ODF 架至光板间的收纤后的告警消除。成都网元的告警也消除了。

③ 但是，经过在网管上约 20 分钟的观察，发现雅安站的 OL16 光板性能事件中，又再次上报复用段背景块误码等，且误码有累积增大的现象。说明该光板极可能有问题。在雅安站更换了同型号 OL16 光板后，网管上长时间观察未再发现误码，且收光功率为-19dBm，根据这些情况，也顺道排除了尾纤的问题。

经验说明：

该故障是光功率过低导致误码越限。而具体的故障点则是复合型的：尾纤质量不好＋光板故障。在处理类似问题时，保持头脑冷静，仔细分析，就一定能将各种可能的故障原因找出。

【案例 2】MSTP 以太信号传输故障及其处理

故障现象：某端局以 MSTP 方式接入一大客户驻地，用户反映快速以太网 FE 时好时坏现象，但是 4E1 接入的远端模块电话业务正常。

故障分析处理如下。

① 该 MSTP 方式接入的网络设备如图 5.31 所示。根据用户反映情况，分析光接入网络属于正常，故障定位局限于局端和用户端的数据网（FE）部分。

② 检查局端自 MSTP 到 ODF 机架的物理连接正常，测试正常，判断是用户端问题。

③ 根据用户内部网络正常，分析外网连接问题。当检查中心交换机与 MSTP 之间连接时，发现连接线路两端都未固定，接口松动，接触时好时坏。经重新安装连接线、接口，故障排除，恢复正常。

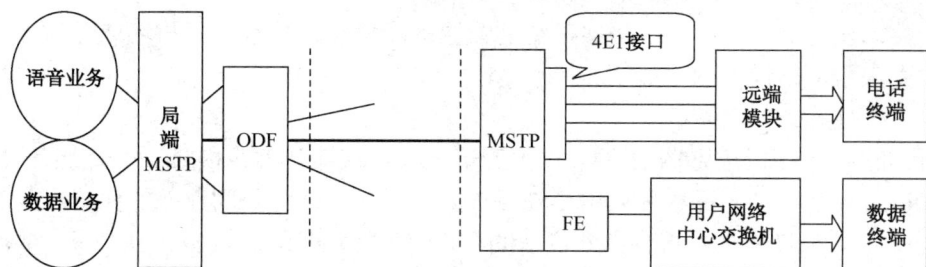

图 5.31　MSTP 方式接入的网络设备

【案例 3】电话全部无声

故障现象：某端局的 MSTP 接入设备中，一个 155M 开通接入网后，数据业务正常，但是，全部用户电话无声。

故障分析处理：

① 首先检查接 155M 传输设备的 DDF 机架，测试其 2M 接头是否有接触问题，检查结果接线无误。

② 分析可能是常见的软关闭问题，经过拔插 TPU 板后，电话恢复正常。

③ 不久，故障又出现，电话全部无声，每次都需把 TPU 板拔出断电复位，电话才恢复正常。经过进一步检查数据设置无误，判断根源为硬件问题，将 TPU 板更换后故障彻底消除。

2．MSTP 设备典型软件故障的分析处理

【案例 1】

故障现象：某端局以 MSTP 组网接入一小区驻地，解决用户的语音和数据需求。开通后语音正常，但是数据业务无法正常运行。

故障分析处理：

① 语音正常说明线路传输基本正常，可以首先排除光纤传输线路问题。重点检查数据业务的连接接口，未发现异常。

② 分析为 MSTP 组网的数据业务设置出错。

在 MSTP 组网时，不仅要考虑 SDH 设备单板的特性，更需要考虑与 SDH 设备对接的设备能否支持数据业务的标准，例如能否支持 QinQ（802.1Q 标准）等。

该系统 A 单板为 SEC 单板，用户口 1、2 均为 FE 口，B 单板为 SEC 单板，用户口 1 为 GE 口。

正常设置时，B 单板用户口 1 与 BAS 相连，A 单板用户口 1、2 与两台 DSLAM 分别相连。BAS 设备支持 QinQ，DSLAM 不支持，仅支持 VLAN 划分，DSLAM 两台（每台包含 VLAN 数量 2000 个）通过 A 单板用户口 1、2 到 B 单板 GE 口汇聚。

了解了其他数据设备的特性组网，可以将与 DSLAM 相连单板设置为透传模式，SEC 单板系统口设置为 TLS（安全传输层协议）接入模式，GE 口设置为干线模式，BAS 与 SEC 单板 VLAN 相同，且终结 VLAN，使业务畅通。

③ 经检查 DSLAM 相连单板设置没有设置透传模式而影响业务开通。纠正后数据接入业务恢复正常。

【案例 2】

故障现象：某城域网采用 MSTP 组网，混合型网络结构，开通后整个系统的运行正常。

但是由于接入业务的不断增加，网络数据的设置不断增删，导致干环与环或环与链路的传输网时常发生阻断、出错等网络故障。

故障分析处理：

① 首先分析该混合型网络组网，可由若干环与环或环与链路构成，相交节点须是 ADM 站。两个以上环互连，允许各环采用不同保护方式，并可提供环间业务的保护。其混合组网系统示意图如图 5.32 所示。可见如此复杂的互连，其特点是线路设备相互交叉，数据的设置比较复杂，容易产生网间干扰、误操作等现象。

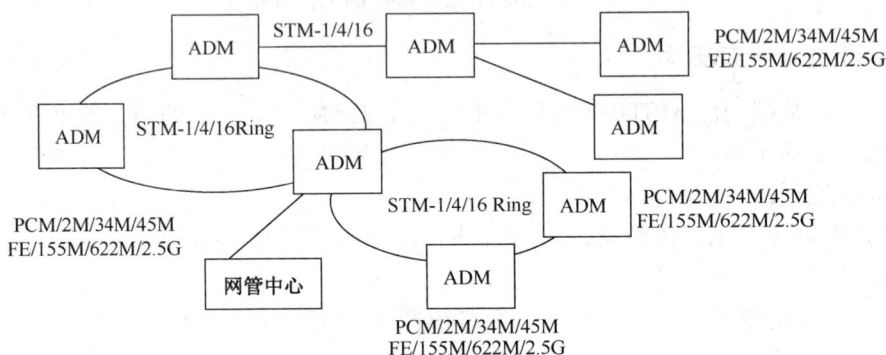

图 5.32　混合组网的网络设备图

② 利用网管中心进行系统检查和各个站点的检查，经过分段逐步进行光传输线路与设备的排查，未发现问题。再对网络设置进行检测，也未发现问题。

③ 分析系统数据库积累过多的错乱，依靠系统本身的自检能力已经无法恢复。于是经过重启准备工作后，在午夜话务量、数据流量都很小的时候，采用最高级别的系统再启动处理，整个混合型网络恢复运行正常。

5.4　XPON 传输网络设备维修

5.4.1　XPON 传输网络与维护特点

1．XPON 的接入优势

电信运营商的有源光接入主要采用 MSTP（多业务传输协议）技术，以 MSTP+LAN 方式构建商业楼宇宽带接入网，辅以 PDH 接入 TDM 业务。这种方案可以满足现有业务的接入需求，但存在不少问题：如须在大楼设置机房并配置 MSTP 设备，业务接入和维护成本较高；加入新的 MSTP 节点需要破环割接，否则，只能以支路方式接入现有 MSTP 设备，网络部署不灵活；在业务量较小的楼宇设置机房和 MSTP 设备，经济性差、维护不便等。随着技术的发展，XPON 的应用可以很好地解决以上问题。

① 只需要在附近具备条件的接入机房或者汇聚机房设置 OLT 设备，ONU 设备放置在用户端，无源光分配器放置在室外或室内即可。

② 多栋楼宇的各种通信客户通过 XPON 连接起来，构成一个树形/星形的宽带接入网，所有用户共享 GE/2.5G 或更高的带宽，而且某个用户的故障不会影响其他用户的正常使用。

③ 分光器是无源设备，故障率低，可以有效解决 MSTP 的树形/链形网络拓扑可靠性差的问题。

④ 只需要增加新的分光器即可扩容，无须破环割接，部署方便。

⑤ 在业务接入方面，数据业务如用户上网、MPLS VPN、以太网专线、NGN 电话业务等可以通过 ONU 以太网口接入，ONU 上行通过 OLT 设备的 FE/GE 上连口连接至汇聚点业务路由器，TDM 业务通过 ONU E1 接口接入。

FTTO 可以支持现有的各种电信业务，包括数据、语音、专线等业务，因此需要 PON 设备提供各种接口。OLT 设备需要支持 FE/GE、E1 甚至 STM-1 接口，ONU 需要支持 FE、E1、POTS 接口。

2．XPON 的基本接入设备的组网结构

XPON 接入系统的网络结构，按具体实施环境有所不同，但是基本结构大同小异。典型的光纤到楼道的结构被广泛运用，其接入的全程框图如图 5.33 所示。

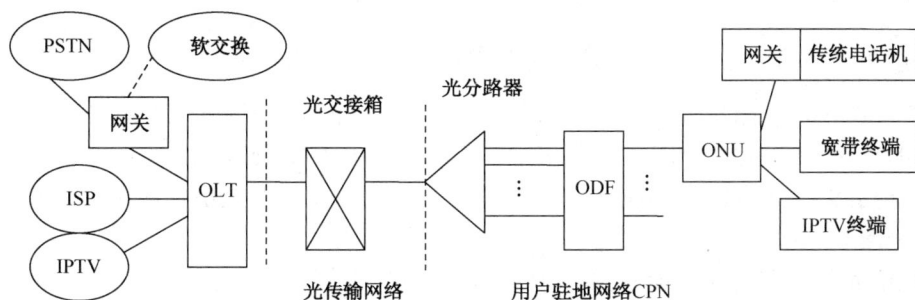

图 5.33　XPON 接入工程的全程框图

3．XPON 的维修基本特点

① 传输线路设备维修成本低。由于不需要建设机房，因此降低了初期投资和后期运维成本。

② 维修方便。相对有源光接入网络的维修，由于传输线路都是无源设备，无电源问题、网络结构清晰，所以 XPON 的维护方便。

③ XPON 传输系统所涉及的都为新技术和新设备，软件问题发生概率比较大，而硬件维修中，OBD 设备尤其是一些 OLT、ONU 设备的故障维修有一定的难度。

5.4.2　XPON 传输网络的故障类别

XPON 传输网络的故障按照类型划分，可分为传输设备问题、传输线路问题和施工问题。

1．传输设备问题

① OLT 设备：该设备是整个光接入层的网络枢纽，此类故障通常导致其下面的全部或部分 ONU 设备工作不正常。而且重启难以恢复，此时光纤及 ONU 等均处于正常状态，现场人员往往难以判断和处理，需要和机房网管人员及时沟通，在 OLT 端口所在设备上查找原因。

② ONU 设备：ONU 是 XPON 接入网中的用户端的关键设备，ONU 上传采用 TDMA（时分多址）原理，所以若其中任何一个 ONU 发光异常，都会导致 OAM（运行管理维护）的维护管理错乱，从而使该 OLT 端口下的 ONU 工作不正常。在排除该故障时，也需要逐个拔插该 OLT 端口下的 ONU,同时通过命令查看 ONU 的 FER /BER,来确定异常的 ONU 并

进行更换，才能使该 OLT 端口下的 ONU 全部恢复正常工作。

③ 用户端设备问题：用户端故障除用户终端原因外，常见的还有环路、攻击等，可用环路检测、流量监控等方法锁定用户进行排除。

光缆连接器件：光分路器、法兰盘等连接件是光功率衰减的主要环节，而且大都位于室外或居民楼道的机箱内，防尘条件较差，此类故障不易判断、不易检测，因此要求进行较好的保护措施。

2．传输线路问题

① 光缆线路的阻断、衰耗等因素影响。

② 光缆线路设备 ODF（光配线架）、OBD 等异常因素影响。

3．施工问题

XPON 传输网络的工程施工问题也是故障的一个重要方面，可归纳如下。

① 必须严格控制熔接衰减，否则导致 ONU 工作在正常光功率的边缘，经过一段时间的设备和线路老化后，引起 ONU 工作不正常，如频繁 UP/DOWN 等现象。

② 室内光纤（如分路器和尾纤部分）盘纤半径过小（小于 6cm）或受外力牵扯、挤压，都会导致光路衰减大。

③ 预留光纤未盖好防尘帽，致使尘土污染、水气浸入导致光纤不可用，连接两段光纤时必须先用酒精棉清洁端面。

④ 通过法兰盘或其他方式连接光纤时，一定要检查连接可靠性，确保安装卡口到位；光纤未插紧会导致连接不稳定，端面尘土、水气侵入导致光路损耗太大，不可用。

⑤ ONU 在楼道机箱未做好固定，会导致光纤、线缆受力，发生网线脱落、光路中断。

⑥ 保证 ONU 电源适配器固定，不能随意悬挂，否则容易导致电源脱落，业务中断。

⑦ 室外走线须考虑防雷措施，网口可加网口防雷器，电源可加电源防雷器。

5.4.3　XPON 传输网络的故障维修

1．XPON 故障处理基本流程

XPON 接入系统由 OLT、ONU 及 ODN 组成，所涉及的网络技术新颖。所以 XPON 接入故障的维修需要全面了解故障处理的指导思想，尤其针对 ONU 侧维护人员，建议在了解全局的基础上重点掌握 ONU 设备的状态查看，ONU 侧的光纤、光功率检查及 ONU 的数据配置。

XPON 接入故障处理流程如图 5.34 所示。

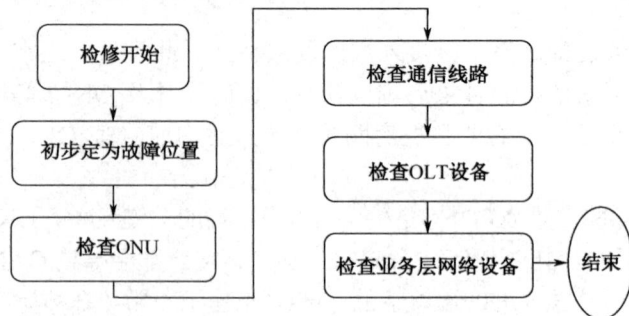

图 5.34　XPON 业务故障处理流程

2．XPON 常见故障分类及原因

（1）ONU 不能正常注册

ONU 注册不上的原因很多，可能包括光路问题（比如光纤连接错误、光纤中断、光纤距离过长、光纤衰减过大/小），光模块问题（比如光模块损坏、光模块接收灵敏度过低、光模块分光功率过强/弱、有 ONU 长发光或者下面接有长发光的其他设备），数据配置问题（OLT PON 口被禁用、OLT 的认证模式），OLT 或 ONU 的其他故障。

① ONU 光口不正常。

② 连接 ONU 的光纤故障。

③ ONU 侧的光功率不在正常范围内。

④ 没有添加 ONU。

⑤ OLT 端口配置的逻辑最远距离与实际不一致。

⑥ OLT 端口没有使能自动发现开关。

⑦ 添加 ONU 时配置的 MAC 与 ONU 实际的 MAC 不一致或 OLT 上已经存在相同 MAC 的 ONU。

（2）打不通电话或者语音效果不好

① 电话和电话线连接不正常。

② ONU 端口配置不正确。

③ MG 没有正常注册到 MGC 设备。

④ MG 语音业务没有配置高优先级。

（3）无法上网

① 用户终端或者外线发生故障。

② EPON 端口发生故障。

③ 上层设备的数据配置有问题。

④ EPON 单板发生故障。

⑤ 光路出现问题。

⑥ 主控板或者是上行单板发生故障。

⑦ 存在网络攻击。

⑧ 上行设备出现问题。

（4）个别端口用户无法上网

① 用户终端或者外线故障，如 PON 端口故障、光路问题。

② 数据配置问题，包括 ONT 绑定的模板错误、ONT 与业务流的映射关系错误或 VLAN 通道配置错误。

（5）整板用户无法上网/整框用户无法上网/BRAS 设备下的所有用户无法上网

① 整板用户无法上网：PON 单板故障。

② 整框用户无法上网：光路问、主控板或者是上行单板故障或网络攻击。

③ BRAS 设备下的所有用户无法上网：上行设备问题。

5.4.4　OLT 设备的故障维修

随着通信技术发展，OLT 设备产品越来越多，比较典型的如中兴的 C220、华为的 MA5680T 等设备在接入层得到了广泛运用，维护人员应在维护方面积累一些经验，以下介

绍 OLT 设备在宽带、语音、组播三种业务上的故障分析处理方法。

1．语音业务故障分析处理

（1）整个接入层的用户驻地发生语音故障的分析处理

语音的接入比较复杂，涉及的网络技术有 PSTN 设备、软交换设备等。语音这类故障的处理需要一定的专业知识和维修经验的结合。针对用户驻地发生语音故障，可以做如下分析处理。

① 语音设备与 OLT 设备的物理连接异常，如接口松动、错接以及相关链路异常等，都会造成语音业务无信号等故障。应检查机房的相关连接，发现问题根源，排除故障。

② 网关是接入层的重要部件，若发生硬件、电源或软件异常，即导致语音 TDM 业务的全部故障。通常重点检查网关设备以及外围链接，若无误，则进行如系统局不再启动等软件处理，一般都能排除运行故障。

③ 若经过上述检查处理后，故障依然存在，则需要检查 OLT 设备。若 OLT 的宽带业务 IPTV 业务正常，则说明 OLT 的运行基本没有大的问题，故障定位应在语音的有关硬件和软件数据设置上。通常采用替换法判断硬件是否正常，若正常，则通常为软件问题。通过网管进行检测，有的可能是数据设置问题，如误操作等造成，排除故障比较容易。但是若无法排除，通常是网络的运行因为错误的积累、外部的干扰等引起数据严重错乱，这种情况则需要采用系统再启动的方法。

（2）VoIP 语音业务故障分析处理参考流程

如图 5.35 所示为 VoIP 语音业务故障处理流程图。

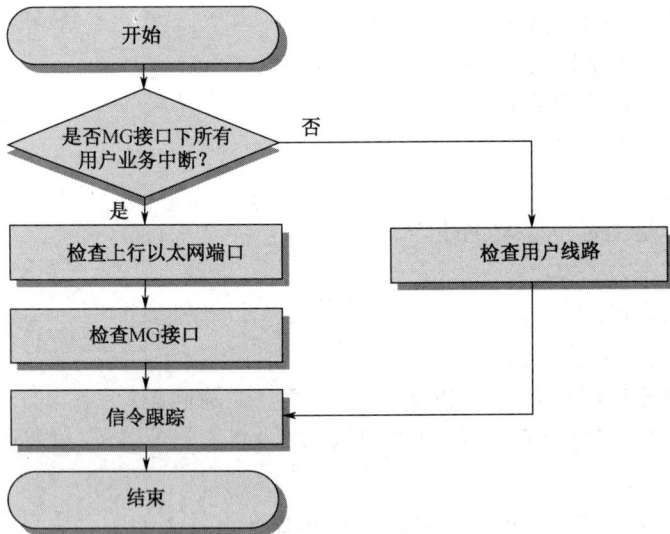

图 5.35　VoIP 语音业务故障处理流程图

① 查看 VOIP 业务的 VLAN 是否在 OLT 及 ONU 上正常透传，通过查看 MAC 地址命令查看故障用户是否能够学到网络侧的 MAC，如果能学到 MAC 地址，转步骤 3；如果不能学到用户端的 MAC，转下一步。

② 检查上行交换机及 BAC 等设备的数据配置是否正确，定位故障点为上行设备问题；否则转下一步。

③ 在 ONU（MG）上是否能 ping 通软交换网关（MGC），如果能 ping 通，转步骤 5；否则转下一步。

④ 检查 OLT 设备到的近端 SR 到远端 SR 及软交换之间的路由是否正常，定位故障点为链路路由问题；否则转下一步。

⑤ 查看 MG 接口状态是否正常，MG 接口参数配置是否正确无误，设备 IP 地址、端口号、协议类型是否与对端设备的配置匹配，定位故障点；否则采用信令跟踪工具进行信令跟踪。

2．PPPOE 上网业务故障处理方法

在 PPPOE 上网业务中，OLT 设备是整个上网业务的光网络枢纽，对于该业务的故障分析处理，通常从网络的末端光设备 ONU 排查直到业务端核心光设备 OLT 以及业务设备 BRAS（宽带远端接入服务器），PPPOE 业务故障处理流程如图 5.36 所示。

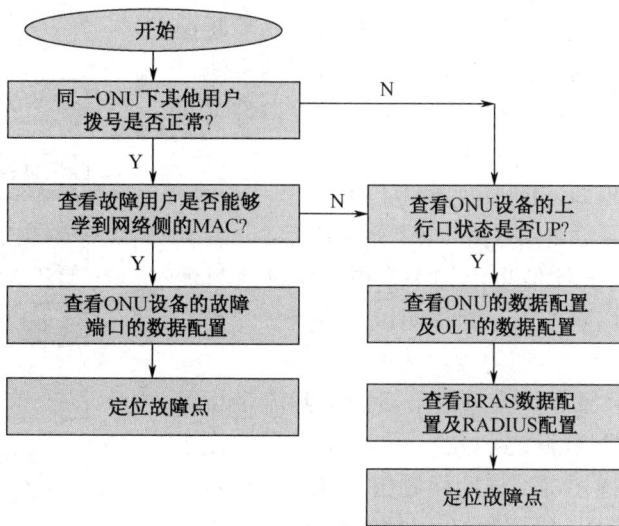

图 5.36　PPPOE 业务故障处理流程

① 先判断同一 ONU 下其他用户拨号是否正常，如果正常，通过查看 MAC 地址命令查看故障用户是否能够学到用户侧及网络侧的 MAC。

② 通过命令查看故障用户是否能够学到用户侧及网络侧的 MAC。

③ 查看 ONU 设备的故障端口的用户数据配置，如果是 XDSL 用户，建议查看 XDSL 端口状态，用户端 Modem 等是否正常。

④ 查看 ONU 设备的上行口状态是否为在线状态，如果状态为 DOWN，故障点定位为 ODN 或 ONU 硬件问题。

⑤ 查看 ONU 的数据配置及上行 OLT 设备的数据配置，在 OLT 上通过查看 MAC 地址方式来定位，如果能学到下行 MAC，证明 OLT 以下数据配置没有问题，故障点定位为 OLT 及上行设备数据配置问题。

⑥ 查看 BRAS 数据配置及 RADIUS 配置，此时一般拨号会提示用户名、密码错误等信息，可以建议在 BRAS 上采取跟踪报文及 DEBUG 等手段进行定位，如果不方便操作建议在用户侧抓包进行分析，故障点应该定位在 BRAS 或 RADIUS 上。

3．IPTV 故障的分析处理

（1）不能上线故障

① 首先要明确复制点，若复制点在 BRAS 上，所以用户端到 BRAS 之间的处理过程同 PPPOE 或 IPOE 故障处理步骤。若复制点在 OLT 及 ONU 上转下一步。

② 复制点在 OLT 及 ONU

a．检查数据 OLT 及 ONU 的组播数据配置是否正确。

b．检查认证用户，使用命令检查组播用户是否需要认证。

c．如果需要认证，则使用命令检查该用户是否绑定了权限模板，并使用命令检查模板内容。如果不需要认证，使用命令检查节目是否已正确配置。

d．检查用户预览时间和次数，使用命令检查用户预览时间和次数，如果用户通过认证且对节目只有预览权限，则点播节目时受预览参数的限制。预览间隔时间内不能点播节目，超过预览次数后不能点播节目。

e．检查带宽，在带宽管理开关开启的情况下，需要检查上行口的带宽和用户侧带宽。检查上行口带宽的方法：查询上行口带宽，并与节目带宽比较。如果上行口带宽不够，则无法承载所需节目，这将导致用户不能上线。

（2）用户能看到画面，但画面质量不好

检查画面质量不好的处理流程如图 5.37 所示。

① 检查节目流量统计信息，如果查得的组播节目流量与节目的实际流量相差不大，则说明该节目流已经正常下到 OLT 上行口。

② 如果查得的组播节目流量与节目的实际流量相差很大，则可以直接将组播源接到 OLT 上行口，从用户侧进行节目点播，如果点播正常，说明问题出现在上行设备。如果点播仍不正常，说明问题出现在组播源或者 OLT 设备本身。

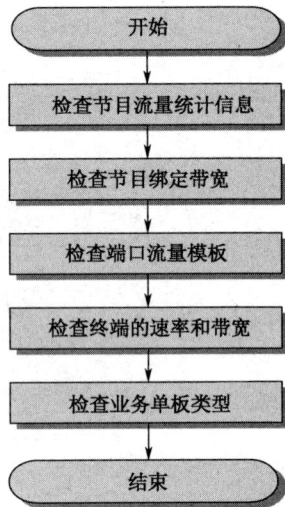

图 5.37　画面质量不好处理流程

③ 检查节目绑定带宽，正常情况下，节目绑定带宽要大于节目带宽实际值。如果节目绑定带宽小于节目带宽，更改配置。

④ 检查带宽参数，取消会影响画面质量的参数设置。

⑤ 检查组播用户分配带宽。使用相应命令查看组播用户实际可用的最大分配的带宽。

5.4.5　ONU 常见故障的维修方法

在 XPON 接入的办公通信系统中，ONU 设备是重点的接入部分，ONU 侧的设备和线路运行的故障率最高，是 XPON 接入的办公通信设备维修的重中之重。

1．ONU 的指示灯检查法

（1）检查电源指示灯

① 电源指示灯长亮，说明电源供电正常。

② 电源指示灯不亮，说明电源供电异常。需要检查电源连接是否正确，检查电源适配器是否匹配，如果电源正常，所有指示灯都熄灭，则更换 ONU。

（2）检查 LINK（EPON 链路指示灯）

① LINK 指示灯长亮：说明 PON 端口链路状态正常。

② LINK 指示灯不亮：检查光纤是否插好（太紧或太松都不行）。

（3）AUTH（EPON 注册指示灯）

① AUTH 指示灯长亮：说明设备认证成功。

② AUTH 指示灯不亮：说明设备认证失败，检查 OLT 上是否添加了该 ONU，检查配置的 ONU 的 MAC 地址与 ONU 实际 MAC 地址是否一致。

2．ONU 的在线状态检查法

在 XPON 接入的办公通信系统故障检修中，利用在线检查 ONU 状态，可以快捷查找网络故障的大致部位，是一种很好的检修测试手段。

使用 display ont info 命令检查 ONU 的信息，主要检查 Control Flag、Run State、MAC、Config State。可根据命令检查 ONU 的信息进行下一步的故障排除。

3．常见故障处理法

（1）无法上网

① 首先在 ONU 管理界面中检查 ONU 是否能正常注册。如果无法正常注册，测量 ONU 接收的光功率，检查光路是否有问题。

② 查看地址表，分析包的转发情况，看是哪个环节不通。

③ 如果可以注册，仍然无法上网，检查 OLT 和 ONU 上的 VLAN 配置是否正确。

④ 将交换板上空余的以太网端口以 untag 方式加到业务 VLAN 中，PVID 值修改成对应的 VLAN 号，然后在端口上接一台计算机，测试是否能上网。

⑤ 如果无法上网，可能是上连网络出了问题。检查上连口的端口状态，并检查上连交换机 VLAN 配置是否正确等。

⑥ 如果可以上网，说明上连网络没有问题，在 PON 口直接接一台新的 ONU，注册通过后，设置好 ONU 的 VLAN 号，然后测试是否能上网。

⑦ 如果局端单独接一台 ONU 可以上网，再将网络中的 ONU 一个个接上，看是不是某一设备接上就有问题。

⑧ 如果某 ONU 下连接的是局域网或多根网线，可断开后单独接一台计算机测试，排除局域网问题。

（2）上网速度慢或掉线

① 检查带宽设定是否过小，上行带宽和下行带宽都配大点，例如将上下行都按以下设置：最大带宽设置为 100000kb/s，保证带宽设置为 50000kb/s，突发包设置为 180000。然后看是否正常。

② 检查算法设置是否正确，一般设置成外部算法。

③ 检查所有 VLAN 内的 PON 口都配置成了 TAG 方式。

④ 检查告警记录和通知消息内，是否有 ONU 掉线的记录，如果有，在 PON 口直接接一台 ONU（光纤拔出一点，否则光功率过强），注册通过后，查看是否还频繁掉线，通过这样判断是否为光网络问题。查看误码统计，看是否为光路误码影响。

⑤ 可在交换板上空余的端口接一台计算机，数据按上面介绍的配置，然后测试上网是否正常。如果也不正常，将下连的 PON 口光纤都断开，再测试是否正常。如果仍然不正常，

检查上连网络，看是否丢包。

⑥ 如果 ONU 下连接的是局域网或多根网线，可断开后单独接一台计算机测试，排除局域网问题。

5.4.6 ONU 设备的故障分析处理

1. 宽带业务故障的分析处理

ONU 设备在宽带业务接入中担负着重要角色，对 ONU 设备的宽带业务故障处理过程，应注意收集故障信息，以便快速进行故障定位。以 ONU 维修的角度，宽带业务故障处理流程如图 5.38 所示。

（1）检查设备的物理连接

① 检查线缆连接是否正常：接口是否松动、连接线缆是否损坏。

② 检查端口的指示灯是否正常：端口的链路指示灯、数据传送灯。

（2）检查端口状态

① 使用 display port state 命令查看以太网接口板的各个端口状态，重点检查端口状态是否为"online"。

② 如果当前端口是"offline"状态，可以通过更换线缆、修改端口协商模式、检查对接设备等方法来定位故障。

③ 如果当前端口是"online"状态，请查看历史告警记录，当其中有"offline"记录时，请检查两端设备网线/光纤连接是否正常，端口的工作模式配置是否正确。

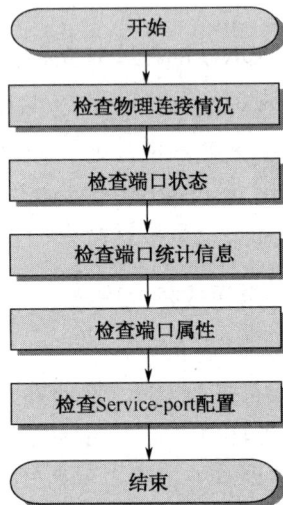

图 5.38 宽带业务故障处理流程

（3）检查端口统计信息

① 检查以太网端口的统计信息。如果端口的发送和接收数据都为 0，则端口无数据传输。检查 ONU 的配置和终端是否匹配，并检查端口是否为正常状态。

② 检查 XPON 上行端口的统计信息。如果端口的发送和接收数据都为 0，则 XPON 端口无数据传输，检查 ONU 是否在 OLT 上正确配置。

③ 检查业务虚端口的统计信息。如果上下行统计信息都是 0，则业务端口侧无数据传输。检查业务虚端口的配置是否正确。

（4）检查端口属性

① 检查速率和双工设置。使用命令查看以太网端口的速率和双工设置。

② 对端和本端的双工设置要一致，或者都是自协商，或者都是非自协商方式。如果对端不支持自协商，而本端设为自协商时，可能会导致严重丢包及 CRC 错误增长，此时需要将相应的以太网端口设置为非自协商方式。

（5）检查 Service-port 配置

使用 display service-port 命令检查 Service-port 的配置是否正确，主要检查 Service-port 的状态、VLAN ID 以及对应的业务映射关系是否正确。

2. VoIP 业务故障分析处理

ONU 涉及语音的网络技术与 OLT 语音的接入类似，比较复杂，ONU 对于网络末端需要兼容传统的终端设备接入。针对 VoIP 业务用户驻地 ONU 设备发生的故障，VoIP 业务故障处理流程如图 5.39 所示。VoIP 业务故障处理过程中，注意收集故障信息，以便快速进行故障定位，分析处理过程如下。

（1）检查上行端口

ONU（MA5620E/MA5626E）通过 PON 口上行，端口的配置都通过 OLT 设备进行。主要检查上行 PON 口是否正常工作，如果上网业务正常，可排除上行端口问题。

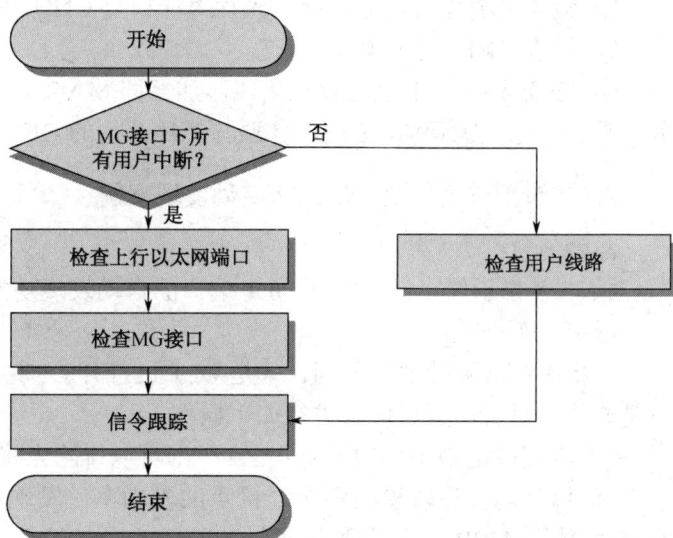

图 5.39　VoIP 业务故障处理流程

（2）检查 MG（媒体网关）接口

使用 display if-h248 state 命令检查 MG 接口状态，主要检查以下内容。

① MG 接口状态是否正常。

② MG 接口参数配置是否正确。设备的 IP 地址、端口号、协议类型是否与对端设备的配置匹配。

（3）检查用户线路

用户线路检查主要针对单个用户故障的情形，包括内线测试和外线测试两种情况。

① 内线测试：在 Test 模式下使用 pots circuit-test 命令。内线测试的对象是 ONU 用户板的用户电路，主要对用户板电路的各项参数值进行测试，包括数字电压、供电低电压、供电高电压、供电正电压、环路电流、馈电电压、铃流电压和铃流频率，主要测试这些参数值是否正常。

② 外线测试：在 Test 模式下使用 pots loop-line-test 命令。外线测试的对象是用户外线，主要对用户外线的各项性能或指标（如线间电容、电阻等）进行测试，然后拿测试结果和相应的线路电压、电阻、电容的经验判据做比较，判断用户外线情况。给出的结论包括未接话机、未挂机、自混等，为用户外线的维护提供参考依据。

（4）跟踪 MG 接口信令

信令跟踪用于处理由于 ONU 和 MGC 之间协议对接有误而导致的业务故障，可以采用华为的网管信令跟踪工具进行信令跟踪，如 Toolbox 使用图形界面，一般在网管侧运行，经常使用的功能是 H.248 信令跟踪。

在 VoIP 业务发生故障时，通过跟踪 MG 接口信令排除故障。

5.4.7　ONU 设备的故障案例

1. ONU 由于 MAC 冲突不能正常注册案例

故障现象：发现某个 PON 口下面只有一个 ONU 不能正常注册。

故障分析处理：按照 ONU 不能正常注册的各种原因分析，可以进行如下操作。

① 检查 ONU 光口是否正常。

② 检查光衰是否合适，使用光功率计检查 ONU 光功率是否正常。

③ 检查 ONU 的配置是否正确；

④ 若查看 OLT 上已经存在离线添加相同 MAC 的 ONU，则删除离线添加的 ONU 后业务正常。注意，实际加电的 ONU 要与离线添加的 ONU 位置一致。

2. 光衰减过大导致 ONT 无法自动发现案例

故障现象：

ONT 各指示灯正常，打开 OLT 端口的自动发现功能，OLT 无法自动发现 ONU。

故障分析处理：

分析引起故障的主要原因，一是 OLT 已打开 ONT 自动发现功能，二是 ONU 本身故障，三是光线路设备问题。可以进行如下操作。

① 若发现是 ONU 各指示灯正常，则可以排除光路不通的可能性。

② 用光功率逐段检测各个连接点的光功率，发现从机房配线架到分光器的一段光纤的光衰达到了-13dB。这导致通过分光器后的光衰达到-30dB，低于 ONT 的最低激活光衰（-27dB），从而导致 ONT 无法自动发现。更换光纤后故障解决。

网络情况及光路质量往往是处理 ONU 问题时容易忽略的地方。我们可以从该案例的分析处理中认识，线路尤其是光纤线路的质量对于 XPON 接入的故障检修非常值得注意。

3. 网络中的某 ONU 长发光导致系统瘫痪

故障现象：某个 EPON 口下面只有一个 ONU 在线，某办公楼整个 EPON 网络故障。

故障分析处理：该故障属于系统瘫痪，对故障现象进行检查。

① 从局端看，某个 PON 口下只有一个 ONU 终端。检查发现该终端长发光。

② 断开该终端 ONU（要断开线路或切断该终端 ONU 电源），如果此时该 PON 口下其他用户都能正常工作，一般可以断定是该终端 ONU 长发光或者该线路有一个长发光的 1310nm 的光源（属于恶意入侵系统）。

根据检查，进行如下操作步骤。

① 更换为正常的 ONU 或切断该终端线路。

② 验证发现其他 ONU 在线，问题解决。

ONU 故障，如 ONU 的连续发光，造成整个 EPON 故障，这种障碍在无源以太光网络实际维护工作中屡有发生。

如果某个 ONT 的光模块故障，处于常发光状态，则会占用全部上行时隙，导致和此 ONT 位于同一 PON 口下的其他 ONT 全部瘫痪。这类现象只有在 ONT 光模块出现异常或者个别用户恶意入侵系统才会发生。

4. ONU 下用户宽带语音业务闪断

故障现象：ONU 设备下两个 FE 口分别接宽带与语音业务，不同的时间段会出现宽带与语音业务闪断的现象，闪断时间一般为几十秒。

故障分析处理：

由于故障发生时间很短，此类问题很难定位，需要对组网及业务流程了解透彻。如宽带与语音业务的网关都终结在 BAS（宽带接入服务器）上，BAS 为单 MAC 设备。对于闪断类

226

问题是不好定位故障的，一般需要捕捉故障时的报文来定位故障出在哪里。操作步骤如下。

① 通过以上分析，建议通过故障时抓包的手段来定位。在 LSW 的下行口镜像抓包，故障时抓包发现，拨号用户的 PADI 报文可以正常送到 LSW 上，但是 PADR 报文不能送到 LSW 上去。接下来据此分析原因，比较 PADI 和 PADR 的区别，PADI 是广播报文，PADR 是单播报文，广播报文可以正常转发，但是单播报文被丢弃，这种情况应该是下层网络发生了 MAC 地址漂移。网关的 MAC 地址在下层设备发生了漂移，此时广播报文可以正常转发，但是目的 MAC 是网关的单播报文会被全部丢弃。

② 那么产生 MAC 漂移一般为用户端环路或者攻击导致，如何确认是否就是这个原因引起的呢？因为故障发生时间很短，如果故障发生时再处理，肯定来不及。制定抓包方案，在 ONU 上把接 DSLAM 的 FE 口镜像到另一 FE 口，之后在 PC 上设置通过源 MAC（BAS 的 MAC）来抓包。

③ 搭建抓包环境后抓到了故障时的数据包，为某一端口发送源 MAC 为 BAS 的 MAC 的 ARP 攻击报文，造成业务中断。

5. 光传输线路与 ONU 的运行

故障现象：ONU 设备下所有用户的宽带与语音业务不能使用。

故障分析处理：

① 查看用户侧 ONU 指示灯状态，发现 ONU 的 LOS 等闪烁，说明光路不通或衰耗过大，使用 PON 功率计测试光功率衰耗达-35.3dBm，说明光路衰耗过大。

② 检查光传输线路：自 ONU 光接口逐级向网络方向排查，测试光交至终端盒光缆的另一芯，发现光衰仍然较大，但测试光缆终端盒另一用户衰耗为-18.9dBm，另一用户与故障用户不在同一分光器上，说明故障用户使用的分光器出口光功率就不正常。

③ 至光交测试进分光器前光功率只有-13dBm 左右，而进分光功率经查询对应的设备在 1.6dBm 左右，说明向前的光缆有问题，在至前一级的接入网和中心机房至接入网机房的这段主干光缆有问题，调了一芯主干光缆，至接入网和光交测试光功率正常。

用户电话和宽带业务能正常使用，其他用户由于都是在同一分光器下，故障原因一样，也同样恢复业务。此类故障是光缆衰耗变大造成的，光路故障主要分为全阻障碍和光纤衰耗过大造成的障碍，对于这类障碍可利用光功率计进行分段测试判断故障点。若使用 OTDR 则有助于快速判断障碍点。

6. ONU 设备本身的运行故障

故障现象：某 FTTH 用户报修障碍，反映电话不通同时无法上网。

故障分析处理：

① 查看用户侧 ONU 状态，前面板指示灯 PON 灯一直闪烁，VOIP 灯不亮，用户电话不通，电话拨号上网提示错误 678，无法上网。根据现象分析，初步判断是 ONU 未在 OLT 上注册成功。因 ONU 前面板 LOS 指示灯不亮说明光路正常，为验证光路是否正常使用 PON 功率计测试用户测光功率为-16.7dBm，说明光路和光功率衰耗正常。

② 因此定位该障碍部位在用户侧 ONU 或局端 OLT 配置上，联系设备机房数据维护人员检查局端 OLT（上海贝尔 7342）的数据配置，数据维护人员检查配置后发现数据配置正确并查看该用户侧 ONU 在 OLT 上已掉线。

③ 怀疑用户侧 ONU 配置有问题，登录用户侧 ONU 配置页面，查看 ONU 状态，为未

注册，怀疑 ONU 配置的 sn 号丢失，重新配置了一遍 ONU 的 sn 号并重启 ONU，故障依旧，PON 灯闪烁。

④ 怀疑 ONU 终端本身有问题，更换新 ONU 并重新做用户 ONU 配置，经过 ONU 重启后 PON 灯常亮，故障排除。用户计算机拨号上网正常，用户电话也通了。

7. ONU 设备的错接故障

故障现象：某新装机用户为第一个 FTTH 用户，安装时 ONU 不能注册，PON 不亮，看不到终端在 OLT 上线。

故障分析处理：

① 通过查看 ONU 前面板指示灯情况，PON 灯不亮，初步认为 ONU 未能在 OLT 上注册。

② 联系机房查看是否上连 PON 有错，但在 OLT 所有 PON 口下都未发现该用户 SN 号的终端上线，怀疑该用户上连的 OLT 非系统配置的 OLT。

③ 查找光路上连路由，发现上连至提速机柜的光路连接的是提速机柜 c 类 EPON 设备使用的分光器，而未安装新分光器与接入网 OLT 新申请 PON 相连。

④ 安排线维中心光缆维护人员重新跳纤，将接入网 PON 下连至提速机柜分光器，用户安装成功，故障解决。

8. ONU 设备的数据故障 1

故障现象：FTTH 用户通话单向，即能听到对方说话，但对方听不到用户说话。

故障分析处理：

① 更换话机，无效。

② 修改语音到 ONU 设备语音接口数据，故障也未能解决。

③ 分析认为，ONU 设备经过长时间工作后，通常会积累一些运行出错，语音数据可能会出现异常，依靠修改的方法，往往不能解决问题，需要采用设备的系统再启动处理，如通过重启终端或重新制作数据可排除故障。

删除用户数据，重新制作用户在 OLT 上语音数据和软交数据，自动下发 ONU 后，重启 ONU 设备，故障排除。

9. ONU 设备的数据故障 2

故障现象：FTTH 用户电话不通，但宽带正常。

故障分析处理：

① 拨打该用户电话，提示网络忙、无法接听。

② 对于这类提示，基本可以判断用户数据错乱，通常系统依靠自检功能无法自动恢复正常运行，需要人工干预来排除故障。方法有多种，如重启用户端的 ONU 或物理连接的断/通处理等都是有效的处理方法。

比较方便的处理是在用户 OBD（分光器）处，重新插拔用户尾纤，插拔后几分钟再重新拨打用户号码，已能正常听到回铃音。用户摘机后接听，恢复正常。

10. ONU 设备华为 MA5620E/MA5626E 故障案例

【案例 1】

用户配置过多的协议导致上网速度慢。

故障现象：通过以太网端口上网的 PC 用户速率较低。

故障分析处理：

① 检查 MA5620E/MA5626E 配置数据，正确无误。

② 检查用户终端的网络配置，发现除了配置 TCP/IP 外，还配置了 ATM LAN 仿真用户协议和 WAN support for ATM 协议。

③ 用其他 PC 替代用户的 PC 上网，速率正常，定位出问题在于用户的 PC。

④ 在用户 PC 上删除多余协议后，通过以太网端口上网，上网速率恢复正常。

【案例 2】

以太网端口配合问题导致丢包。

故障现象：在 ONU 测试中，ping 上端路由器接口，出现较严重的丢包。

故障分析处理：

① 根据维修经验分析丢包原因，通常当 ONU 的以太网端口和 PC 网卡端口设置不一致时，会有丢包现象。

② 将 MA5620E/MA5626E 的以太网端口和 PC 网卡的线路速率和线路模式，修改成匹配的情况，再无丢包现象。

③ ping 上层路由器，发现业务恢复正常。

【案例 3】

IPTV 机顶盒因软件版本问题导致组播节目中断。

故障现象：组播流在开始点播时正常下发，节目观看正常。组播节目正常观看过程中，突然中断，ONU（MA5620E/MA5626E）没有下发流量。重新进行点播，又可正常观看，但问题依旧出现。

故障分析处理：

① 用 Ethereal 软件进行 ONU 端口流量监控。当组播节目中断时，收到由 ONU 发送上来的 Leave 报文。

② 在 ONU 下挂一个 Hub，并把机顶盒和一台 PC 连接到此 Hub 上，用 Ethereal 软件进行抓包。发现 ONU 发送了两次 IGMP 查询报文，而没有收到组播成员的回复报文。于是 ONU 向上层路由器发送 Leave 报文，中断组播流的转发。由此可判断为 IPTV 机顶盒问题。

③ 升级机顶盒软件版本后，故障排除。

【案例 4】

语音 MG 接口反复重启导致业务中断。

故障现象：配置完 MG 接口后，接口反复重启。

故障分析处理：

① 分析 MG 接口的信令消息，发现只要发生消息重传，接口就重启一次。

② 检查 MG 接口支持的传输模式设置错误，这样就找到了问题根源，这就是消息重传一次之后 MG 接口马上重启的原因。

③ 纠正传输模式设置错误，故障排除。通常在配置 MG 接口时候尽量采用默认值，在必要时才修改某些默认值来满足特殊需要。

【案例5】

对接数据不匹配导致设备在 MGC（媒体网关控制）上不能够注册。

故障现象：重启 MG 接口后，ONU（MA5620E/MA5626E）不能在 MGC 上成功注册。发现接口状态始终为"接口等待响应"。

故障分析处理：

① 发现接口状态始终为"接口等待响应"。

使用 ping 命令检查从 ONU 至软交换设备的连通性，确认物理线路和上行设备均正常。

② 排除连通性问题后，需要仔细检查本设备和 MGC 的对接参数设置。将设备的数据重新配置为与 MGC 一致后，故障排除。

11．OUN 设备中兴 9806H&F822 &F820 语音问题处理故障案例

【案例1】

故障现象：9806H 用户摘机后听到忙音。

故障分析处理：

① 首先看 H248（媒体网关控制协议）是否通。如果不通，就先检查网络配置，确保 H248 状态 OK；如果 H248 是 OK 的，故障依旧，则进行下一步。

② 在 9806H 的带外口进行信令跟踪。如果看到用户报摘机给 SS（软交换）后 SS 指示放忙音，则说明 SS 上限制了该用户的呼出权限，联系 SS 维护人员解决；如果看到用户报摘机给 SS 后 SS 什么都没有回应（这时用户听到的现象应该是摘机后短暂无音，接着听见忙音），则说明 SS 上没有该用户的定义，联系 SS 维护人员解决。

【案例2】

故障现象：摘机无音（检查了 MGCType、TerminalID 等基本数据后）。

故障分析处理：

① 首先看用户板状态。用户板应工作正常，run 灯亮，alarm 灯灭，有用户摘机时 hook 灯亮。如果用户板工作不正常，只能换用户板；如果用户板正常故障依旧，进行下一步。

② 检查和排除外线原因。在配线架上去掉外线，将测试电话直接打在用户板端子上。如果这时摘机故障消除，则说明是外线原因，检查外线；如果故障依旧，则下一步。

③ 检查 ips 资源是否正常。在 oam 的 ag 下进行 get-ipsstatus。如果不是 idle 状态，先复位 voip 小卡，用 reset subcard voip 试一下 voip 小卡能否恢复正常。如果还不行，把小卡重新插/拔（一种重启的简便方法）试一下。

④ 如还不正常就检查外线，直接拔掉 9806H 的线缆，用电话线直接插入 9806H 对应的端口（当然可用其他处理法，如也可以把该单板换到别的用户线缆上，看对应的端口是否正常），看是否正常，如果正常就是外线问题。如果还是不正常，返修单板。

【案例3】

故障现象：配置 ip subnet voip 时提示冲突 conflict。

故障分析处理：

经检查，带外 ip host 是 10.62.5.101/255.0.0.0，因此所有 10 网段都会产生冲突，将带外掩码改成 24 位后即可。

【案例 4】

故障现象：

F822 一开始用 OLT 自动下发了管理 IP，然后手工添加了 VoIP 的地址，保存重启后；发现原来自动下发的管理 IP 与路由丢失了（9806H 也可能产生类似情况）。

故障分析处理：

检查原始配置数据如下：

      ip address 10.47.219.3 255.255.255.192 1001

      ip address 10.119.214.2 255.255.255.192 1002 voip

      ip route 10.0.0.0 255.0.0.0 10.119.214.1 name "ZTEROUTE"

      ip route 0.0.0.0 0.0.0.0 10.47.219.1 name "OAMRoute"

上面的路由，掩码太短了，只掩了一个 "10"，重启后 OLT 再次下发带内 IP 的时候，IP 为 10.47.219.3，根本就配置不下去，造成配置丢失。将上面的路由改成 16 位的即可。

【案例 5】

故障现象：语音单通。

故障分析处理：

① 拨打 PSTN 正常，而几台 9806H 之间单通，则检查 OLT 的互通配置。

② 所有的电话单通，如能听到对方的声音，对方听不到自己的声音，则先查看该电话对方的 Ip 地址。

a. 若对方 MG 的 IP 地址和 9806H 不在一个网段，则看 nexthop 的 Mac 地址是否学到。

b. 如果对方 MG 的 IP 地址和 9806H 在一个网段，则直接看对方的 Mac 地址有没有学到。

如果没有学到，先 ping 一下看是否通，且 ping 后再查看 ARP，如果不通，一般检查上层 OLT 的配置（如 ARP 代理是否配置正确，P2P 是否配置正确，ARP 代理和 P2P 不能一起使用，建议都只配置 ARP 代理）。也可以在交换芯片的 Shell 下面使用 show count 和 l2 show 检查。

③ 只是和 9806H 间单通，方法同上。

④ 信令上检查被叫摘机时 SS 是否正确将 RTP 和用户线设置为 MO=SR（可收可发）状态。

⑤ 从上连口抓包可以看出双向媒体流是否正常。

【案例 6】

故障现象：F820 数据端口吊死。

故障分析处理：F820 数据端口吊死有多种情况。

① 数据端口全部吊死。

数据端口全部吊死时，需要检查数据配置是否正确。如果确认数据配置没有问题，需要检查 F820 的设备单板运行是否正常。

确认是单板故障的，可以考虑重启设备看是否可以恢复业务，如果依然不行，需要考虑更换单板或者更换机框。

② 部分吊死。

部分端口吊死的现象比较少见，主要在一些数据端口配置错误时出现。

③ 数据、语音同时吊死。

语音、数据同时吊死，主要检查 MS8E 单板运行是否正常，EPUA 单板是否正常。同时还需要检查 EPUA 口的光功率，看是否符合标准。

F820 数据端口吊死有多种处理措施：

这类问题的出现，主要解决思路是重启设备可以临时解决，同时需要保证 F820 的版本在最新版本。

确认上述方法都尝试后，临场处理时需要更换单板、机框解决。将更换下的单板，机框进行二级维修。

5.5 PTN 传输网设备与维修

5.5.1 PTN 概述

1. 何谓 PTN

PTN（Packet Transport Network，分组传送网）是一种先进的光传送网络架构。

PTN 针对分组业务流量的突发性和统计复用传送的要求而设计，以分组业务为核心并支持多业务提供，同时秉承 SDH/MSTP 光传输的传统优势，包括高可用性和可靠性、高效的带宽管理机制和流量工程、便捷的 OAM 和网管、可扩展、较高的安全性等。

Packet：分组内核，多业务处理，层次化 QoS 能力。

Transport：类 SDH/MSTP 的保护机制，快速、丰富，从业务接入到网络侧以及设备级的完整保护方案，类 SDH/MSTP 的丰富 OAM 维护手段，综合的接入能力、完整的时钟同步方案。

所谓 Network：业务端到端，管理端到端。

PTN 的电信级分组承载理念示意图如图 5.40 所示。

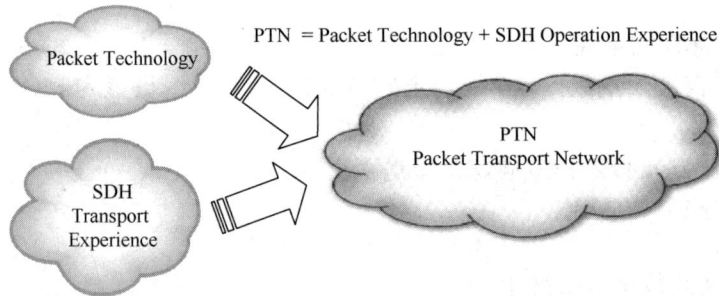

图 5.40　PTN 的分组承载示意图

2. PTN 特点

① PTN 支持多种基于分组交换业务的双向点对点连接通道，具有适合各种粗细颗粒业务、端到端的组网能力，提供了更加适合于 IP 业务特性的"柔性"传输管道。

② 点对点连接通道的保护切换可以在 50 毫秒内完成，可以实现传输级别的业务保护和恢复。

③ 继承了 SDH 技术的操作、管理和维护机制，具有点对点连接的完整 OAM，保证网

络具备保护切换、错误检测和通道监控能力；完成了与 IP/MPLS 多种方式的互连，无缝承载核心 IP 业务。

④ 网管系统可以控制连接信道的建立和设置，实现业务 QoS 的区分和保证，灵活提供 SLA 等。

另外，它可利用各种底层传输通道（如 SDH/Ethernet/OTN）。总之，它具有完善的 OAM 机制，精确的故障定位和严格的业务隔离功能，最大限度地管理和利用光纤资源，保证了业务安全性，在结合 GMPLS 后，可实现资源的自动配置及网状网的高生存性。

3．PTN 分类

目前，PTN 可分为以太网增强技术和传输技术结合 MPLS 两大类，前者以 PBB-TE 为代表，后者以 T-MPLS 为代表。

（1）PBB-TE

PBB-TE 是在 IEEE 802.1ahPBB（MACin MAC）的基础上进行的扩展，主要特征是关闭了 MAC 地址学习、广播、生成树协议等传统以太网功能，从而避免了广播包的泛滥。PBB-TE 具有面向连接的特征，通过网络管理系统或控制协议进行连接配置，并可以实现快速保护倒换、OAM、QoS、流量工程等电信级传送网络功能。

PBB-TE 建立在已有的以太网标准之上，具有较好的兼容性，可以基于现有以太网交换机实现。这使得 PBT 具有以太网所具有的广泛应用和低成本特性。

（2）T-MPLS

T-MPLS（Transport MPLS）是一种基于 MPLS、面向连接的分组传送技术，在传送网络中，将客户信号映射进 MPLS 帧并利用 MPLS 机制进行转发，同时它增加传送层的基本功能，例如连接和性能监测、生存性、管理和控制面（ASON/GMPLS）。

与 MPLS 不同，T-MPLS 不支持无连接模式，实现上要比 MPLS 更简单，更易于运行和管理。T-MPLS 继承了现有 SDH 传送网的特点和优势，同时又可以满足未来分组化业务传送的需求。

5.5.2　PTN 网络功能与设备

1．丰富多样的业务接入手段

PTN 内嵌 Cable、Fiber、Microwave 等各种业界主流接入技术，可以更加灵活地实现快速部署，适应环境能力更强，同时充分利用现有资源，保护已有投资。PTN 在现代通信网络中的接入手段如图 5.41 所示

2．联合组网运用

已经建立的 MSTP 网络如何与 PTN 联合组网，以便更好利用现有资源组建适应信息发展的网络呢？近年来已经有联合组网的运用，现代的核心网（骨干网）与 PTN 联合，PTN 在汇接层和接入层发挥其巨大优势。该联合组网框架如图 5.42 所示。

① 汇聚层以上利用 IP over WDM/OTN，配置灵活。

② 简化核心骨干层的网络结构。

③ 按需建设，扩容便利，节省后期投资。

④ 适合具有多局房的大型网络。

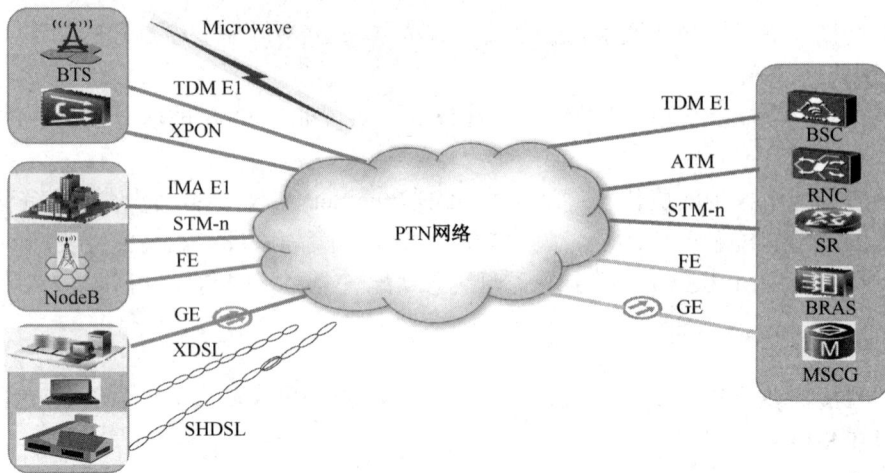

图 5.41　PTN 的接入手段示意图

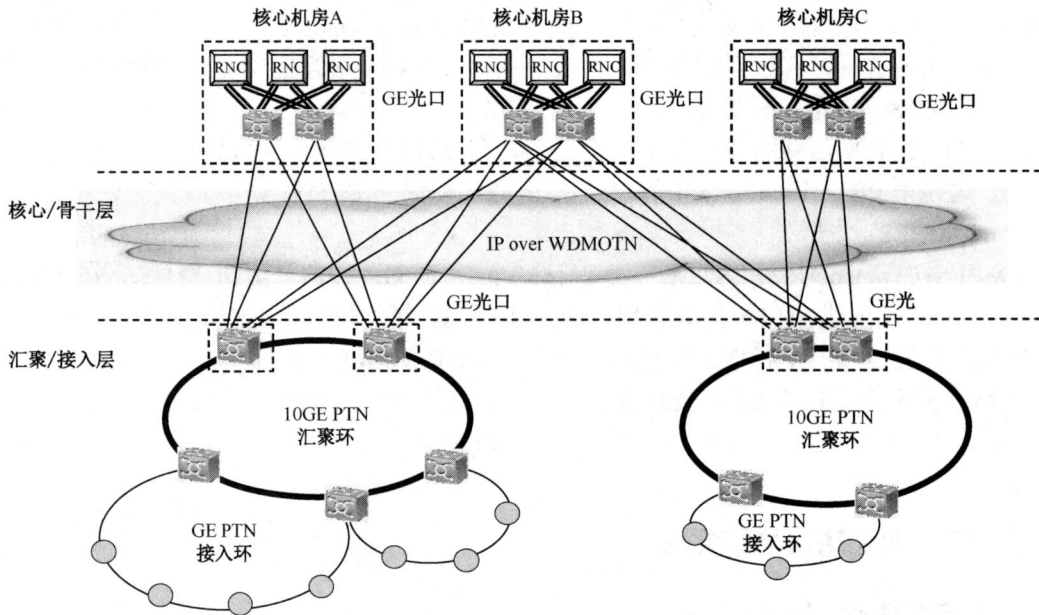

图 5.42　联合组网框架结构图

3．PTN 集中管理和维护运用

PTN 管理网络为 DCN 网络，PTN 继承了 SDH 调测和维护的特点，网管实现端到端的业务管理和快速故障处理，具有统一大网的管理能力；使得调测和维护简单易行，满足了运营商传送网的管理习惯，相对于 IP/MPLS 网络，降低调测人员技能要求，如图 5.43 所示。

4．PTN 设备简介

近年来随着通信技术发展，PTN 电信级的设备不断涌现，品种繁多。现以华为的 PTN 设备为例介绍。

华为的 PTN 常见有 3900/1900/950/910/912 等机型。

如图 5.44 所示为 PTN912（1U）、PTN1900（5U）和 PTN 3900（18U）设备图。

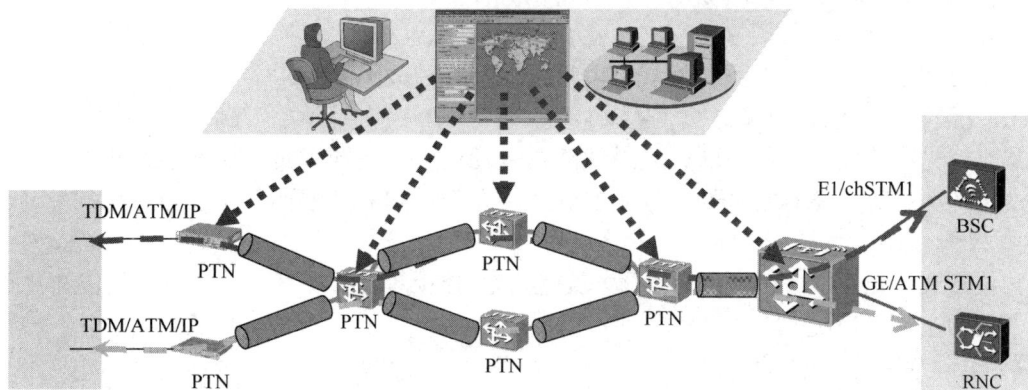

图 5.43　PTN 集中管理和维护运用

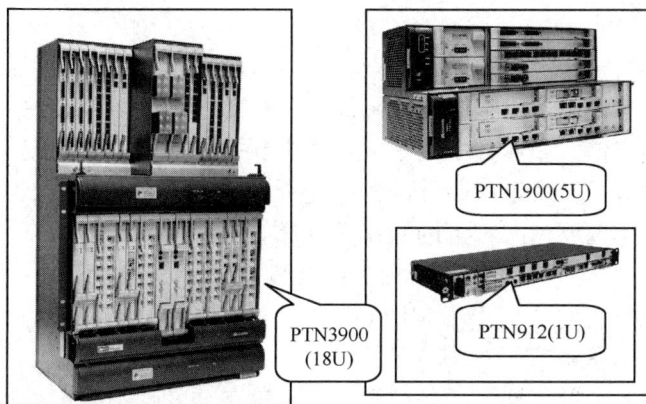

图 5.44　PTN 912（1U）等机型的设备图

PTN 3900（18U）是大容量、高端 PTN 产品，应用在城域核心和移动 Backhaul 的 POC1 点等位置。

PTN1900（5U）是紧凑型、低端 PTN 产品，应用在城域接入和移动 Backhaul 的 POC2、POC3 点。PTN912（1U）是末端 PTN 产品，应用在客户侧和移动 Backhaul 的基站侧。

华为 PTN 产品系列采用 T-MPLS/MPLS-TP 标准，可以用于核心网、汇聚网或接入网的整个城域网络。设备主要特点如下。

ALL IP：面向未来的分组架构。

All Services：TDM/ATM/Ethernet/IP 业务同一平台和网络统一承载。

All Mode：2G/3G/HSPA/LTE/Wimax/WiFi 等各种无线网络制式的无缝多模统一承载。

All Media：全媒体的业务接入方式，包括光纤、铜线、电缆、DSLAM、微波等，统一承载。

5.5.3　PTN 设备维修特点和维修思路

1. PTN 维修的主要特点

随着 PTN 工程的不断增加，维修工作也必须跟上。PTN 属于新兴传输技术，设备维修具有其特点，但在设备的维修上与 MSTP 等传输设备维修有很多相似之处。

（1）两种故障性质

维修须根据两种故障性质（即重大故障和普通故障）的区别采用抢修和普通维修。

（2）PTN 常见故障的类别

根据目前各工程的出现的故障，可以得到如下几种故障分类。

① 光缆、尾纤线路故障。

其包括光缆线路和尾纤中断、光缆线路总衰耗过大、尾纤弯曲半径过小、法兰盘接头有灰尘及尾纤头脏等。还有常见的一种是实际线路东西向和网管配置不一致导致业务不通。

② 单盘故障。

其包括线路板、E1 盘、100M 盘、XCU 盘、主控板等器件损坏及由于环境、温湿度等影响板子正常工作等情况。

③ 电源故障。

包括交流停电、设备直流掉电及熔断器故障等。.

2. PTN 维修的思路

（1）基本思路

当出现故障时，首先应该大致分析故障原因、故障事故大小、紧急情况等。对故障有个初步的印象和大致的定位。如业务中断了，可能是新增业务和原有的交叉数据冲突或者网管上的不小心修改单盘数据以及设备硬件故障、光纤断纤等原因造成的，因而需要先大致判断故障的方向：是硬件问题还是网管上的操作等问题。

由于 PTN 拥有强大的电信级 OAM（操作、管理、维护）功能，相比传统 SDH/MSTP 的运维，PTN 拥有很大的优势。要善于利用 OAM 进行故障定位。

（2）故障定位基本思路

在遇到故障的时候，首先要做的是故障定位，就是要知道故障出在什么范围，这样才能找出相应的解决办法，尽快处理故障。

参考传统 SDH/MSTP 故障定位的基本原则，发现有些原则也适用于 PTN 的故障定位，其定位的基本思路：

① 先外部，后传输。在定位故障时，应首先排除外部的可能因素，如断纤、交换侧故障。

② 先单站，后单板。在定位故障时，首先要尽可能准确地定位出是哪一个站，然后再定位出是该站的哪一块板。

③ 先线路，后支路。线路板的故障常常会引起支路板的异常告警，因此在进行故障定位时，应遵循"先线路，后支路"的原则。

④ 先高级，后低级。即进行告警级别分析，首先处理高级别的告警，如危急告警、主要告警，这些告警已经严重影响通信，所以必须马上处理；然后再处理低级别的告警，如次要告警和一般告警。

5.5.4 PTN 设备维修的方法

1. 告警性能分析法

通过网管获取告警和性能信息，进行故障定位，这是最直接、直观查找故障的方法；也可以全面、详实地了解全网设备的当前或历史告警信息；也可通过机柜顶部指示灯和单板告警指示灯来获取告警信息，进行故障定位。例如可以通过看相应端口的收发包数目变化来判断端口业务是否正常。

2．光纤环回法

光纤环回是简单实用的方法，在网管上检查配置及相关数据都没有问题的情况下，通过环回故障业务端口，可以快速地判断业务端口或者通道到底有没有问题，这样可以及时判断故障是否出自己方问题。

3．替换法

替换法就是使用一个工作正常的物件去替换一个工作不正常的物件，从而达到定位故障、排除故障的目的。这里的物件可以是一段线缆、一个设备、一块单板、一块模块或一个芯片。

替换法适用于排除传输外部设备的问题，如光纤、中继电缆、交换机、供电设备等；或故障定位到单站后，用于排除单站内单板或模块的问题。

4．配置数据分析法

查询、分析设备当前的配置数据，例如：VPWS 和流配置的情况，还有 LSP 保护的情况，同时根据所配数据在单盘里查看相应的映射是否正确，在状态里看相应的收发包是否正常等，分析以上的配置数据是否正常，来定位故障。若配置的数据有错误，须进行重新配置。

5．仪表测试法

仪表测试法指采用各种仪表，如误码仪、光功率计、Smartbit 表等来检查传输故障，这种方法是最直接明了和有说服力的方法。例如，用 2M 误码仪测试业务通断、误码；用万用表测试供电电压，检查电压过高或过低；用 Smartbits 表检查设备端口好坏等。

6．经验处理法

在一些特殊的情况下通过复位或者插拔单板、单站的掉电重启、重新下发配置等手段可有效及时地排除故障、恢复业务。

但建议此方法尽量少用，因为该方法不利于故障原因的彻底清查。遇到这种情况，除非情况紧急，一般还应尽量使用上面介绍的方法，或请求支援尽可能地将故障定位出来，以消除设备内外隐患。

5.5.5　PTN 设备维修案例

1．烽火通信 PTN 设备故障维修

（1）例 1

故障现象：E1J1 单盘电源告警。

分析处理：分析各路电源组 1.2V、1.5V、1.8V、2.5V、3.3V、5V，任何一路检测到电源值不在设定范围内就产生告警。

① 读取 E1J1 单盘状态、性能，核对相应软硬件版本。

② 软件复位 E1J1 单盘。

③ 插拔单盘。

④ 替换单盘。

（2）例 2

故障现象：E1J1 单盘 PDH 物理接口信号丢失。

分析处理：分析原因，E1 信号没有正常接入。

① 检查 E1 信号是否正常从端子板前面端接入。

② 读取本盘状态、性能，看是否正常。

（3）例 3

故障现象：E1J1 单盘链路信号中断。

分析处理：分析原因，以太网接口接收信号中断。

① 检查网线是否接好。

② 检查单盘与交叉盘的 GE 口工作模式是否一致。

（4）例 4

故障现象：ESJ1 单盘告警，丢包率过限。

分析处理：分析原因，交换机内的丢包数超过了设定的门限值。

① 检查网管界面上端口的收发包数。

② 检查单盘配置中门限设置，纠错。

2．PTN 设备运行典型故障维修案例

（1）故障现象描述

某 PTN 以环形架构组网，经过一站点的所有业务只能直通，不能上下业务，如图 5.45 所示，局 1 经过局 2 向局 3 传送业务，业务正常，但是局 1 向局 2 传送业务时，所有业务都不通。

（2）故障分析处理

① 分析此故障属于 TMS 层故障或硬件故障，可初步判定为连纤接错或交叉盘出现故障。

② 进一步定位故障。

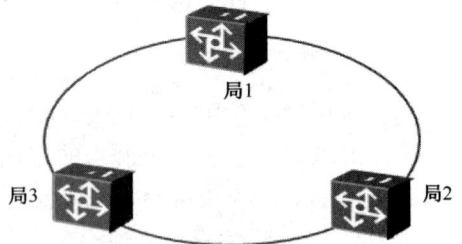

图 5.45 PTN 以环形架构组网

使用 TMS 层 CV 帧检测光路连接是否正确，并对连接错误的位置进行快速定位，若光路连接正常，将进行主备交叉盘的切换，以此来判断交叉盘工作是否正常。

该 PTN 以环形架构组网，涉及的光纤连接复杂，一是实际连接是否正确，二是数据设置是否有误。所以必须查清楚。根据局 1、局 2 和局 3 传送信息的物理连接与配置文件拓扑连接作出分析图，如图 5.46 所示。

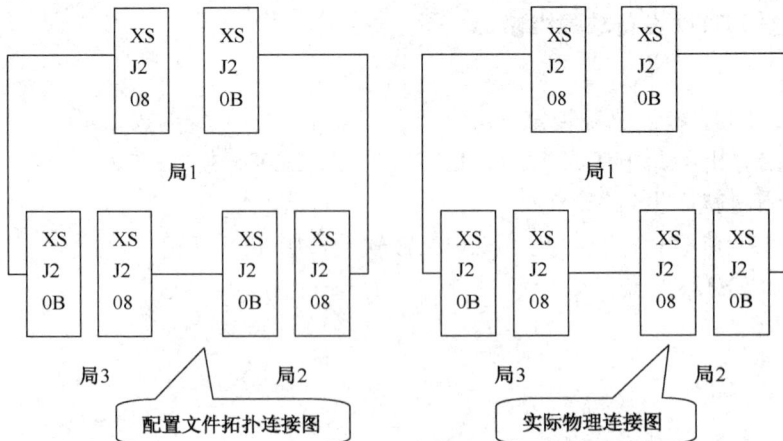

图 5.46 检查 PTN 物理连接与数据设置对比框图

a. 将局 1（0B 槽位）、局 2（08 槽位）的 XSJ2（线路盘）中的单盘配置打开，找到 LINE 口物理接口配置下的 TMS-OAM 配置中的 CV 帧发送使能。

b. 查看局 1（0B 槽位）、局 2（08 槽位）的 XSJ2（线路盘）中的当前告警，看有无 TMS_LOC 告警。

若有 TMS_LOC 告警，则说明此时局 1（0B 槽位）接的不是局 2（08 槽位），将局 2（0B 槽位）的 XSJ2（线路盘）中的单盘配置的 CV 帧发送使能后，若局 1（0B 槽位）TMS_LOC 告警消失，即连纤有问题。

若无 TMS_LOC 告警，则说明连纤没问题，故障定位在局 2 支路盘上，即支路盘出现故障。

可以通过软复位、硬件插拔或更换单盘来定位故障。

本案例经验总结：在 PTN 设备中，光口属于 TMS 层，光口之间连纤非常重要，一定要遵循东发西收的原则。并且在判断线路盘初相故障时一定要非常确定，由于线路盘上有很多直通的业务，不能轻易对线路盘进行插拔纤、更替单盘等物理操作。

习题 5

1. 简述传输网在整个通信网中的定位和组成。
2. 简述 PDH 电接口速率等级并画出其多业务点对点传输结构图。
3. 简述 SDH 的网元结构和 MSTP 的基本原理。
4. 画出光纤接入网的模型图。
5. 有源光网络和无源光网络的主要特点有哪些？XPON 有哪些类型？试画出 FTTH 接入的 XPON 全网组成框图。
6. 简述 SDH/MSTP 设备的故障主要原因、主要维修特点和思路。
7. 简述 XPON 网络设备的故障主要原因、主要维修特点和思路。
8. 试分析 ONU 不能注册的原因和故障处理方法。
9. 某端局有三个分局，端局与各个分局以 MSTP 组成一个环形传输网。试画出该端局的骨干网结构图，并画出其中一个分局采用 FTTZ（光纤到小区机房）MSTP 接入图。提示：小区业务语音采用远端模块，数据采用 LAN 或 DSLAM 方式。
10. 某 XPON 接入工程开通后，语音业务无法运行，用户电话无声，请从硬件和软件两个方面谈谈如何进行分析处理。
11. 简述 PTN 设备的维修特点。
12. 谈谈 PTN 的维修方法。

反侵权盗版声明

电子工业出版社依法对本作品享有专有出版权。任何未经权利人书面许可，复制、销售或通过信息网络传播本作品的行为；歪曲、篡改、剽窃本作品的行为，均违反《中华人民共和国著作权法》，其行为人应承担相应的民事责任和行政责任，构成犯罪的，将被依法追究刑事责任。

为了维护市场秩序，保护权利人的合法权益，我社将依法查处和打击侵权盗版的单位和个人。欢迎社会各界人士积极举报侵权盗版行为，本社将奖励举报有功人员，并保证举报人的信息不被泄露。

举报电话：（010）88254396；（010）88258888

传　　真：（010）88254397

E-mail：　dbqq@phei.com.cn

通信地址：北京市万寿路 173 信箱

　　　　　电子工业出版社总编办公室

邮　　编：100036